普通高等学校"十四五"规划自动化专业特色教材

ZIDONG KONGZHI YUANLI XITI XIANGJIE
自动控制原理习题详解

■ 主　编／王家林
■ 副主编／王黎明　赵永辉　侯佳欣　孙　军

华中科技大学出版社
http://www.hustp.com
中国·武汉

内 容 简 介

针对自动控制原理课程具有理论性强、内容抽象、难以理解和计算复杂的特点,本书强化理论联系实际的举措,紧密结合工程应用,设计的习题包括概念题、基本题、证明题、工程应用题等。本书共有7章,分别包括自动控制的教学目标与内容标准、控制系统的数学模型、线性系统的时域分析法、线性系统的根轨迹法、线性系统的频域分析法、线性系统的校正方法和线性离散系统的分析与校正等内容。本书中的习题均给出了详细的解答,过程清晰、可读性强,对学生解答同类习题具有较好的指导作用。

本书旨在辅助在校学生顺利完成对"自动控制原理"课程的学习,帮助他们把握知识脉络,理清解题思路,进一步升华对控制理论的掌握和应用。同时,本书也可为教师备课、命题提供参考。

图书在版编目(CIP)数据

自动控制原理习题详解/王家林主编.—武汉:华中科技大学出版社,2022.10
ISBN 978-7-5680-8315-7

Ⅰ.①自⋯ Ⅱ.①王⋯ Ⅲ.①自动控制理论-高等学校-习题集 Ⅳ.①TP13-44

中国版本图书馆 CIP 数据核字(2022)第 158288 号

自动控制原理习题详解	王家林 主编
Zidong Kongzhi Yuanli Xiti Xiangjie	

策划编辑:王汉江
责任编辑:王汉江
封面设计:秦 茹
责任监印:周治超
出版发行:华中科技大学出版社(中国·武汉) 电话:(027)81321913
　　　　　武汉市东湖新技术开发区华工科技园 邮编:430223
录　排:武汉市洪山区佳年华文印部
印　刷:武汉开心印印刷有限公司
开　本:787mm×1092mm　1/16
印　张:13
字　数:338千字
版　次:2022年10月第1版第1次印刷
定　价:39.80元

本书若有印装质量问题,请向出版社营销中心调换
全国免费服务热线:400-6679-118 竭诚为您服务
版权所有 侵权必究

PREFACE 前言

  自动控制原理是国内外各高校自动化及相关专业重要的专业基础课程，深刻领会自动控制原理的基本概念、定理和分析方法，对掌握这门具有普遍工程实际背景的专业知识课程，提高分析问题、解决问题的能力至关重要。

  本书是自动控制原理课程的辅助教材，包括现在通行的自动控制原理课程的基本内容，全书包含7章内容，全部题目都有较详细的解答，希望读者通过对例题的分析、理解和练习，深刻领会自动控制的基本概念、原理和方法，掌握相关知识点，并能融会贯通和综合应用，提高解题和应用能力。

  本书不仅可作为学生上课时的同步训练，也可供期末考试前复习使用，还可作为研究生入学考试的备考资料。

  本书由海军工程大学电气工程学院王家林副教授担任主编，王黎明、赵永辉、侯佳欣和孙军担任副主编，在编写过程中参考并引用了相关机构和学者的书籍和文献，在此一并表示感谢！

  由于编者水平有限，书中不当之处，敬请读者批评指正。

编 者

2022年8月

CONTENTS
目 录

第1章　自动控制原理的教学目标与内容标准 …………… 1
  一、教学目标…………………………………………… 2
  二、内容标准…………………………………………… 3
第2章　控制系统的数学模型 ……………………………… 6
  一、知识要点…………………………………………… 6
  二、典型例题…………………………………………… 9
第3章　线性系统的时域分析法 …………………………… 33
  一、知识要点…………………………………………… 33
  二、典型例题…………………………………………… 40
第4章　线性系统的根轨迹法 ……………………………… 67
  一、知识要点…………………………………………… 67
  二、典型例题…………………………………………… 72
第5章　线性系统的频域分析法 …………………………… 96
  一、知识要点…………………………………………… 96
  二、典型例题…………………………………………… 100
第6章　线性系统的校正方法 ……………………………… 134
  一、知识要点…………………………………………… 134
  二、典型例题…………………………………………… 141
第7章　线性离散系统的分析与校正 ……………………… 164
  一、知识要点…………………………………………… 164
  二、典型例题…………………………………………… 167
参考文献 ……………………………………………………… 202

第1章 自动控制原理教学目标与内容标准

　　自动控制原理课程主要内容是控制系统分析与设计的基础知识,包括控制系统的数学模型的建立、稳定性分析、稳态与动态特性,以及控制系统的校正。自动控制科学是研究自动控制的共同规律的技术科学,它的诞生与发展源于自动控制技术的应用。自动控制原理课程内容集中反映了20世纪以来控制理论的创新和控制技术的实践。第二次世界大战,促进了自动驾驶和火炮定位等控制技术的迅猛发展,形成了以复变函数为数学基础的经典控制理论体系;随着计算机技术和宇航技术的快速发展,又形成了以线性代数为数学基础的现代控制理论体系。自动控制原理课程来源于控制工程实践,通过对数学工具的运用,升华为一门综合性理论与技术的课程。随着科学技术的发展,自动控制技术已经广泛地应用于工农业生产、航空航天和国防军事等诸多领域。当今的自动控制科学已经发展到以复杂系统为研究对象的智能控制阶段,并具有各种不同的理论研究方向,即使最先进的控制技术、最高深的理论研究方向,都可以在自动控制原理中找到它的思想和方法的源头。因此,自动控制原理课程知识内容是电子电气类工程技术人员所必备的专业背景基础知识。

　　自动控制原理课程在人才培养知识体系中处于承上启下的地位。与前续课程的联系紧密,通过自动控制原理课程的学习,学生应掌握控制理论的基本思想和方法,了解国内外控制技术的发展概况与前沿技术。学习自动控制原理课程,对培养学生的抽象思维能力和逻辑思维能力,培养学生的探索精神和创新意识等方面具有重要作用。自动控制原理课程具有较强的工程实践性,可以培养学生分析和解决工程问题的能力,对于奠定学生必要的工程技术素质具有重要的意义。自动控制原理课程将为后续课程的学习和参加控制工程实践打下必不可少的理论基础。

一、教学目标

（一）总体目标

自动控制理论系统地阐述了自动控制科学与技术领域的基本概念和基本规律，介绍了自动控制技术从建模分析到应用设计的各种思想和方法。通过自动控制原理课程的学习，学生应掌握自动控制系统的基本概念、基本理论和基本方法，如控制系统的时域分析法、根轨迹分析法、频域分析法、采样控制系统的分析等基本方法，具有对系统进行定性分析、定量估算、动态仿真及设计的能力，具备解决实际控制问题的素质，为各类计算机控制系统设计打好基础。

（二）分类目标

1．知识

（1）自动控制系统的基本概念。
（2）连续控制系统的数学模型。
（3）连续控制系统的分析方法。
（4）连续控制系统的设计与校正方法。
（5）离散控制系统的分析方法。

2．能力

（1）知识综合运用能力。能综合运用前续课程和本门课程知识完成控制系统"建模－分析－仿真－设计"，体会控制系统的分析与综合设计实现的过程，建立初步的工程的概念。

（2）工具使用能力。能熟练使用 Matlab、Simulink、Multisim 等仿真软件对实际控制系统进行仿真及校正设计，能够根据设计和仿真结果进行误差分析，分析结果并能体会仿真的优势和局限性。

（3）知识应用能力。能够运用自动控制原理相关知识分析舰艇装备及其控制系统的构成和原理。

（4）通过自主学习和研究，解决实际问题的能力。根据实际问题能够通过互联网、论坛交流、期刊文献等查阅资料、学习知识，获取解决问题的方法。

（5）具有团队协作、交流和沟通的能力，能在研讨中阐述自己的观点；具有规范撰写设计或实验报告的能力——能够用图纸、文字、软件模拟仿真等形式呈现出设计成果。

3．素质

（1）通过综合实验、课程大作业等学习过程和活动，培养团结协作意识和参与科技活动的热情，树立在以后学习、工作和生活中与他人团结协作、共同完成任务的责任和意识。

（2）通过理论推导、仿真分析、实验验证一体化教学等手段，在研究撰写设计或实验报告等学习过程中培养认真、严谨的学习态度，在工作和生活中树立实事求是的态度和作风。

（3）通过课堂讨论、大作业答辩等学习过程培养学生在研究工作中存疑思变的辩证思维，培养学生分析问题、解决问题的能力。

（4）通过自动控制技术在各领域的应用和案例学习，建立起将自动控制技术知识应用于军事、生活和科学实践的意识，建立振兴中华的使命感与责任感。

二、内容标准

（一）自动控制系统的基本概念

1. 主要内容

（1）自动控制技术与理论的产生和发展历史。
（2）反馈控制的基本原理和闭环控制等基本概念。
（3）自动控制系统的组成和分类，对自动控制系统的基本要求。
（4）系统方块图的绘制方法。

重难点：反馈控制的基本原理和闭环控制等基本概念。

2. 掌握程度

了解自动控制技术与理论的产生和发展历史，理解反馈控制的基本原理和闭环控制等基本概念，熟悉自动控制系统的组成和分类，理解对自动控制系统的基本要求，学会绘制系统方块图的方法。

（二）连续控制系统的数学模型

1. 主要内容

（1）建立控制系统微分方程的步骤和方法。
（2）传递函数的定义、性质与计算方法。
（3）结构图及其等效变换、信号流图的变换及与结构图的关系。
（4）信号流图与梅森(Mason)增益公式。

重点：传递函数的定义、性质与计算方法。

难点：Mason 增益公式。

2. 掌握程度

掌握建立控制系统微分方程的步骤和方法，理解传递函数的定义、性质，掌握传递函数的计算方法，掌握结构图及其等效变换，了解信号流图的变换及与结构图的关系，掌握 Mason 增益公式及应用。

（三）连续控制系统的分析方法

1. 主要内容

（1）系统时域性能指标的分析计算及性能改进措施。

(2) 稳定性和稳态误差的概念、劳斯(Routh)稳定判据和稳态误差的计算方法。

(3) 根轨迹的概念、根轨迹绘制方法及应用。

(4) 频率特性的基本概念和物理含义、开环幅相曲线(奈氏曲线)和对数频率特性曲线(Bode图)的绘制。

(5) 奈奎斯特判据及应用、幅值稳定裕度、相角稳定裕度的概念和计算方法。

重点：系统的分析计算、稳定性和稳态误差的计算、根轨迹绘制方法及应用、频率特性。

难点：开环幅相曲线(奈氏曲线)和对数频率特性曲线(Bode图)的绘制，奈奎斯特判据及应用。

2. 掌握程度

掌握连续控制系统的三大分析方法：时域分析法、根轨迹分析法、频域分析法。学会一阶系统时域性能指标的分析计算、二阶系统时域性能指标的分析计算及性能改进措施，了解高阶系统时域分析的主导极点法，理解稳定性和稳态误差的概念，掌握Routh稳定判据和稳态误差的计算方法。理解根轨迹的概念，掌握根轨迹绘制方法及应用。理解频率特性的基本概念和物理含义，掌握开环幅相曲线(奈氏曲线)和对数频率特性曲线(Bode图)的绘制，掌握奈奎斯特判据及应用，掌握幅值稳定裕度和相角稳定裕度的概念和计算方法。

（四）连续控制系统的设计与校正方法

1. 主要内容

(1) 校正的基本概念。

(2) 基本控制规律与常用的校正装置。

(3) 串联校正设计方法。

重点：基本控制规律。

难点：串联校正设计方法。

2. 掌握程度

了解校正的基本概念，了解常用的校正装置的原理和特点，掌握PID的基本控制规律，掌握串联校正设计方法。

（五）离散控制系统分析方法

1. 主要内容

(1) 离散系统的基本特征、采样信号的数学描述及 z 变换方法。

(2) 脉冲传递函数的定义与计算。

(3) 离散系统的稳定性和稳态误差的概念。

(4) 稳定性分析方法和稳态误差的计算。

(5) 离散系统动态性能的分析。

重点：离散系统的基本特征、稳定性和稳态误差的概念与计算。

难点:离散系统动态性能的分析。

2. 掌握程度

理解离散系统的基本特征,掌握采样信号的数学描述及 z 变换方法,掌握脉冲传递函数的定义与计算,理解离散系统的稳定性和稳态误差的概念,掌握稳定性分析方法和稳态误差的计算方法,了解离散系统动态性能的分析方法。

第2章

控制系统的数学模型

一、知识要点

(一) 系统微分方程的建立

要建立系统的微分方程,首先必须了解整个系统的组成和工作原理,然后根据系统内部各个组成部分之间所服从的定理或定律列写微分方程。

建立系统微分方程的一般步骤如下:

(1) 确定系统输入变量与输出变量。

(2) 将系统分成若干个环节,列写各个环节的微分方程。

(3) 消去中间变量,并整理得到描述系统输出变量与输入变量之间的微分方程。

(4) 将微分方程化成标准形(即将与输入量有关的各项放在等号的右边,而与输出有关的各项放在等号的左边,各导数项按降阶排列)。

(二) 传递函数

传递函数是经典控制理论的数学模型之一。它不但可以反映系统输入、输出之间的动态特性,而且可以反映系统结构和参数对输出的影响。经典控制理论的两大分支——频率法和根轨迹法就是建立在传递函数的基础之上的,传递函数是经典控制理论中非常重要的函数。

在线性定常系统中,当初始条件为零时,系统输出的拉氏变换与输入的拉氏变换之比,称为系统的传递函数。

由控制系统的微分方程可以很容易地求出系统的传递函数。

已知线性定常系统的微分方程具有如下的一般形式:

$$a_n \frac{d^n c(t)}{dt^n} + a_{n-1} \frac{d^{n-1} c(t)}{dt^{n-1}} + \cdots + a_0 c(t) = b_m \frac{d^m r(t)}{dt^m} + b_{m-1} \frac{d^{m-1} r(t)}{dt^{m-1}} + \cdots + b_0 r(t)$$

式中：$c(t)$ 是系统的输出；$r(t)$ 是系统的输入；$a_i(i=1,2,\cdots,n)$ 和 $b_j(j=1,2,\cdots,m)$ 是与系统结构和参数有关的系数。在零初始条件下求拉氏变换，得

$$a_n s^n C(s)+a_{n-1}s^{n-1}C(s)+\cdots+a_0 C(s)=b_m s^m R(s)+b_{m-1}s^{m-1}R(s)+\cdots+b_0 R(s)$$

由定义可得系统的传递函数为

$$G(s)=\frac{C(s)}{R(s)}=\frac{b_m s^m+b_{m-1}s^{m-1}+\cdots+b_0}{a_n s^n+a_{n-1}s^{n-1}+\cdots+a_0}$$

(三) 动态结构图

动态结构图就是将系统中所有的环节用方框图表示，并根据各环节在系统中的相互联系，将方框图连接起来的图形。将动态结构图按一定的规则变换之后，即可求出系统的传递函数。

1. 动态结构图的绘制

绘制系统动态结构图的基本步骤如下：

(1) 将系统划分为几个基本组成部分，根据各部分所服从的定理或定律列写微分方程。

(2) 将微分方程在零初始条件下求拉氏变换，并作出各部分的方框图。

(3) 按系统中各变量之间的传递关系，将各部分的方框图连接起来，便得到系统的动态结构图。

2. 动态结构图等效变换

动态结构图有三种典型连接方式，即串联连接、并联连接和反馈连接。其他非基本连接采用比较点、引出点移动来实现等效变换。

(1) 串联连接。

两个环节串联连接时可以等效为一个环节，其传递函数为两个环节传递函数的乘积。由此可以推出，当多个环节串联连接时，也可以等效为一个环节，其传递函数为各个环节传递函数的乘积。

(2) 并联连接。

假设两个环节的传递函数分别为 $G_1(s)$ 和 $G_2(s)$，如果它们的输入相同，输出等于两个环节输出的代数和，则称这种连接方式为并联连接，其传递函数为两个环节传递函数的代数和。

(3) 反馈连接。

假设两个环节的传递函数分别为 $G(s)$ 和 $H(s)$，若按图 2-1(a) 的方式连接，则称为反馈连接。"－"表示负反馈，"＋"表示正反馈，分别表示输入信号与反馈信号相减或相加，其反馈连接如图 2-1(b) 所示。

因为 $C(s)=G(s)E(s)=G(s)[R(s)\mp B(s)]=G(s)[R(s)\mp H(s)C(s)]$，则

$$C(s)=\frac{G(s)}{1\pm G(s)H(s)}R(s)=G_B(s)R(s)$$

其中 $G_B(s)=\dfrac{G(s)}{1\pm G(s)H(s)}$。

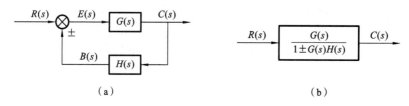

图 2-1 两个环节反馈连接

（四）信号流图

1. 信号流图的组成

信号流图主要由节点和支路两部分组成。节点表示系统中的变量或信号，用小圆圈表示；支路是连接两个节点的有向线段。支路上的箭头表示信号传递的方向，支路的增益（传递函数）标在支路上。支路相当于乘法器，信号流经支路后，被乘以支路增益而变为另一信号。支路增益为 1 时不标出。

2. 梅森公式

有时候绘制出的信号流图不是最简单的，还需要化简，信号流图的化简方法与结构图的化简方法相同，这里不再介绍。对于复杂的系统，无论是利用结构图化简法还是利用信号流图化简法求传递函数都是很费时的。如果只是求出系统的传递函数，利用梅森公式更为方便，它不需要对结构图或信号流图进行任何变换，就可写出传递函数。

梅森公式的一般形式为

$$G(s) = \frac{1}{\Delta} \sum_{k=1}^{n} P_k \Delta_k$$

式中：Δ—特征式，且 $\Delta = 1 - \sum L_a + \sum L_b L_e - \sum L_d L_e L_f + \cdots$；

n— 前向通道的个数；

P_k— 从输入节点到输出节点的第 k 条前向通道的增益；

Δ_k— 余因式，把与第 k 条前向通道相接触的回路增益去掉以后的 Δ 值；

$\sum L_a$— 所有单回路的增益之和；

$\sum L_b L_e$— 所有两两互不接触的回路增益乘积之和；

$\sum L_d L_e L_f$— 所有三个互不接触的回路增益乘积之和。

二、典型例题

2-1 试求下列函数的拉普拉斯变换式(设 $t<0$ 时, $f(t)=0$):

(1) $f(t)=(t+2)(t+6)$; (2) $f(t)=3(1-\cos 4t)$;

(3) $f(t)=e^{-0.6t}\cos 10t$; (4) $f(t)=\sin\left(5t+\dfrac{7\pi}{3}\right)$;

(5) $f(t)=T-e^{-\frac{1}{T}t}$。

解 (1) 原函数 $f(t)$ 可以表示为
$$f(t)=t^2+8t+12$$
可得 $f(t)$ 的拉普拉斯变换式为
$$F(s)=\frac{2}{s^3}+\frac{8}{s^2}+\frac{12}{s}$$

(2) 原函数 $f(t)$ 的拉普拉斯变换为
$$F(s)=3\left(\frac{1}{s}-\frac{s}{s^2+16}\right)=\frac{48}{s(s^2+16)}$$

(3) 根据复位移定理,原函数 $f(t)$ 的拉普拉斯变换为
$$F(s)=\frac{s+0.6}{(s+0.6)^2+100}$$

(4) 原函数 $f(t)$ 可表示为
$$f(t)=\sin 5t \cdot \cos\frac{7\pi}{3}+\cos 5t \cdot \sin\frac{7\pi}{3}=0.5\sin 5t+0.866\cos 5t$$
则 $f(t)$ 的拉普拉斯变换为
$$F(s)=\frac{2.5}{s^2+25}+\frac{0.866s}{s^2+25}=\frac{0.866s+2.5}{s^2+25}$$

(5) 原函数 $f(t)$ 的拉普拉斯变换为
$$F(s)=\frac{T}{s}-\frac{1}{s+1/T}=\frac{(T-1)s+1}{s(Ts+1)}$$

2-2 求如图 2-2 所示各 $f(t)$ 的拉普拉斯变换式:

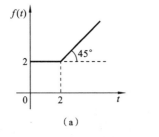
(a)

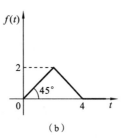
(b)

图 2-2 $f(t)$ 图示曲线

解 (a) 根据所给图可以确定
$$f(t)=2 \cdot 1(t)+(t-2) \cdot 1(t-2)$$

其拉普拉斯变换式为 $F(s)=\dfrac{2}{s}+\dfrac{1}{s^2}\mathrm{e}^{-2s}$。

(b) 根据所给图可以确定
$$f(t)=t \cdot 1(t)-2(t-2) \cdot 1(t-2)+(t-4) \cdot 1(t-4)$$
其拉普拉斯变换式为 $F(s)=\dfrac{1}{s^2}(1-2\mathrm{e}^{-2s}+\mathrm{e}^{-4s})$。

2-3 求下列函数的原函数 $f(t)$：

(1) $F(s)=\dfrac{s-3}{s^2+9}$； (2) $F(s)=\dfrac{5}{s(s+5)}$；

(3) $F(s)=\dfrac{s+7}{(s+1)(s^2+3s+2)}$； (4) $F(s)=\dfrac{1}{s(s^2+s+1)}$；

(5) $F(s)=\dfrac{s}{s^2+4s+8}$。

解 (1) $F(s)$ 的拉普拉斯反变换为
$$f(t)=\cos 3t-\sin 3t, \quad t>0$$

(2) 原 $F(s)$ 可以分解为
$$F(s)=\dfrac{1}{s}-\dfrac{1}{s+5}$$
由此得 $f(t)=1-\mathrm{e}^{-5t}, t>0$。

(3) 原 $F(s)$ 可以分解为
$$F(s)=\dfrac{s+7}{(s+1)^2(s+2)}=\dfrac{6}{(s+1)^2}-\dfrac{5}{s+1}+\dfrac{5}{s+2}$$
则 $F(s)$ 的拉普拉斯反变换为 $f(t)=6t\mathrm{e}^{-t}-5\mathrm{e}^{-t}+5\mathrm{e}^{-2t}, t>0$。

(4) 原 $F(s)$ 可以分解为
$$F(s)=\dfrac{1}{s}-\dfrac{s+1}{s^2+s+1}=\dfrac{1}{s}-\dfrac{s+1/2}{(s+1/2)^2+3/4}-\dfrac{\sqrt{3}}{3} \cdot \dfrac{\sqrt{3}/2}{(s+1/2)^2+3/4}$$
则 $F(s)$ 的拉普拉斯反变换为
$$f(t)=1-\mathrm{e}^{-0.5t}\left(\cos\dfrac{\sqrt{3}}{2}t-\dfrac{\sqrt{3}}{3}\sin\dfrac{\sqrt{3}}{2}t\right), \quad t>0$$

(5) 原 $F(s)$ 可以分解为
$$F(s)=\dfrac{s+2}{(s+2)^2+4}-\dfrac{2}{(s+2)^2+4}$$
则 $F(s)$ 的拉普拉斯反变换为
$$f(t)=\mathrm{e}^{-2t}(\cos 2t-\sin 2t), \quad t>0$$

2-4 应用拉普拉斯变换终值定理求函数 $f(t)$ 的终值，$f(t)$ 的拉普拉斯变换式如下：

(1) $F(s)=\dfrac{1}{s(s+1)}$； (2) $F(s)=\dfrac{10s+10}{s(s^2+s+1)}$。

要求通过拉普拉斯反变换，并令 $t\to\infty$ 来证明其计算结果。

解 (1) $f(t)=\mathscr{L}^{-1}[F(s)]=\mathscr{L}^{-1}\left[\dfrac{1}{s(s+1)}\right]=\mathscr{L}^{-1}\left(\dfrac{1}{s}-\dfrac{1}{s+1}\right)=1-\mathrm{e}^{-t}$

$$\lim_{s \to 0} sF(s) = \lim_{s \to 0} \frac{s}{s(s+1)} = \lim_{s \to 0} \frac{1}{s+1} = 1$$

$$\lim_{t \to \infty} f(t) = \lim_{t \to \infty} (1 - e^{-t}) = 1$$

(2) 由于

$$\mathscr{L}^{-1}\left[\frac{s+a_0}{s[(s+a)^2+\omega^2]}\right] = \frac{a_0}{a^2+\omega^2} + \frac{[(a_0+a)^2+\omega^2]^{1/2}}{\omega(a^2+\omega^2)^{1/2}} e^{-at} \sin(\omega t + \varphi)$$

式中,$\varphi = \arctan\dfrac{\omega}{a_0-a} - \arctan\dfrac{\omega}{-a}$,则

$$f(t) = \mathscr{L}^{-1}[F(s)] = \mathscr{L}^{-1}\left[\frac{10(s+1)}{s(s^2+s+1)}\right] = 10 + 20e^{-0.5t}\sin\left(\frac{\sqrt{3}}{2}t + 120°\right)$$

$$\lim_{t \to \infty} f(t) = \lim_{t \to \infty}\left[10 + 20e^{-0.5t}\sin\left(\frac{\sqrt{3}}{2}t + 120°\right)\right] = 10$$

2-5 用拉普拉斯变换方法求解下列微分方程:

(1) $\dfrac{d^2 x}{dt^2} - 3\dfrac{dx}{dt} + 2x = \delta(t)$, $\dfrac{dx}{dt}\bigg|_{t=0} = x(0) = 0$;

(2) $\dfrac{d^2 x}{dt^2} + 4\dfrac{dx}{dt} + 4x = 1(t)$, $\dfrac{dx}{dt}\bigg|_{t=0} = x(0) = 0$;

(3) $2\dfrac{d^2 x}{dt^2} + 7\dfrac{dx}{dt} + 3x = 0$, $\dfrac{dx}{dt}\bigg|_{t=0} = 1$, $x(0) = 0$。

解 (1) 在方程两边取拉普拉斯变换,得

$$X(s) = \frac{1}{s^2-3s+2} = \frac{1}{(s-1)(s-2)} = \frac{1}{s-2} - \frac{1}{s-1}$$

对上式进行拉普拉斯反变换,得 $x(t) = e^{-2t} - e^{-t}$,$t > 0$。

(2) 在方程两边进行拉普拉斯变换,得

$$X(s) = \frac{1}{s(s^2+4s+4)} = \frac{1}{16s} - \frac{1}{16(s+4)} - \frac{1}{4(s+4)^2}$$

对上式进行拉普拉斯反变换,得 $x(t) = \dfrac{1}{16} - \dfrac{1}{16}e^{-4t} - \dfrac{1}{4}te^{-4t}$,$t > 0$。

(3) 在方程两边进行拉普拉斯变换,得

$$s^2 X(s) - sx(0) - \dot{x}(0) + 3.5sX(s) - 3.5x(0) + 1.5X(s) = 0$$

$$X(s) = \frac{1}{s^2+3.5s+1.5} = \frac{1}{(s+3)(s+0.5)} = \frac{0.4}{s+0.5} - \frac{0.4}{s+3}$$

对上式进行拉普拉斯反变换,得 $x(t) = 0.4(e^{-0.5t} - e^{-3t})$,$t > 0$。

2-6 若系统在阶跃输入 $r(t) = 1(t)$ 时,零初始条件下的输出响应 $c(t) = 5 - 5e^{-2t} + 5e^{-t}$,试求系统的传递函数和脉冲响应。

解 系统在阶跃输入 $r(t) = 5 \cdot 1(t)$,即 $R(s) = \dfrac{5}{s}$ 时,系统的输出响应为 $c(t) = 5 - 5e^{-2t} + 5e^{-t}$,即

$$C(s) = \frac{5}{s} - \frac{5}{s+2} + \frac{5}{s+1} = \frac{5(s^2+4s+2)}{s(s+2)(s+1)}$$

则系统的传递函数为

$$\frac{C(s)}{R(s)} = \frac{5(s^2+4s+2)}{s(s+2)(s+1)} \cdot s = \frac{5(s^2+4s+2)}{(s+2)(s+1)}$$

于是，系统脉冲响应为

$$c(t) = \mathscr{F}^{-1}\left[\frac{5(s^2+4s+2)}{(s+2)(s+1)}\right] = \mathscr{F}^{-1}\left(5 - \frac{5}{s+1} + \frac{10}{s+2}\right)$$

$$= 5\delta(t) - 5e^{-t} + 10e^{-2t}$$

2-7 设系统的微分方程为

$$\frac{d^2c(t)}{dt^2} + 3\frac{dc(t)}{dt} + 2c(t) = 2r(t)$$

初始条件 $c(0) = -1, \dot{c}(0) = 0$。试求：

(1) 系统的传递函数；

(2) 单位阶跃输入 $r(t) = 5 \cdot 1(t)$ 时系统的输出响应 $c(t)$。

解 (1) 已知系统的微分方程，则对应的传递函数为

$$\frac{C(s)}{R(s)} = \frac{2}{s^2+3s+2}$$

(2) 对系统的微分方程两边同时进行拉氏变换，可得

$$[s^2C(s) - sc(0) - \dot{c}(0)] + 3[sC(s) - c(0)] + 2C(s) = 2R(s)$$

输入为 $r(t) = 5 \cdot 1(t)$，即 $R(s) = \frac{5}{s}$，代入初始条件 $c(0) = -1, \dot{c}(0) = 0$，可得

$$C(s) = \frac{10 - 3s - s^2}{s(s^2+3s+2)} = \frac{5}{s} - \frac{12}{s+1} + \frac{6}{s+2}$$

对上式进行拉氏反变换，可得系统在阶跃输入 $r(t) = 5 \cdot 1(t)$ 时，输出响应 $c(t)$ 为

$$c(t) = 5 - 20e^{-t} + 10e^{-2t} \quad (t \geqslant 0)$$

2-8 设系统的微分方程式如下：

(1) $\dfrac{dc(t)}{dt}(t) = 10r(t)$；

(2) $\dfrac{d^2c(t)}{dt^2} + 6\dfrac{dc(t)}{dt}(t) + 25c(t) = 25r(t)$。

已知全部初始条件为零，试求系统的单位脉冲响应 $c_1(t)$ 和单位阶跃响应 $c_2(t)$。

解 (1) 由于初始条件为零，对微分方程两边进行拉普拉斯变换可得

$$sC(s) = 10R(s)$$

则系统的传递函数为

$$\Phi(s) = \frac{C(s)}{R(s)} = \frac{10}{s}$$

当输入为单位脉冲信号时，$R(s) = 1$，系统的单位脉冲响应

$$c_1(t) = \mathscr{F}^{-1}[\Phi(s)] = \mathscr{F}^{-1}\left[\frac{10}{s}\right] = 10 \quad (t \geqslant 0)$$

当输入为单位阶跃信号时，$R(s) = \dfrac{1}{s}$，系统的单位阶跃响应

$$c_2(t) = \mathscr{F}^{-1}\left[\Phi(s) \cdot \frac{1}{s}\right] = \mathscr{F}^{-1}\left[\frac{10}{s^2}\right] = 10t \quad (t \geqslant 0)$$

（2）由于初始条件为零，对微分方程两边进行拉氏变换可得
$$s^2 C(s) + 6sC(s) + 25C(s) = 25R(s)$$
则系统的传递函数为
$$\Phi(s) = \frac{C(s)}{R(s)} = \frac{25}{s^2 + 6s + 25}$$

由 $\Phi(s) = \dfrac{\omega_n^2}{s^2 + 2\zeta\omega_n s + \omega_n^2}$ 的形式可以确定
$$\omega_n^2 = 25, \quad 2\zeta\omega_n = 6$$

则 $\omega_n = 5, \zeta = 0.6, \omega_d = \omega_n\sqrt{1-\zeta^2} = 4, \beta = \arctan\left(\dfrac{\sqrt{1-\zeta^2}}{\zeta}\right) = 53.2°$。

当输入为单位脉冲信号时，$R(s) = 1$，系统的单位阶跃响应
$$c_1(t) = \frac{\omega_n}{\sqrt{1-\zeta^2}} e^{-\zeta\omega_n t} \sin\omega_d t = 6.25 e^{-3t} \sin 4t \quad (t \geq 0)$$

当输入为单位阶跃信号时，$R(s) = \dfrac{1}{s}$，系统的单位阶跃响应
$$c_2(t) = 1 - \frac{1}{\sqrt{1-\zeta^2}} e^{-\zeta\omega_n t} \sin(\omega_d t + \beta) = 1 - 1.25 e^{-3t} \sin(4t + 53.2°) \quad (t \geq 0)$$

2-9 求图 2-3 所示的有源网络的传递函数 $U_o(s)/U_i(s)$。

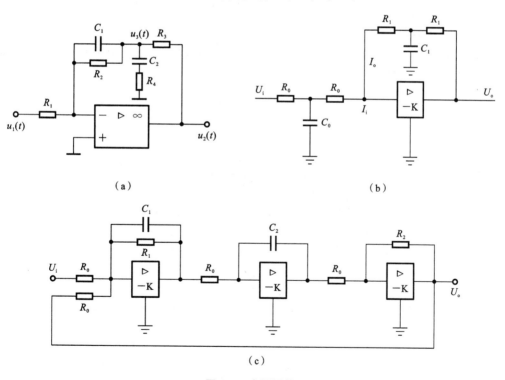

图 2-3 有源网络

解 本题研究用等效复数阻抗方法推导有源网络的传递函数的方法。

（1）设电压 $u_3(t)$ 如图 2-3(a)所示。根据节点电流定律，有

$$\begin{cases} U_3 \dfrac{R_2 C_1 s + 1}{R_2} + U_3 \dfrac{C_2 s}{R_4 C_2 s + 1} + \dfrac{U_3 - U_2}{R_3} = 0 \\ \dfrac{U_1}{R_1} + U_3 \dfrac{R_2 C_1 s + 1}{R_2} = 0 \end{cases}$$

消去 U_3 可得

$$\dfrac{U_2(s)}{U_1(s)} = -\dfrac{R_2 R_3 R_4 C_1 C_2 s^2 + [(R_2 + R_3) R_4 C_2 + (C_1 + C_2) R_2 R_3] s + R_2 + R_3}{R_1 (R_2 C_1 s + 1)(R_4 C_2 s + 1)}$$

(2) 对于图 2-3(b)所示的有源网络,可得

$$I_i(s) = \dfrac{U_i(s)}{R_0 + \dfrac{R_0/C_0 s}{R_0 + 1/C_0 s}} \cdot \dfrac{\dfrac{1}{C_0 s}}{R_0 + \dfrac{1}{C_0 s}} = \dfrac{\dfrac{1}{2R_0}}{1 + \dfrac{1}{2} T_0 s} U_i(s)$$

同理,得

$$I_o(s) = -\dfrac{1/(2R_1)}{1 + T_1 s/2} U_o(s)$$

显然 $I_o(s) = I_i(s)$,所以网络传递函数为

$$\dfrac{U_o(s)}{U_i(s)} = -\dfrac{R_1 \left(1 + \dfrac{1}{2} T_1 s\right)}{R_0 \left(1 + \dfrac{1}{2} T_0 s\right)}$$

其中,$T_0 = R_0 C_0$,$T_1 = R_1 C_1$。

(3) 对于图 2-3(c)所示的有源网络,可令第一级运算放大器输出为 U_1,第二级运算放大器输出为 U_2,则可得

$$U_1 = -\dfrac{R_1 \cdot \dfrac{1}{C_1 s}}{R_1 + \dfrac{1}{C_1 s}} \left(\dfrac{U_i}{R_0} + \dfrac{U_o}{R_0} \right)$$

因为 $\dfrac{U_2}{U_1} = -\dfrac{1}{R_0 C_2 s}$,故 $U_1 = -R_0 C_2 s U_2$;又因 $\dfrac{U_o}{U_2} = -\dfrac{R_2}{R_0}$,故 $U_2 = -\dfrac{R_0}{R_2} U_o$。于是有

$$U_1 = -R_0 C_2 s U_2 = (-R_0 C_2 s) \left(-\dfrac{R_0}{R_2} U_o \right) = \dfrac{R_0^2}{R_2} C_2 s U_o$$

所以

$$U_1 = -\dfrac{R_1 \cdot \dfrac{1}{C_1 s}}{R_1 + \dfrac{1}{C_1 s}} \left(\dfrac{U_i}{R_0} + \dfrac{U_o}{R_0} \right) = \dfrac{R_0^2}{R_2} C_2 s U_o$$

整理后可得闭环传递函数为

$$\dfrac{U_o}{U_i} = \dfrac{-R_1 R_2}{R_0^3 (R_1 C_1 s + 1) C_2 s + R_1 R_2}$$

2-10 试构建如图 2-4 至图 2-9 所示系统的传递函数或微分方程。

(1) 如图 2-4 所示,系统的输入量为 $u_1(t)$,系统的输出量为 $u_2(t)$,求传递函数。

(2) 如图 2-5 所示,系统的输入量为 $p(t)$,系统的输出量为位移 $x(t)$,求传递函数。

(3) 如图 2-6 所示,求系统微分方程。

(4) 如图 2-7 所示，系统的输入量为 $f(t)$，系统的输出量为位移 x_1，求传递函数。

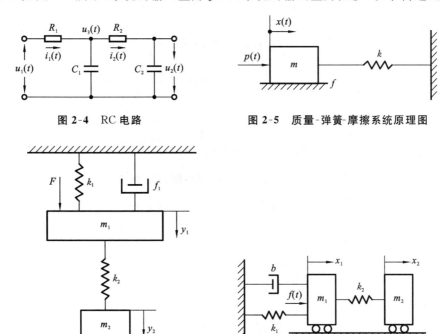

图 2-4　RC 电路　　　　图 2-5　质量-弹簧-摩擦系统原理图

图 2-6　机械系统原理图　　　　图 2-7　弹簧-质量块

(5) 如图 2-8 所示，系统的输入量为轴 1 的转矩 M，系统的输出量为角速度 ω，求传递函数。

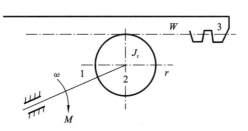

图 2-8　齿条传动系统原理图

(6) 如图 2-9 所示，系统的输入量为干扰力矩 M_H，系统的输出量为电机转速 $\Omega(s)$，求传递函数。

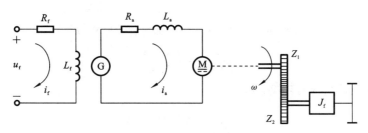

图 2-9　发电机-电动机组

解 (1) 设电压的 $u_3(t)$, 电流 $i_1(t)$、$i_2(t)$ 如图 2-3 所示。采用运算阻抗法, 根据欧姆定律有

$$U_2(s) = \frac{1}{C_2 s} I_2(s), \quad I_2(s) = \frac{U_3(s) - U_2(s)}{R_2}$$

$$U_3(s) = \frac{I_1(s) - I_2(s)}{C_1 s}, \quad I_1(s) = \frac{U_1(s) - U_3(s)}{R_1}$$

可求得

$$\frac{U_2(s)}{U_1(s)} = \frac{1}{R_1 R_2 C_1 C_2 s^2 + (R_1 C_1 + R_1 C_2 + R_2 C_2) s + 1}$$

(2) 系统的摩擦力为 $f \dfrac{\mathrm{d}x(t)}{\mathrm{d}t}$, 弹簧力为 $kx(t)$, 根据牛顿第二运动定律有

$$p(t) - f \frac{\mathrm{d}x(t)}{\mathrm{d}t} - kx(t) = m \frac{\mathrm{d}^2 x(t)}{\mathrm{d}t^2}$$

移项整理, 得系统的微分方程为

$$m \frac{\mathrm{d}^2 x(t)}{\mathrm{d}t^2} + f \frac{\mathrm{d}x(t)}{\mathrm{d}t} + kx(t) = p(t)$$

系统的传递函数为

$$\frac{X(s)}{P(s)} = \frac{1}{ms^2 + fs + k}$$

(3) 根据力平衡方程, 对 m_1, m_2 分别采用隔离法列出微分方程:

$$\begin{cases} F - k_1 y_1 - f_1 \dot{y}_1 + k_2(y_2 - y_1) = m_1 \ddot{y}_1 \\ -k_2(y_2 - y_1) = m_2 \ddot{y}_2 \end{cases}$$

即

$$\begin{cases} F = m_1 \ddot{y}_1 + f_1 \dot{y}_1 + k_1 y_1 - k_2(y_2 - y_1) \\ 0 = m_2 \ddot{y}_2 + k_2(y_2 - y_1) \end{cases}$$

(4) 对于质量块 m_1、m_2, 应用牛顿第二定律可得

$$\begin{cases} f(t) + k_2(x_2 - x_1) - b\dot{x}_1 - k_1 x_1 = m_1 \ddot{x}_1 \\ k_2(x_1 - x_2) = m_2 \ddot{x}_2 \end{cases}$$

$$\Rightarrow \begin{cases} m_1 \ddot{x}_1 + b\dot{x}_1 + (k_1 + k_2) x_1 - k_2 x_2 = f(t) \\ -k_2 x_1 + m_2 \ddot{x}_2 + k_2 x_2 = 0 \end{cases}$$

$$\Rightarrow \begin{bmatrix} m_1 s^2 + bs + k_1 + k_2 & -k_2 \\ -k_2 & m_2 s^2 + k_2 \end{bmatrix} \begin{bmatrix} X_1(s) \\ X_2(s) \end{bmatrix} = \begin{bmatrix} F(s) \\ 0 \end{bmatrix}$$

$$\Delta = (m_2 s^2 + k_2)(m_1 s^2 + bs + k_1 + k_2) - k_2^2$$

$$\frac{X_1(s)}{F(s)} = \frac{m_2 s^2 + k_2}{\Delta}$$

(5) 齿条传动系统的转矩方程为

$$J_r \frac{\mathrm{d}\omega}{\mathrm{d}t} + f\omega + M_1 = M$$

其中 $M_1 = \dfrac{W}{g} \cdot 2\pi r \cdot \dfrac{\mathrm{d}\omega}{\mathrm{d}t} \Big/ (2\pi) = \dfrac{rW}{g} \dfrac{\mathrm{d}\omega}{\mathrm{d}t}$, 是平移工作台的转矩。

对上式取拉普拉斯变换,并设初始条件为零,则有

$$sJ_r\Omega(s)+f\Omega(s)+s\frac{rW}{g}\Omega(s)=M(s)$$

故系统的传递函数为

$$\frac{\Omega(s)}{M(s)}=\frac{1}{\left(J_r+\frac{W}{g}r\right)s+f}=\frac{K}{Ts+1}$$

式中:$K=\frac{1}{f}$;$T=\frac{1}{f}\left(J_r+\frac{W}{g}r\right)$。

(6) 电动机的输出角速度与输入力矩的关系为

$$J\frac{d\omega}{dt}+B\omega=M_m-M_H$$

式中:J、B 分别为折算到电动机输出轴上的转动惯量和黏性摩擦系数;M_H 为干扰力矩;M_m 为电磁力矩,并与电枢电流 i_a 成正比,即

$$M_m=C_m i_a$$

式中:C_m 为比例系数。

根据克希霍夫定律,直流电动机电枢回路的运动方程为

$$L_a\frac{di_a}{dt}+R_a i_a+e_b=u_a$$

式中:e_b 为电动机的反电动势,与输出角速度 ω 成正比,即

$$e_b=K_b\omega$$

式中:K_b 为比例系数。

$$\frac{\Omega(s)}{M_H(s)}=-\frac{(L_a s+R_a)}{(Js+B)(L_a s+R_a)+K_b C_m}$$

可得到发电机电动机组的动态结构图,如图 2-10 所示。

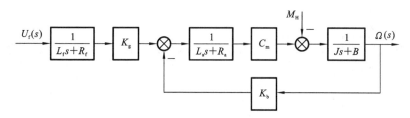

图 2-10 发电机-电动机组动态结构图

以电机转速 $\Omega(s)$ 为输出,以干扰力矩 M_H 为输入的传递函数为

$$\frac{\Omega(s)}{M_H(s)}=-\frac{(L_a s+R_a)}{(Js+B)(L_a s+R_a)+K_b C_m}$$

2-11 系统的微分方程组如下:

$$x_1=r-c+n_1,\quad x_2=K_1 x_1,\quad x_3=x_2-x_5$$

$$T\frac{dx_4}{dt}=x_3,\quad x_5=x_4-K_2 n_2,\quad K_0 x_5=\frac{d^2 c}{dt^2}+\frac{dc}{dt}$$

式中:K_0、K_1、K_2、T 均为正常数。试建立系统动态结构图,并求出传递函数 $C(s)/R(s)$、

$C(s)/N_1(s)$、$C(s)/N_2(s)$。

解 根据上述方程组,可以得到系统的动态结构图,如图 2-11 所示。

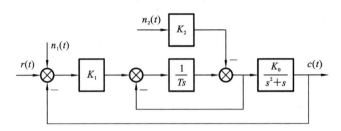

图 2-11 系统动态结构图

分别求出传递函数 $C(s)/R(s)$、$C(s)/N_1(s)$、$C(s)/N_2(s)$ 如下:

$$\frac{C(s)}{R(s)} = \frac{K_1 K_0}{Ts^3 + (T+1)s^2 + s + K_1 K_0}, \quad \frac{C(s)}{N_1(s)} = \frac{C(s)}{R(s)}$$

$$\frac{C(s)}{N_2(s)} = -\frac{K_2 Ts}{K_1} \cdot \frac{C(s)}{R(s)} = \frac{-K_0 K_2 Ts}{Ts^3 + (T+1)s^2 + s + K_1 K_0}$$

2-12 化简如图 2-12 所示的动态结构图,并求出传递函数 $C(s)/R(s)$。

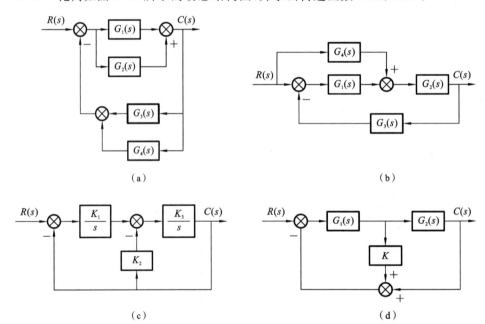

图 2-12 动态结构图

解 (1) 图 2-12(a)所示的动态结构图,可以化简为如图 2-13 所示的结构图,其传递函数为

$$\frac{C(s)}{R(s)} = \frac{G_1(s) + G_2(s)}{1 + [G_1(s) + G_2(s)][G_3(s) - G_4(s)]}$$

$$= \frac{G_1(s) + G_2(s)}{1 + G_1(s)G_3(s) + G_2(s)G_3(s) - G_1(s)G_4(s) - G_2(s)G_4(s)}$$

图 2-13　图 2-12(a)的简化结构图

(2) 图 2-13(b)所示的结构图,可以化简为如图 2-14 所示的结构图,根据简化的结构图,求得系统的传递函数为

$$\frac{C(s)}{R(s)}=\frac{G_1(s)G_2(s)+G_2(s)G_4(s)}{1+G_1(s)G_2(s)G_3(s)}$$

图 2-14　图 2-12(b)的简化结构图

(3) 图 2-12(c)所示的结构图,可以化简为如图 2-15 所示的结构图,根据简化的结构图,求得系统的传递函数为

$$\frac{C(s)}{R(s)}=\frac{K_1K_3}{s^2+K_2K_3s+K_1K_3}$$

(4) 图 2-12(d)所示的结构图可以化简为如图 2-16 所示的结构图,根据简化的结构图,求得系统的传递函数为

$$\frac{C(s)}{R(s)}=\frac{G_1(s)G_2(s)}{1+KG_1(s)+G_1(s)G_2(s)}$$

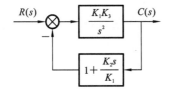
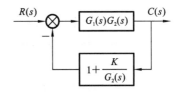

图 2-15　图 2-12(c)的简化结构图　　**图 2-16　图 2-12(d)的简化结构图**

2-13 已知系统动态结构图如图 2-17 所示,求系统的传递函数 $C_1(s)/R_1(s)$、$C_2(s)/R_2(s)$、$C_1(s)/R_2(s)$ 和 $C_2(s)/R_1(s)$。

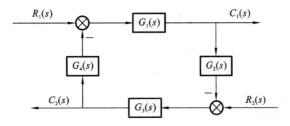

图 2-17　动态结构图

解　由图 2-17 所示系统,可得

$$\frac{C_1(s)}{R_1(s)}=\frac{G_1(s)}{1-G_1(s)G_2(s)G_3(s)G_4(s)}$$

$$\frac{C_2(s)}{R_2(s)} = \frac{G_3(s)}{1-G_1(s)G_2(s)G_3(s)G_4(s)}$$

$$\frac{C_1(s)}{R_2(s)} = \frac{-G_1(s)G_3(s)G_4(s)}{1-G_1(s)G_2(s)G_3(s)G_4(s)}$$

$$\frac{C_2(s)}{R_1(s)} = \frac{-G_1(s)G_2(s)G_3(s)}{1-G_1(s)G_2(s)G_3(s)G_4(s)}$$

2-14 系统的动态结构图如图 2-18 所示,求传递函数 $C(s)/R(s)$、$E(s)/R(s)$。

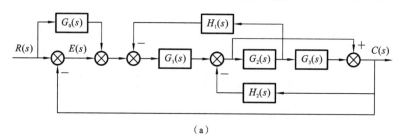

(a)

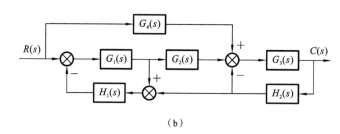

(b)

图 2-18 动态结构图

解 (1) 由图 2-18(a)所示系统可得,该系统共有 5 条回路,其传递函数分别为

$$L_1 = -G_1(s)G_2(s)G_3(s), \quad L_2 = -G_1(s)G_2(s)H_1(s)$$

$$L_3 = -G_1(s), \quad L_4 = -G_2(s)G_3(s)H_2(s), \quad L_5 = -H_2(s)$$

没有互不接触的回路,于是闭环特征式为

$$\Delta = 1 + G_1(s)G_2(s)G_3(s) + G_1(s) + G_1(s)G_2(s)H_1(s) + G_2(s)G_3(s)H_2(s) + H_2(s)$$

从 $R(s)$ 到 $C(s)$ 共有 4 条前向通路,其前向通路的传递函数和余子式分别为

$$P_1 = G_1(s)G_2(s)G_3(s), \quad \Delta_1 = 1$$

$$P_2 = G_1(s), \quad \Delta_2 = 1$$

$$P_3 = G_0(s)G_1(s)G_2(s)G_3(s), \quad \Delta_3 = 1$$

$$P_4 = G_0(s)G_1(s), \quad \Delta_4 = 1$$

根据梅森公式,可得传递函数 $C(s)/R(s)$ 为

$$\frac{C(s)}{R(s)} = \frac{G_1(s)G_2(s)G_3(s) + G_1(s) + G_0(s)G_1(s)G_2(s)G_3(s) + G_0(s)G_1(s)}{1+G_1(s)G_2(s)G_3(s) + G_1(s) + G_1(s)G_2(s)H_1(s) + G_2(s)G_3(s)H_2(s) + H_2(s)}$$

从 $R(s)$ 到 $E(s)$ 有 3 条前向通路,其前向通路的传递函数和余子式分别为

$$P_1 = 1, \quad \Delta_1 = 1 + G_1(s)G_2(s)H_1(s) + G_2(s)G_3(s)H_2(s) + H_2(s)$$

$$P_2 = -G_0(s)G_1(s)G_2(s)G_3(s), \quad \Delta_2 = 1$$

$$P_3 = -G_0(s)G_1(s), \quad \Delta_3 = 1$$

根据梅森公式,传递函数 $E(s)/R(s)$ 为

$$\frac{E(s)}{R(s)} = \frac{1+G_1(s)G_2(s)H_1(s)+G_2(s)G_3(s)H_2(s)+H_2(s)-G_0(s)G_1(s)G_2(s)G_3(s)-G_0(s)G_1(s)}{1+G_1(s)G_2(s)G_3(s)+G_1(s)+G_1(s)G_2(s)H_1(s)+G_2(s)G_3(s)H_2(s)+H_2(s)}$$

(2) 由图 2-18(b)所示系统可得,该系统共有 3 条回路,其传递函数分别为

$$L_1 = G_1(s)G_2(s)G_3(s)H_1(s)H_2(s)$$
$$L_2 = G_1(s)H_1(s)$$
$$L_3 = G_3(s)H_2(s)$$

其中,L_2 与 L_3 是互不接触回路,于是闭环特征式为

$$\Delta = 1+G_1H_1+G_3H_2+G_1(s)G_2(s)G_3(s)H_1(s)H_2(s)+G_1(s)H_1(s)G_3(s)H_2(s)$$

从 $R(s)$ 到 $C(s)$ 共有 2 条前向通路,其前向通路的传递函数和余子式分别为

$$P_1 = G_1(s)G_2(s)G_3(s), \quad \Delta_1 = 1$$
$$P_2 = G_4(s)G_3(s), \quad \Delta_2 = 1+G_1(s)H_1(s)$$

根据梅森公式,传递函数 $C(s)/R(s)$ 为

$$\frac{C(s)}{R(s)} = \frac{G_1(s)G_2(s)G_3(s)+G_3(s)G_4(s)+G_1(s)G_3(s)G_4(s)H_1(s)}{1+G_1H_1+G_3H_2+G_1(s)G_2(s)G_3(s)H_1(s)H_2(s)+G_1(s)H_1(s)G_3(s)H_2(s)}$$

从 $R(s)$ 到 $E(s)$ 有 2 条前向通路,其传递函数和余子式分别为

$$P_1 = 1, \quad \Delta_1 = 1+G_3(s)H_2(s)$$
$$P_2 = -G_4(s)G_3(s)H_1(s)H_2(s), \quad \Delta_2 = 1$$

根据梅森公式,传递函数 $E(s)/R(s)$ 为

$$\frac{E(s)}{R(s)} = \frac{1+G_3(s)H_2(s)-G_3(s)G_4(s)H_1(s)H_2(s)}{1+G_1(s)H_1(s)+G_3(s)H_2(s)+G_1(s)G_2(s)G_3(s)H_1(s)H_2(s)+G_1(s)H_1(s)G_3(s)H_2(s)}$$

2-15 系统动态结构图如图 2-19 所示。

(1) 求图 2-19(a)、(b)、(c)、(d)和(e)所示系统的传递函数 $C(S)/R(S)$;

(2) 求图 2-19(f)、(g)所示系统的传递函数 $C(s)/R(s)$ 和 $C(s)/N(s)$。

解 (1) 对于图 2-19(a)所示系统,可得

$$\frac{C(s)}{R(s)} = \frac{G_1(s)G_3(s)[G_2(s)+G_5(s)]}{1+G_3(s)G_5(s)+G_1(s)[G_2(s)+G_5(s)][G_3(s)+1-G_4(s)]}$$

$$= [G_1(s)G_3(s)G_2(s)+G_1(s)G_3(s)G_5(s)]/[1+G_3(s)G_5(s)$$
$$+G_1(s)G_2(s)+G_1(s)G_5(s)+G_1(s)G_2(s)G_3(s)$$
$$+G_1(s)G_3(s)G_5(s)-G_1(s)G_2(s)G_4(s)-G_1(s)G_4(s)G_5(s)]$$

对于图 2-19(b)所示系统,它共有 5 条回路,其传递函数分别为

$$L_1 = -G_1(s)G_2(s)G_3(s), \quad L_2 = -G_1(s)$$
$$L_3 = G_1(s)G_2(s), \quad L_4 = -G_2(s)G_3(s), \quad L_5 = -1$$

没有互不接触的回路,于是闭环特征式为

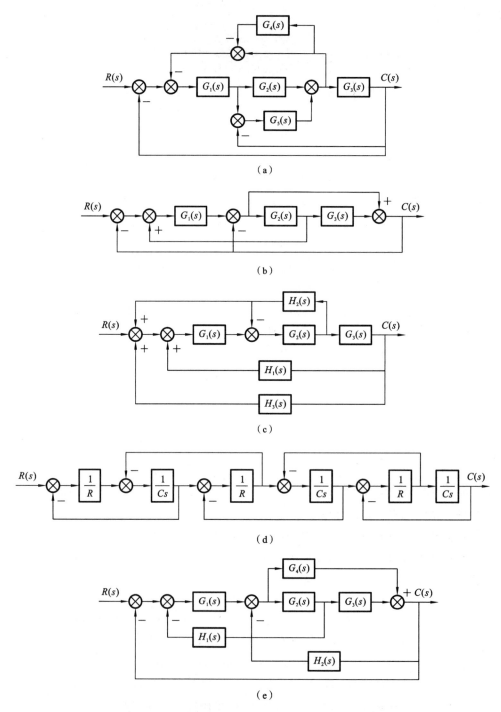

图 2-19 动态结构图

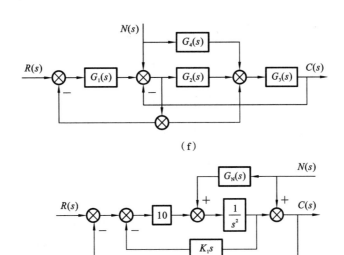

续图 2-19

$$\Delta = 2 + G_1(s)G_2(s)G_3(s) + G_1(s) - G_1(s)G_2(s) + G_2(s)G_3(s)$$

从 $R(s)$ 到 $C(s)$ 共有 2 条前向通道，其前向通道的传递函数和余子式分别为

$$P_1 = G_1(s)G_2(s)G_3(s), \quad \Delta_1 = 1$$
$$P_2 = G_1(s), \quad \Delta_2 = 1$$

根据梅森公式，传递函数 $C(s)/R(s)$ 为

$$\frac{C(s)}{R(s)} = \frac{G_1(s)G_2(s)G_3(s) + G_1(s)}{1 + G_1(s)G_2(s)G_3(s) + G_1(s) - G_1(s)G_2(s) + G_2(s)G_3(s)}$$

对于图 2-19(c) 所示系统，它共有 4 条回路，其传递函数分别为

$$L_1 = G_1(s)G_2(s)G_3(s)H_3(s), \quad L_2 = G_1(s)G_2(s)G_3(s)H_1(s)$$
$$L_3 = -G_2(s)H_2(s), \quad L_4 = G_1(s)G_2(s)H_2(s)$$

没有互不接触的回路，于是闭环特征式为

$$\Delta = 1 - G_1(s)G_2(s)G_3(s)H_3(s) - G_1(s)G_2(s)G_3(s)H_1(s)$$
$$+ G_2(s)H_2(s) - G_1(s)G_2(s)H_2(s)$$

从 $R(s)$ 到 $C(s)$ 有 1 条前向通道，其前向通道的传递函数和余子式为

$$P_1 = G_1(s)G_2(s)G_3(s), \quad \Delta_1 = 1$$

根据梅森公式，传递函数 $C(s)/R(s)$ 为

$$\frac{C(s)}{R(s)} = 1 - G_1(s)G_2(s)G_3(s)H_3(s) - G_1(s)G_2(s)G_3(s)H_1(s) + G_2(s)H_2(s)$$
$$- G_1(s)G_2(s)H_2(s)$$

对于图 2-19(d) 所示系统，它共有 5 条回路，其传递函数分别为

$$L_1 = \cdots = L_5 = -\frac{1}{RCs}$$

闭环特征式为

$$\Delta = 1 - \sum_{i=1}^{5} L_i + L_1(L_3 + L_4 + L_5) + L_2(L_4 + L_5) + L_3 L_5 - L_1 L_3 L_5$$

$$= 1 + \frac{5}{RCs} + \frac{6}{R^2C^2s^2} + \frac{1}{R^3C^3s^3}$$

从 $R(s)$ 到 $C(s)$ 有 1 条前向通道，其前向通道的传递函数和余子式为

$$P_1 = \frac{1}{R^3C^3s^3}, \quad \Delta_1 = 1$$

根据梅森公式，传递函数 $C(s)/R(s)$ 为

$$\frac{C(s)}{R(s)} = \frac{1}{R^3C^3s^3 + 5R^2C^2s^2 + 6RCs + 1}$$

对于图 2-19(e)所示系统，它共有 5 条回路，其传递函数分别为

$$L_1 = -G_1(s)G_2(s)G_3(s), \quad L_2 = -G_1(s)G_4(s), \quad L_3 = -G_1(s)G_2(s)H_1(s)$$
$$L_4 = -G_2(s)G_3(s)H_2(s), \quad L_5 = -G_4(s)H_2(s)$$

没有互不接触的回路，于是闭环特征式为

$$\Delta = 1 + G_1(s)G_2(s)G_3(s) + G_1(s)G_4(s) + G_1(s)G_2(s)H_1(s)$$
$$+ G_2(s)G_3(s)H_2(s) + G_4(s)H_2(s)$$

从 $R(s)$ 到 $C(s)$ 有 2 条前向通道，其前向通道的传递函数和余子式分别为

$$P_1 = G_1(s)G_2(s)G_3(s), \quad \Delta_1 = 1$$
$$P_2 = G_1(s)G_4(s), \quad \Delta_2 = 1$$

根据梅森公式，传递函数 $C(s)/R(s)$ 为

$$\frac{C(s)}{R(s)} = \frac{G_1(s)G_2(s)G_3(s) + G_1(s)G_4(s)}{1 + G_1(s)G_2(s)G_3(s) + G_1(s)G_4(s) + G_1(s)G_2(s)H_1(s) + G_2(s)G_3(s)H_2(s) + G_4(s)H_2(s)}$$

(2) 由图 2-19(f)所示系统可得

$$\frac{C(s)}{R(s)} = \frac{G_1(s)G_3(s)[G_2(s) + 1]}{1 + G_1(s) + G_3(s) + G_2(s)G_3(s)}$$

$$\frac{C(s)}{N(s)} = \frac{G_3(s)[1 + G_2(s) + G_4(s) + G_1(s)G_4(s)]}{1 + G_1(s) + G_3(s) + G_2(s)G_3(s)}$$

由图 2-19(g)所示系统可得

$$\frac{C(s)}{R(s)} = \frac{10}{s^2 + 10K_1 s + 10}, \quad \frac{C(s)}{N(s)} = \frac{s^2 + 10K_1 s + G_N(s)}{s^2 + 10K_1 s + 10}$$

2-16 系统动态结构图如图 2-20 所示，绘出信号流图。

解 (1) 图 2-20(a)的信号流图如图 2-21 所示。

(2) 图 2-20(b)的信号流图如图 2-22 所示。

2-17 试利用例题 2-16 求出的信号流图，求出系统传递函数。

解 (1) 由图 2-21 的信号流图可知，有 2 条前向通路、3 条回路，2 条回路互不接触，有

$$\Delta = 1 + G_3 H_2 + G_1 H_1 + G_1 G_2 G_3 H_1 H_2 + G_1 G_3 H_1 H_2$$

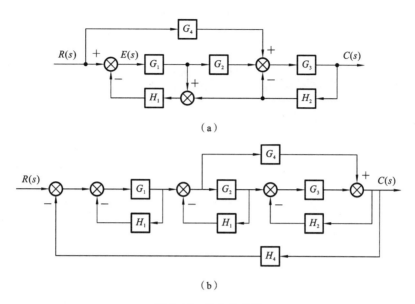

(a)

(b)

图 2-20 动态结构图

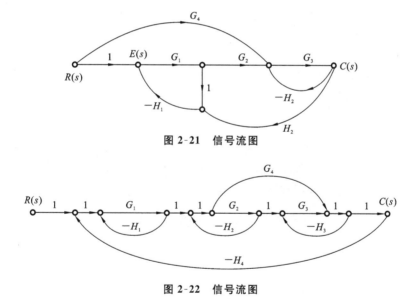

图 2-21 信号流图

图 2-22 信号流图

可得系统传递函数

$$\frac{C(s)}{R(s)} = \frac{G_1 G_2 G_3 + G_3 G_4 (1 + G_1 H_1)}{\Delta}$$

（2）由图 2-22 所示的信号流图可知，有 5 条回路：

$$L_1 = -G_1 H_1, L_2 = -G_2 H_2, L_3 = -G_3 H_3, L_4 = -G_1 G_4 H_4, L_5 = -G_1 G_2 G_3 H_4$$

其中，L_1 和 L_2、L_2 和 L_3、L_1 和 L_3 为两两互不接触回路，且 L_1、L_2 和 L_3 为互不接触回路。

两个前向通路：$p_1 = G_1 G_2 G_3$，$\Delta_1 = 1$；$p_2 = G_1 G_4$，$\Delta_2 = 1$。

$$\frac{C(s)}{R(s)} = \frac{1}{\Delta}(p_1 \Delta_1 + p_2 \Delta_2)$$

$$= \frac{G_1 G_2 G_3 + G_1 G_4}{1 + G_1 H_1 + G_2 H_2 + G_3 H_3 + G_1 G_4 H_4 + G_1 G_2 G_3 H_4 + G_1 H_1 G_2 H_2 + G_2 H_2 G_3 H_3 + G_1 H_1 G_3 H_3 + G_1 H_1 G_2 H_2 G_3 H_3}$$

2-18 系统的信号流图如图 2-23 所示，试求 $\dfrac{C(s)}{R(s)}$。

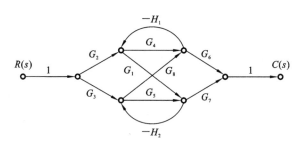

图 2-23 信号流图

解 该信号流图有 6 条前向通路：

$$p_1 = G_2 G_4 G_6, \quad p_2 = G_3 G_5 G_7, \quad p_3 = G_3 G_8 G_6$$
$$p_4 = G_2 G_1 G_7, \quad p_5 = -G_3 G_8 H_1 G_1 G_7, \quad p_6 = -G_2 G_1 H_2 G_8 G_6$$

有 3 条回路：

$$L_1 = -G_4 H_1, \quad L_2 = -G_5 H_2, \quad L_3 = G_1 H_2 G_8 H_1, \quad L_1 L_2 = G_4 H_1 G_5 H_2$$

$$\Delta_1 = 1 + G_5 H_2, \quad \Delta_2 = 1 + G_4 H_1, \quad \Delta_3 = 1, \quad \Delta_4 = 1, \quad \Delta_5 = 1, \quad \Delta_6 = 1$$

$$\frac{C(s)}{R(s)} = \frac{G_2 G_4 G_6 (1 + G_5 H_2) + G_3 G_5 G_7 (1 + G_4 H_1) + G_3 G_8 G_6 + G_2 G_1 G_7 - G_3 G_8 H_1 G_1 G_7 - G_2 G_1 H_2 G_8 G_6}{1 + G_4 H_1 + G_5 H_2 - G_1 H_2 G_8 H_1 + G_4 H_1 G_5 H_2}$$

2-19 系统的动态结构图如图 2-24 所示。

(1) 画出信号流图，用梅森公式求出传递函数 $\dfrac{C(s)}{R(s)}$；

(2) 说明在什么条件下，输出 $C(s)$ 不受扰动 $D(s)$ 的影响。

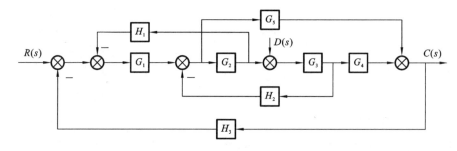

图 2-24 动态结构图

解 (1) 画出信号流图，如图 2-25 所示。

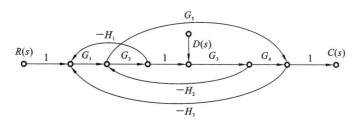

图 2-25 信号流图

该图有 4 条回路：
$$L_1=-G_1G_2H_1,\quad L_2=-G_2G_3H_2,\quad L_3=-G_1G_5H_3,\quad L_4=-G_1G_2G_3G_4H_3$$

有 2 条前向通路：
$$p_1=G_1G_2G_3G_4,\quad \Delta_1=1,\quad p_2=G_1G_5,\quad \Delta_2=1$$

$$\frac{C(s)}{R(s)}=\frac{G_1G_2G_3G_4+G_1G_5}{1+G_1G_2H_1+G_2G_3H_2+G_1G_5H_3+G_1G_2G_3G_4H_3}$$

(2) 扰动 $D(s)$ 到 $C(s)$ 有 2 条通路：
$$p_1=G_3G_4,\quad \Delta_1=1+G_1G_2H_1$$
$$p_2=-G_3G_5H_2,\quad \Delta_2=1$$

$$\frac{C(s)}{D(s)}=\frac{G_3G_4(1+G_1G_2H_1)-G_3G_5H_2}{1+G_1G_2H_1+G_2G_3H_2+G_1G_5H_3+G_1G_2G_3G_4H_3}$$

要使 $D(s)$ 不影响 $C(s)$，应使 $\dfrac{C(s)}{D(s)}=0$，令
$$G_3G_4(1+G_1G_2H_1)-G_3G_5H_2=0$$

即 $G_4(1+G_1G_2H_1)=G_5H_2$。

2-20 试求图 2-26 所示系统的输出 $C_1(s)$ 及 $C_2(s)$ 的表达式。

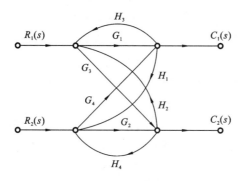

图 2-26 系统信号流图

解 由图 2-26 所示信号流图可知，该系统有 $R_1(s)$ 和 $R_2(s)$ 两个源节点，有 $C_1(s)$ 和 $C_2(s)$ 两个阱节点，有 6 条单独回路，其回路增益分别为
$$L_1=G_1H_3,\quad L_2=G_2H_4,\quad L_3=G_3H_2,$$
$$L_4=G_4H_1,\quad L_5=G_1H_1G_2H_2,\quad L_6=G_4H_3G_3H_4$$

其中，L_1 和 L_2 为不接触回路，L_3 和 L_4 也是不接触回路。因此，流图特征式为
$$\Delta=1-(L_1+L_2+L_3+L_4+L_5+L_6)+L_1L_2+L_3L_4$$

$$= 1 - G_1 H_3 - G_2 H_4 - G_3 H_2 - G_4 H_1 - G_1 H_1 G_2 H_2$$
$$- G_4 H_3 G_3 H_4 + G_1 H_3 G_2 H_4 + G_3 H_2 G_4 H_1$$

(1) 求 $C_1(s)$ 表达式：从源节点 $R_1(s)$ 到阱节点 $C_1(s)$ 有 2 条前向通路，其总增益为
$$p_1 = G_1, \quad p_2 = G_3 H_4 G_4$$

由于 p_1 与 L_2 不接触，p_2 与所有回路接触，故余因子式
$$\Delta_1 = 1 - L_2 = 1 - G_2 H_4, \quad \Delta_2 = 1$$

从源节点 $R_2(s)$ 到阱节点 $C_1(s)$ 也有 2 条前向通路，其总增益为
$$p_3 = G_4, \quad p_4 = G_2 H_2 G_1$$

由于 p_3 与 L_3 不接触，p_4 与所有回路接触，故
$$\Delta_3 = 1 - L_3 = 1 - G_3 H_2, \quad \Delta_4 = 1$$

根据梅森公式和叠加原理，可得
$$C_1(s) = \frac{1}{\Delta} [(p_1 \Delta_1 + p_2 \Delta_2) R_1(s) + (p_3 \Delta_3 + p_4 \Delta_4) R_2(s)]$$
$$= \frac{1}{\Delta} [(G_1 - G_1 G_2 H_4 + G_3 G_4 H_4) R_1(s) + (G_4 - G_4 G_3 H_2 + G_2 H_2 G_1) R_2(s)]$$

(2) 求 $C_2(s)$ 表达式：从 $R_1(s)$ 到 $C_2(s)$ 的前向通路及余因子为
$$p_5 = G_3, \quad \Delta_5 = 1 - G_4 H_1, \quad p_6 = G_1 H_1 G_2, \quad \Delta_6 = 1$$

从 $R_2(s)$ 到 $C_2(s)$ 的前向通路及余因子为
$$p_7 = G_2, \quad \Delta_7 = 1 - G_1 H_3, \quad p_8 = G_4 H_3 G_3, \quad \Delta_8 = 1$$

同理，可求得
$$C_2(s) = \frac{1}{\Delta} [(p_5 \Delta_5 + p_6 \Delta_6) R_1(s) + (p_7 \Delta_7 + p_8 \Delta_8) R_2(s)]$$
$$= \frac{1}{\Delta} [(G_3 - G_3 G_4 H_1 + G_1 H_1 G_2) R_1(s) + (G_2 - G_2 G_1 H_3 + G_4 H_3 G_3) R_2(s)]$$

2-21 控制系统信号流图如图 2-27 所示，试求闭环系统的传递函数。

解 (1) 如图 2-27(a)所示，其存在 2 条前向通道、3 条单独回路，无不接触回路，即
$$L_1 = -G_3 H_1, \quad L_2 = -G_2 G_3 H_2, \quad L_3 = -G_3 G_4 H_3$$
$$\Delta = 1 - (L_1 + L_2 + L_3) = 1 + G_3 H_1 + G_2 G_3 H_2 + G_3 G_4 H_3$$
$$p_1 = G_1 G_2 G_3 G_4 G_5, \quad \Delta_1 = 1$$
$$p_2 = G_6, \quad L_1, L_2, L_3 \text{ 与 } p_2 \text{ 均不接触}, \quad \Delta_2 = \Delta$$

由梅森公式可得系统的传递函数为
$$\frac{C(s)}{R(s)} = \frac{\sum_i p_i \Delta_i}{\Delta} = \frac{G_1 G_2 G_3 G_4 G_5}{1 + G_3 H_1 + G_2 G_3 H_2 + G_3 G_4 H_3} + G_6$$

(2) 如图 2-27(b)所示，其存在 4 条前向通道、9 条单独回路，其中有 6 对回路互不接触，一组三回路互不接触，即

9 条单独回路：
$$L_1 = -G_2 H_1, \quad L_2 = -G_4 H_2, \quad L_3 = -G_6 H_3, \quad L_4 = -G_3 G_4 G_5 H_4$$
$$L_5 = -G_1 G_2 G_3 G_4 G_5 G_6 H_5, \quad L_6 = -G_3 G_4 G_5 G_6 G_7 H_5, \quad L_7 = -G_1 G_6 G_8 H_5$$
$$L_8 = -G_6 G_7 G_8 H_1 H_5, \quad L_9 = -G_8 H_1 H_4$$

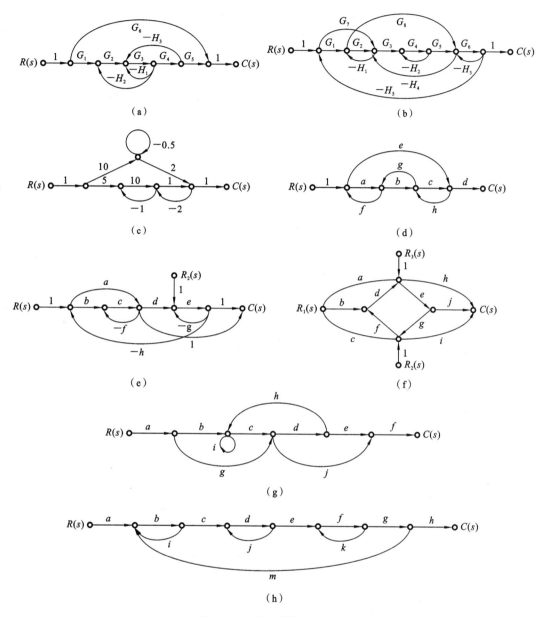

图 2-27 控制系统信号流图

6 对回路互不接触：

$$L_1L_2=G_2H_1G_4H_2, \quad L_1L_3=G_2H_1G_6H_3, \quad L_2L_3=G_4H_2G_6H_3$$
$$L_2L_7=G_4H_2G_1G_6G_8H_5, \quad L_2L_8=-G_4H_2G_6G_7G_8H_1H_5, \quad L_2L_9=-G_4H_2G_8H_1H_4$$

一组三回路互不接触：

$$L_1L_2L_3=-G_2H_1G_4H_2G_6H_3$$
$$\Delta=1+G_2H_1+G_4H_2+G_6H_3+G_3G_4G_5H_4+G_1G_2G_3G_4G_5G_6H_5$$
$$+G_3G_4G_5G_6G_7H_5+G_1G_6G_8H_5-G_6G_7G_8H_1H_5$$
$$-G_8H_1H_4+G_2H_1G_6H_3+G_4H_2(G_2H_1+G_6H_3)$$

$$+G_1G_6G_8H_5-G_6G_7G_8H_1H_5-G_8H_1H_4+G_2H_1G_6H_3)$$

$$p_1=G_1G_2G_3G_4G_5G_6, \quad \Delta_1=1$$
$$p_2=G_3G_4G_5G_6G_7, \quad \Delta_2=1$$
$$p_3=G_1G_6G_8, \quad \Delta_3=1+G_4H_2$$
$$p_4=-G_6G_7G_8H_1, \quad \Delta_4=1+G_4H_2$$

由梅森公式可得系统的传递函数为

$$\frac{C(s)}{R(s)}=\frac{\sum_i p_i\Delta_i}{\Delta}=\frac{G_3G_4G_5G_6(G_1G_2+G_7)+G_6G_8(G_1-G_7H_1)(1+G_4H_2)}{\Delta}$$

(3) 如图 2-27(c) 所示,存在 2 条前向通道、3 条单独回路、2 对互不接触回路,即

$$L_1=-0.5, \quad L_2=-1\times 10=-10, \quad L_3=-1\times 2=-2$$
$$L_1 \text{ 与 } L_2 \text{ 不接触}, L_1L_2=5; \quad L_1 \text{ 与 } L_3 \text{ 不接触}, L_1L_3=1$$
$$\Delta=1-(L_1+L_2+L_3)+L_1L_2+L_1L_3=1+0.5+10+2+5+1=19.5$$
$$p_1=5\times 10=50, \quad L_1 \text{ 与 } p_1 \text{ 不接触}, \quad \Delta_1=1+0.5=1.5$$
$$p_2=2\times 10=20, \quad L_2 \text{ 与 } p_2 \text{ 不接触}, \quad \Delta_2=1+10=11$$

由梅森公式可得系统的传递函数为

$$\frac{C(s)}{R(s)}=\frac{\sum_i p_i\Delta_i}{\Delta}=\frac{50\times 1.5+20\times 11}{19.5}=15.128$$

(4) 如图 2-27(d) 所示,存在 2 条前向通道、4 条单独回路、1 对互不接触回路,即

$$L_1=af, L_2=bg, L_3=ch, L_4=efgh; \quad L_1 \text{ 与 } L_3 \text{ 不接触}, L_1L_3=acfh$$
$$\Delta=1-(L_1+L_2+L_3+L_4)+L_1L_3=1-af-bg-ch-efgh+acfh$$
$$p_1=abcd, \quad \Delta_1=1$$
$$p_2=de, \quad L_2 \text{ 与 } p_2 \text{ 不接触}, \quad \Delta_2=1-bg$$

由梅森公式可得系统的传递函数为

$$\frac{C(s)}{R(s)}=\frac{\sum_i p_i\Delta_i}{\Delta}=\frac{abcd+de(1-bg)}{1-af-bg-ch-efgh+acfh}$$

(5) 如图 2-27(e) 所示,仅考虑输入 $R_1(s)$ 作用时,系统存在 4 条前向通道、4 条单独回路、1 对互不接触回路,即

$$L_1=-cf, \quad L_2=-eg, \quad L_3=-adeh, \quad L_4=-bcdeh$$
$$L_1 \text{ 与 } L_2 \text{ 不接触}, \quad L_1L_2=cefg$$
$$\Delta=1-(L_1+L_2+L_3+L_4)+L_1L_2=1+cf+eg+adeh+bcdeh+cefg$$
$$p_1=bcde, \quad \Delta_1=1$$
$$p_2=ade, \quad \Delta_2=1$$
$$p_3=bc, \quad L_2 \text{ 与 } p_3 \text{ 不接触}, \quad \Delta_3=1+eg$$
$$p_4=a, \quad L_2 \text{ 与 } p_4 \text{ 不接触}, \quad \Delta_4=1+eg$$

由梅森公式可得此时系统的传递函数为

$$\frac{C(s)}{R_1(s)}=\frac{\sum_i p_i\Delta_i}{\Delta}=\frac{bcde+ade+(a+bc)(1+eg)}{1+cf+eg+adeh+bcdeh+cefg}$$

仅考虑输入 $R_2(s)$ 作用时，系统存在 3 条前向通道、4 条单独回路、1 对互不接触回路，即

$$L_1 = -cf, \quad L_2 = -eg, \quad L_3 = -adeh, \quad L_4 = -bcdeh$$

L_1 与 L_2 不接触，$\quad L_1 L_2 = cefg$

$$\Delta = 1 - (L_1 + L_2 + L_3 + L_4) + L_1 L_2 = 1 + cf + eg + adeh + bcdeh + cefg$$

$$p_1 = el, \quad L_1 \text{ 与 } p_1 \text{ 不接触}, \quad \Delta_1 = 1 + cf$$

$$p_2 = -aehl, \quad \Delta_2 = 1$$

$$p_3 = -bcelh, \quad \Delta_3 = 1$$

由梅森公式可得此时系统的传递函数为

$$\frac{C(s)}{R_2(s)} = \frac{\sum_i p_i \Delta_i}{\Delta} = \frac{el(1 + cf - ah - bch)}{1 + cf + eg + adeh + bcdeh + cefg}$$

(6) 如图 2-27(f) 所示，仅考虑输入 $R_1(s)$ 作用时，系统存在 9 条前向通道、1 条单独回路，即

$$L_1 = defg, \quad \Delta = 1 - L_1 = 1 - defg$$

$$p_1 = ah, \quad p_2 = aej, \quad p_3 = aegi, \quad p_4 = bdh, \quad p_5 = bdej$$

$$p_6 = bdegi, \quad p_7 = ci, \quad p_8 = cdfh, \quad p_9 = cdefj$$

$$\Delta_i = 1 \quad (i = 1, 2, \cdots, 9)$$

由梅森公式可得此时系统的传递函数为

$$\frac{C(s)}{R_1(s)} = \frac{\sum_i p_i \Delta_i}{\Delta} = \frac{ah + aej + aegi + bdh + bdej + bdegi + ci + cdfh + cdefj}{1 - defg}$$

仅考虑输入 $R_2(s)$ 作用时，系统存在 3 条前向通道、1 条单独回路，即

$$L_1 = defg, \quad \Delta = 1 - L_1 = 1 - defg$$

$$p_1 = i, \quad p_2 = dfh, \quad p_3 = defj$$

$$\Delta_i = 1 \quad (i = 1, 2, 3)$$

由梅森公式可得此时系统的传递函数为

$$\frac{C(s)}{R_2(s)} = \frac{\sum_i p_i \Delta_i}{\Delta} = \frac{i + dfh + defj}{1 - defg}$$

仅考虑输入 $R_3(s)$ 作用时，系统存在三条前向通道、一个单独回路，即

$$L_1 = defg, \quad \Delta = 1 - L_1 = 1 - defg$$

$$p_1 = h, \quad p_2 = ej, \quad p_3 = egi$$

$$\Delta_i = 1 \quad (i = 1, 2, 3)$$

由梅森公式可得此时系统的传递函数为

$$\frac{C(s)}{R_3(s)} = \frac{\sum_i p_i \Delta_i}{\Delta} = \frac{h + ej + egi}{1 - defg}$$

(7) 如图 2-27(g) 所示，有 4 条前向通道、2 条单独回路，无互不接触回路，即

$$L_1 = i, \quad L_2 = cdh, \quad \Delta = 1 - (L_1 + L_2) = 1 - i - cdh$$

$$p_1 = abcdef, \quad \Delta_1 = 1; \quad p_2 = agdef, \quad \Delta_2 = 1 - i$$

$$p_3 = abcjf, \quad \Delta_3 = 1; \quad p_4 = agjf, \quad \Delta_4 = 1 - i$$

由梅森公式可得传递函数为

$$\frac{C(s)}{R(s)} = \frac{\sum_i p_i \Delta_i}{\Delta} = \frac{abcdef + agdef(1-i) + abcjf + agjf(1-i)}{1 - i - cdh}$$

（8）如图 2-27(h)所示系统，有 1 条前向通道、4 条单独回路、3 对不接触回路、一组三回路互不接触，即

$$L_1 = bi, \quad L_2 = dj, \quad L_3 = fk, \quad L_4 = bcdefgm$$

其中，L_1 与 L_2，L_1 与 L_3，L_2 与 L_3 互不接触；L_1，L_2 与 L_3 两两互不接触。

$$\Delta = 1 - (L_1 + L_2 + L_3 + L_4) + (L_1 L_2 + L_2 L_3 + L_1 L_3) - L_1 L_2 L_3$$

$$= 1 - (bi + dj + fk + bcdefgm) + (bidj + djfk + bifk) - bidjfk$$

$$p_1 = abcdefgh, \quad \Delta_1 = 1$$

由梅森公式可得传递函数为

$$\frac{C(s)}{R(s)} = \frac{\sum_i p_i \Delta_i}{\Delta} = \frac{abcdefgh}{1 - (bi + dj + fk + bcdefgm) + (bidj + djfk + bifk) - bidjfk}$$

第3章

线性系统的时域分析法

一、知识要点

（一）控制系统时域响应的性能指标

性能指标用来衡量一个系统的优劣。时域内的性能指标分为稳态性能指标和动态性能指标两种，它们通常采用时域响应曲线上的一些特征点的函数来衡量。

1. 稳态性能指标

稳态响应是时间 $t\to\infty$ 时系统的输出状态。稳态性能指标采用稳态误差 e_{ss} 来衡量，其定义为：当时间 $t\to\infty$ 时，系统输出响应的期望值与实际值之差，即

$$e_{ss}=\lim_{t\to\infty}[r(t)-c(t)]$$

稳态误差 e_{ss} 反映控制系统复现或跟踪输入信号的能力。

2. 动态性能指标

动态响应是系统从初始状态到接近稳态的响应过程，即过渡过程。通常动态性能指标是以系统对单位阶跃输入的瞬态响应形式给出的。

（1）上升时间 t_r：从零时刻首次到达稳态值的时间，即阶跃响应曲线从 $t=0$ 开始第一次上升到稳态值所需要的时间。有些系统没有超调，理论上到达稳态值的时间需要无穷大，因此，也将上升时间 t_r 定义为响应曲线从稳态值的 10% 上升到稳态值的 90% 所需的时间。

（2）峰值时间 t_p：过渡过程曲线达到第一个峰值所需的时间称为峰值时间，即阶跃响应曲线从 $t=0$ 开始上升到第一个峰值所需要的时间。

（3）超调量 δ_p：$\delta_p=\dfrac{c(t_p)-c(\infty)}{c(\infty)}\times 100\%$。

（4）调节时间 t_s：阶跃响应曲线进入允许的误差带（一般取稳态值附近 ±5% 或

±2%作为误差带),并不再超出该误差带的最小时间,称为调节时间(或过渡过程时间)。

(5) 振荡次数 N:在调节时间 t_s 内响应曲线振荡的次数。

以上各性能指标中,上升时间 t_r、峰值时间 t_p 和调节时间 t_s 反映系统的快速性;而超调量 δ_p 和振荡次数 N 则反映系统的平稳性。

(二) 一阶系统的时域响应

一阶控制系统简称**一阶系统**,其输出信号与输入信号之间的关系可用一阶微分方程来描述。一阶系统微分方程的标准形式为

$$T\frac{\mathrm{d}c(t)}{\mathrm{d}t}+c(t)=r(t)$$

式中:T 为一阶系统的时间常数,表示系统的惯性,称为**惯性时间常数**。

可求得一阶系统的闭环传递函数

$$\Phi(s)=\frac{C(s)}{R(s)}=\frac{1}{Ts+1}$$

1. 一阶系统的单位阶跃响应

当输入信号 $r(t)=1(t)$ 时,系统的输出称为**单位阶跃响应**,记为 $h(t)$。当 $r(t)=1(t)$,即 $R(s)=1/s$ 时,有

$$C(s)=R(s)\cdot\Phi(s)=\frac{1}{s(Ts+1)}$$

对上式取拉氏逆变换,可得单位阶跃响应为

$$h(t)=\mathscr{L}^{-1}[C(s)]=\mathscr{L}^{-1}\left[\frac{1}{s(Ts+1)}\right]=1-e^{-t/T} \quad (t\geqslant 0)$$

一阶系统的单位阶跃响应为一条由零开始按指数规律上升的曲线。时间常数 T 是表示一阶系统响应的唯一结构参数,它反映系统的响应速度。显然,时间常数 T 越小,一阶系统的过渡过程越快;反之越慢。

当 $t=3T$ 时,$c(3T)=0.95$,在工程实践中,认为此刻过渡已结束,即 $t_s=3T$。如果规定过渡过程曲线 $c(t)$ 的数值与稳态输出值相差 2% 时,过渡过程结束,则 $t_s=4T$。

2. 一阶系统的性能指标

由上述分析可以确定,一阶系统单位阶跃响应性能指标如下。

(1) 调节时间 t_s:经过时间 $3T\sim 4T$,响应曲线已达稳态值的 95%~98%,可以认为其调节过程已完成,故一般取 $t_s=3T\sim 4T$。

(2) 稳态误差 e_{ss}:$e_{ss}=\lim\limits_{t\to\infty}[c(t)-r(t)]=0$。

(3) 超调量 δ_p:系统无振荡、无超调,$\delta_p=0$。

(三) 二阶系统的时域响应

1. 二阶系统的数学模型

当系统输出与输入之间的特性由二阶微分方程描述时,称为**二阶系统**,也称为**二阶振荡环节**。它在控制工程中应用极为广泛,如 RLC 网络、电枢电压控制的直流电动机转

速系统等。此外,一些高阶系统在一定条件下,常常可以近似作为二阶系统来研究。

典型二阶系统的闭环传递函数为

$$\frac{C(s)}{R(s)} = \frac{\omega_n^2}{s^2 + 2\zeta\omega_n s + \omega_n^2} \quad \text{或} \quad \frac{C(s)}{R(s)} = \frac{1}{T^2 s^2 + 2\zeta T s + 1}$$

式中:ζ 为系统的**阻尼比**;ω_n 为系统的**无阻尼自然振荡角频率**;$T = 1/\omega_n$ 为系统**振荡周期**。这样,二阶系统的过渡过程就可以用 ζ 和 ω_n 这两个参数来描述。易求得到系统的特征方程为

$$D(s) = s^2 + 2\zeta\omega_n s + \omega_n^2 = 0$$

由上式解得二阶系统的特征根(即闭环极点)为

$$s_{1,2} = -\zeta\omega_n \pm \omega_n\sqrt{\zeta^2 - 1}$$

由上式可以发现,随着阻尼比 ζ 取值的不同,二阶系统的特征根(闭环极点)也不相同,系统特征也不同。分别分析系统在单位阶跃函数、速度函数及脉冲函数作用下二阶系统的过渡过程,假设系统的初始条件都为零。

2. 欠阻尼二阶系统的单位阶跃响应

令 $r(t) = 1(t)$,则有 $R(s) = 1/s$,求得二阶系统在单位阶跃函数作用下输出信号的拉氏变换为

$$C(s) = \frac{\omega_n^2}{s^2 + 2\zeta\omega_n s + \omega_n^2} \cdot \frac{1}{s}$$

对上式进行拉氏逆变换,可得二阶系统在单位阶跃函数作用下的过渡过程,即 $h(t) = \mathscr{L}^{-1}[C(s)]$。

当 $0 < \zeta < 1$ 时,两个特征根分别为 $s_{1,2} = -\zeta\omega_n \pm j\omega_n\sqrt{1-\zeta^2}$,它们是一对共轭复数根,称为**欠临界阻尼状态**。

此时,对 $C(s) = \frac{\omega_n^2}{s^2 + 2\zeta\omega_n s + \omega_n^2} \cdot \frac{1}{s}$ 进行拉氏逆变换,得

$$h(t) = 1 - \frac{e^{-\zeta\omega_n t}}{\sqrt{1-\zeta^2}}(\sqrt{1-\zeta^2}\cos\omega_d t - \zeta\sin\omega_d t) = 1 - \frac{e^{-\zeta\omega_n t}}{\sqrt{1-\zeta^2}}\sin(\omega_d t + \varphi) \quad (t \geq 0)$$

由此可见,欠阻尼($0 < \zeta < 1$)状态对应的过渡过程,为衰减的正弦振荡过程。系统响应由稳态分量和瞬态分量两部分组成,稳态分量为1,瞬态分量是一个随时间增长而衰减的振荡过程。其衰减速度取决于 $\zeta\omega_n$ 值的大小,其衰减振荡的频率便是有阻尼自振角频率 ω_d,相应的衰减振荡周期为

$$T_d = \frac{2\pi}{\omega_d} = \frac{2\pi}{\omega_n\sqrt{1-\zeta^2}}$$

综上分析,易看出频率 ω_n 和 ω_d 的物理意义。ω_n 是 $\zeta = 0$ 时,二阶系统过渡过程为等幅正弦振荡时的角频率,称为**无阻尼自振角频率**。ω_d 是欠阻尼($0 < \zeta < 1$)时,二阶系统过渡过程为衰减正弦振荡时的角频率,称为**有阻尼自振角频率**,而 $\omega_d = \omega_n\sqrt{1-\zeta^2}$,显然 $\omega_d < \omega_n$,且随着 ζ 值的增大,ω_d 的值将减小。

(四)欠阻尼二阶系统的时域响应的性能指标

(1) 上升时间 t_r:$t_r = \dfrac{\pi - \varphi}{\omega_d} = \dfrac{\pi - \varphi}{\omega_n\sqrt{1-\zeta^2}}$。

(2) 峰值时间 t_p：$t_p = \dfrac{\pi}{\omega_d} = \dfrac{\pi}{\omega_n\sqrt{1-\zeta^2}}$。

(3) 超调量 δ_p：$\delta_p = \dfrac{h(t_p)-h(\infty)}{h(\infty)} = e^{-\zeta\omega_n t_p}\times 100\% = e^{-\zeta\pi/\sqrt{1-\zeta^2}}\times 100\%$，由式可知，超调量 δ_p 只与阻尼比 ζ 有关，且成反比。

(4) 过渡过程时间（调节时间）t_s：欠阻尼二阶系统的单位阶跃响应的幅值为随时间衰减的振荡过程，其过渡过程曲线是包含在一对包络线之间的振荡曲线。包络线方程为

$$c(t) = 1 \pm \dfrac{e^{-\zeta\omega_n t_s}}{\sqrt{1-\zeta^2}}$$

包络线按指数规律衰减，衰减的时间常数为 $1/\zeta\omega_n$。

由过渡过程时间 t_s 的定义可知，t_s 是过渡过程曲线进入并永远保持在规定的允许误差（$\Delta = 2\%$ 或 $\Delta = 5\%$）范围内，进入允许误差范围所对应的时间，可近似认为 Δ 就是包络线衰减到区域所需的时间，则有

$$\dfrac{e^{-\zeta\omega_n t_s}}{\sqrt{1-\zeta^2}} = \Delta$$

解得 $$t_s = \dfrac{1}{\zeta\omega_n}\left(\ln\dfrac{1}{\Delta} + \ln\dfrac{1}{\sqrt{1-\zeta^2}}\right)$$

若取 $\Delta = 5\%$，并忽略 $\ln\dfrac{1}{\sqrt{1-\zeta^2}}$（$0<\zeta<0.9$）项，则得 $t_s \approx \dfrac{3}{\zeta\omega_n}$；若取 $\Delta = 2\%$，并忽略 $\ln\dfrac{1}{\sqrt{1-\zeta^2}}$ 项，则得 $t_s \approx \dfrac{4}{\zeta\omega_n}$。

可以看出，上升时间 t_r、峰值时间 t_p、过渡过程时间 t_s 均与阻尼比 ζ 和无阻尼自然振荡频率 ω_n 有关，而超调量 δ_p 只是阻尼比 ζ 的函数，与 ω_n 无关。当二阶系统的阻尼比确定后，即可求得所对应的超调量。反之，如果给出了超调量的要求值，也可求出相应的阻尼比的数值。

(5) 振荡次数 N：根据振荡次数的定义，有

$$N = \dfrac{t_s}{t_d} = \dfrac{t_s}{2\pi/\omega_d} = \dfrac{\omega_n t_s\sqrt{1-\zeta^2}}{2\pi}$$

当 $\Delta = 5\%$ 时，有 $N = \dfrac{1.5\sqrt{1-\zeta^2}}{\pi\zeta}$；当 $\Delta = 2\%$ 时，有 $N = \dfrac{2\sqrt{1-\zeta^2}}{\pi\zeta}$。

若已知 δ_p，由 $\delta_p = e^{-\zeta\pi/\sqrt{1-\zeta^2}}$，有 $\ln\delta_p = -\dfrac{\pi\zeta}{\sqrt{1-\zeta^2}}$，求得振荡次数 N 与超调量 δ_p 的关系为 $N = \dfrac{-1.5}{\ln\delta_p}$（$\Delta = 5\%$），$N = \dfrac{-2}{\ln\delta_p}$（$\Delta = 2\%$）。

由前面的分析和计算可知，阻尼比 ζ 和无阻尼自然振荡频率 ω_n 决定了系统的单位阶跃响应特性，特别是阻尼比 ζ 的取值确定了响应曲线的形状。二阶系统在不同阻尼比时的单位阶跃响应如下：

(1) 阻尼比 ζ 越大，超调量越小，响应的平稳性越好；反之，阻尼比 ζ 越小，振荡越强，平稳性越差。当 $\zeta = 0$ 时，系统为具有频率为 ω_n 的等幅振荡。

(2) 过阻尼状态下，系统响应迟缓，过渡过程时间长，系统快速性差；ζ 过小，响应的起始速度快，但因振荡强烈，衰减缓慢，所以调节时间 t_s 长，快速性差。

(3) 当 $\zeta=0.707$ 时，系统的超调量 $\delta_p<5\%$，调节时间 t_s 也最短，即平稳性和快速性最佳，故称 $\zeta=0.707$ 为**最佳阻尼比**。

(4) 当阻尼比 ζ 保持不变时，ω_n 越大，调节时间 t_s 越短，快速性越好。

(5) 系统的超调量 δ_p 和振荡次数 N 仅仅由阻尼比 ζ 决定，它们反映了系统的平稳性。

(6) 在工程实际中，二阶系统大多设计成 $0<\zeta<1$ 的欠阻尼情况，且常取 $\zeta=0.4\sim0.8$ 之间。

（五）闭环主导极点

对于稳定的高阶系统来说，其闭环极点和零点在左半 s 平面上有各种分布模式，而极点离实轴的距离决定了该极点对应的系统输出的衰减快慢。

(1) 闭环极点 s_i 在 s 平面的左右分布（实部）决定过渡过程的终值。位于虚轴左边的闭环极点对应的暂态分量最终衰减到零，位于虚轴右边的闭环极点对应的暂态分量一定发散，位于虚轴（除原点）的闭环极点对应的暂态分量为等幅振荡。

(2) 闭环极点的虚实决定过渡过程是否振荡。s_i 位于实轴上时，暂态分量为非周期运动（不振荡）；s_i 位于虚轴上时，暂态分量为周期运动（振荡）。

(3) 闭环极点离虚轴的远近决定过渡过程衰减的快慢。s_i 位于虚轴左边时，离虚轴愈远，过渡过程衰减得越快；离虚轴越近，过渡过程衰减得越慢。所以，离虚轴最近的闭环极点"主宰"系统响应的时间最长，被称为**主导极点**。

一般地，假若距虚轴较远的闭环极点的实部与距离轴最近的闭环极点的实部的比值大于或等于5，且在距离轴最近的闭环极点附近不存在闭环零点，这个离虚轴最近的闭环极点将在系统的过渡过程中起主导作用，称为**闭环主导极点**。它常以一对共轭复数极点的形式出现。

应用闭环主导极点的概念，常常可把高阶系统近似地看成具有一对共轭复数极点的二阶系统来研究。需要注意的是，将高阶系统化为具有一对闭环主导极点的二阶系统，是忽略非主导极点引起的过渡过程暂态分量，而不是忽略非主导极点本身，这样能简化对高阶系统过渡过程的分析，同时又能准确地反映出高阶系统的特性。

（六）线性定常系统的稳定性

一个稳定的系统在受到扰动作用后，有可能会偏离原来的平衡状态。所谓**稳定性**，是指当扰动消除后，系统由初始偏差状态恢复到原平衡状态的性能。对于一个控制系统，假设其具有一个平衡状态，如果系统受到有界扰动作用偏离了原平衡点，当扰动消除后，经过一段时间，系统又能逐渐回到原来的平衡状态，则称该系统是稳定的；否则，称这个系统不稳定。稳定性是控制系统自身的固有特性，它取决于系统本身的结构和参数，而与输入信号无关。

1. 线性定常系统稳定的充分必要条件

设线性系统的输出信号 $c(t)$ 拉氏变换式为

$$C(s) = \frac{M_f(s)}{D(s)} = \frac{K(s-z_1)(s-z_2)\cdots(s-z_m)}{(s-p_1)(s-p_2)\cdots(s-p_n)}$$

式中：$D(s)=0$，称为系统的**特征方程**；$s=p_i(i=1,2,\cdots,n)$ 是 $D(s)=0$ 的根，称为系统的**特征根**。

欲满足 $c(t) = \sum_{i=1}^{n} c_i \mathrm{e}^{p_i t} \lim_{t\to\infty}(t) = 0$ 的条件，必须使系统的特征根全部具有负实部，即 $\mathrm{Re}\, p_i < 0\ (i=1,2,\cdots,n)$。由此得出控制系统稳定的充分必要条件：系统特征方程式的根的实部均小于零，或系统的特征根均在根平面的左半平面。

系统特征方程式的根就是闭环极点，所以控制系统稳定的充分必要条件又可说成是闭环传递函数的极点全部具有负实部，或者说闭环传递函数的极点全部在左半 s 平面。

2. 劳斯稳定判据

劳斯稳定判据（也称为劳斯判据）是一种不用求解特征方程式的根，而直接根据特征方程式的系数就判断控制系统是否稳定的间接方法。它不但能提供线性定常系统稳定性的信息，还能指出 s 平面虚轴上和右半平面特征根的个数。劳斯判据是基于方程式的根与系数的关系而建立的。

设 n 阶系统的特征方程为

$$D(s) = a_0 s^n + a_1 s^{n-1} + a_2 s^{n-2} + \cdots + a_n = a_0(s-p_1)(s-p_2)\cdots(s-p_n) = 0$$

式中：$p_1,p_2,\cdots,p_n$ 为系统的特征根。由根与系数的关系可知，欲使全部特征根 $p_1,p_2,\cdots,p_n$ 均具有负实部（即系统稳定），就必须满足以下两个条件（必要条件）：

（1）特征方程的各项系数 $a_0,a_1,\cdots,a_n$ 均不为零；

（2）特征方程的各项系数的符号相同。

也就是说，系统稳定的必要条件是特征方程的所有系数 $a_0,a_1,\cdots,a_n$ 均大于零（或同号），而且也不缺项。

为了利用特征多项式判断系统的稳定性，将式 $D(s)$ 的系数排成下面的行和列，即为劳斯阵列表。其中，系数按下列公式计算：

$$b_1 = -\frac{\begin{vmatrix} a_0 & a_2 \\ a_1 & a_3 \end{vmatrix}}{a_1}, \quad b_2 = -\frac{\begin{vmatrix} a_0 & a_4 \\ a_1 & a_5 \end{vmatrix}}{a_1}, \quad b_3 = -\frac{\begin{vmatrix} a_0 & a_6 \\ a_1 & a_7 \end{vmatrix}}{a_1}, \quad \cdots$$

$$c_1 = -\frac{\begin{vmatrix} a_1 & a_3 \\ b_1 & b_2 \end{vmatrix}}{b_1}, \quad c_2 = -\frac{\begin{vmatrix} a_1 & a_5 \\ b_1 & b_3 \end{vmatrix}}{b_1}, \quad c_3 = -\frac{\begin{vmatrix} a_1 & a_7 \\ b_1 & b_4 \end{vmatrix}}{b_1}, \quad \cdots$$

这种过程一直算到第 n 行完为止。

劳斯判据就是利用上述劳斯阵列来判断系统的稳定性。劳斯判据给出了控制系统稳定的充分条件：劳斯阵列表中第一列所有元素均大于零。劳斯判据还表明，特征方程式 $D(s)$ 中实部为正的特征根的个数等于劳斯表中第一列的元素符号改变的次数。

劳斯判据的特殊情况，在使用劳斯稳定判据分析系统的稳定性时，有时会遇到下列两种特殊情况：

(1) 劳斯表中某一行的第一个元素为零，而该行其他元素并不全为零，则在计算下一行第一个元素时，该元素必将趋于无穷大，以至劳斯表的计算无法进行。

(2) 劳斯表中某一行的元素全为零。

上述两种情况表明，系统在 s 平面内存在正根，或存在两个大小相等、符号相反的实根，或存在一对共轭虚根，系统处在不稳定状态或临界稳定状态。

（七）线性定常系统的稳态误差

1. 误差定义

系统误差 $e(t)$ 一般定义为期望值与实际值之差，即

$$e(t) = 期望值 - 实际值$$

2. 稳态误差定义

稳定系统误差的终值称为稳态误差。当时间 t 趋于无穷时，$e(t)$ 的极限存在，则稳态误差为 $e_{ss} = \lim_{t \to \infty} e(t)$。

稳态误差不仅与系统自身的结构参数有关，而且与外作用的大小、形状和作用点有关。

3. 计算稳态误差的方法

(1) 一般方法：判断系统稳定性（对于稳定系统求 e_{ss} 才有意义）；按误差定义求出系统误差传递函数 $\Phi_{er}(s)$ 或 $\Phi_{en}(s)$；利用终值定理计算稳态误差，即

$$e_{ss} = \lim_{s \to 0} sE(s) = \lim_{s \to 0} s[\Phi_{er}(s)R(s) + \Phi_{en}(s)N(s)]$$

(2) 静态误差系数法：判定系统稳定性；确定系统型别，求静态误差系数；利用在控制输入作用下，e_{ss} 与系统型别、静态误差系数间的关系，用表 3-1 来确定 e_{ss} 的值。

表 3-1 静态误差系数与稳态误差的关系

系统类别	误差系数			阶跃输入 $r(t) = R \times 1(t)$ $e_{ss} = \dfrac{R}{1+K_p}$	斜坡输入 $r(t) = Rt$ $e_{ss} = \dfrac{R}{K_v}$	加速度输入 $r(t) = R \times \dfrac{1}{2}t^2$ $e_{ss} = \dfrac{R}{K_a}$
	K_p	K_v	K_a			
0 型系统	K	0	0	$\dfrac{R}{1+K}$	∞	∞
Ⅰ 型系统	∞	K	0	0	$\dfrac{R}{K}$	K
Ⅱ 型系统	∞	∞	K	0	0	$\dfrac{R}{K}$

静态误差系数的应用条件如下：

① 只适用于控制输入 $r(t)$ 作用下的稳态误差计算，且 $r(t)$ 不存在前馈通道；

② 误差定义是按输入端定义的，即视偏差为误差；

③ 适用于最小相位系统，即系统不存在右半 s 平面的开环零点或极点。

二、典型例题

3-1 设某系统的传递函数为
$$\frac{C(s)}{R(s)} = \frac{s+1}{2s+1}$$
试求系统的动态性能指标 $t_r, t_s (\Delta = 0.05)$。

解 在单位阶跃输入作用下，有 $R(s) = \dfrac{1}{s}$，于是
$$C(s) = \frac{s+1}{2s+1} \cdot \frac{1}{s} = \frac{1}{s} - \frac{1}{2s+1} = \frac{1}{s} - \frac{1}{2} \cdot \frac{1}{s + \frac{1}{2}}$$

则
$$c(t) = 1 - \frac{1}{2} e^{-t/2}$$

t_r 表示上升时间，是指响应曲线从终值 10% 上升到终值 90% 所需的时间。令
$$t_r = t_2 - t_1$$

其中
$$c(t_1) = 1 - \frac{1}{2} e^{-t_1/2} = 0.1, \quad c(t_2) = 1 - \frac{1}{2} e^{-t_2/2} = 0.9$$

解得
$$t_1 = 2\ln\frac{5}{9}, \quad t_2 = 2\ln 5$$

则
$$t_r = t_2 - t_1 = 2\ln 9 = 4.4$$

当 $t = t_s (\Delta = 0.05)$ 时，有
$$c(t_s) = 1 - \frac{1}{2} e^{-t_s/2} = 0.95$$

解得
$$t_s = 2(\ln 0.5 - \ln 0.05) = 4.6$$

3-2 图 3-1 表示一个 RL 电路，其中 $R = 20\ \Omega, L = 5\ \text{H}$。取电压 u 为输入量，电流 i 为输出量，试计算该线圈的调节时间 t_s。

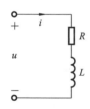

图 3-1 RL 电路

解 该线圈的微分方程为
$$u = iR + L\frac{di}{dt}$$

对上式两边取拉普拉斯变换，并令初始条件为零，可得传递函数为
$$\frac{I(s)}{U(s)} = \frac{1/R}{(L/R)s+1}$$

时间常数 $T = L/R = 0.25\ \text{s}$，调节时间 $t_s = 3T = 0.75\ \text{s}$。

3-3 一阶系统结构如图 3-2 所示，其中 $G(s) = 5/(0.1s+1)$。今欲采用加负反馈的办法，将调节时间 t_s 减少为原来的 1/5，并保证 $R(s)$ 至 $C(s)$ 的总放大系数不变，试确定如何调整参数 K_H 和 K_0。

解 如图 3-2 所示系统的闭环传递函数为
$$\frac{C(s)}{R(s)} = \frac{5K_0}{0.1s+1+5K_H} = \frac{K}{Ts+1}$$

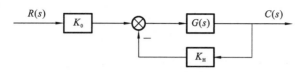

图 3-2 一阶系统

其中
$$K = \frac{5K_0}{1+5K_H}, \quad T = \frac{0.1}{1+5K_H}$$

原系统的时间常数为 0.1 s,放大系数为 5,为满足题目的要求,令 $T=0.02$ s 和 $K=5$,有 $K_H=0.8$ 和 $K_0=5$。

3-4 已知二阶系统的单位阶跃响应为
$$c(t) = 1 - 1.25e^{-1.2t}\sin(1.6t + 53.1°)$$
试求系统的超调量 σ_p、峰值时间 t_p 和调节时间 t_s。

解 标准的二阶系统的单位阶跃响应为
$$c(t) = 1 - \frac{1}{\sqrt{1-\zeta^2}}e^{-\zeta\omega_n t}\sin(\omega_n\sqrt{1-\zeta^2}\,t + \beta)$$

于是
$$\zeta\omega_n = 1.2, \quad \frac{1}{\sqrt{1-\zeta^2}} = 1.25, \quad \omega_n\sqrt{1-\zeta^2} = 1.6, \quad \beta = \arccos\zeta = 53.1°$$

解得
$$\zeta = 0.6, \quad \omega_n = 2$$

由于 $0<\zeta<1$,故该系统为欠阻尼二阶系统,其动态性能指标为

超调量 $\sigma_p = e^{-\pi\zeta/\sqrt{1-\zeta^2}} \times 100\% = e^{-0.6 \times 1.25\pi} \times 100\% = 9.5\%$

峰值时间 $t_p = \dfrac{\pi}{\omega_n\sqrt{1-\zeta^2}} = \dfrac{\pi}{2 \times 0.8}$ s $= 1.96$ s

调节时间 $t_s = \dfrac{3.5}{\zeta\omega_n} = \dfrac{3.5}{1.2}$ s $= 2.92$ s ($\Delta = 5\%$)

3-5 设单位反馈系统的微分方程为
$$c''(t) + c'(t) + c(t) = 0.4r'(t) + r(t)$$
试求系统在单位阶跃输入下的峰值时间和超调量。

解 由系统的微分方程可得系统的闭环传递函数为
$$\Phi(s) = \frac{0.4s+1}{s^2+s+1} = \frac{0.4(s+2.5)}{s^2+s+1}$$

从 $\Phi(s)$ 的形式可以看出,该系统是比例-微分控制二阶系统,其标准形式为
$$\Phi(s) = \frac{\omega_n^2}{z} \cdot \frac{s+z}{s^2+2\zeta_d\omega_n s+\omega_n^2}$$

由
$$\frac{0.4s+1}{s^2+s+1} = \frac{\omega_n^2}{z} \cdot \frac{s+z}{s^2+2\zeta_d\omega_n s+\omega_n^2}$$

可得 $z=2.5, \omega_n=1, \zeta_d=0.5$。由于
$$r = \frac{\sqrt{z^2-2\zeta_d\omega_n z+\omega_n^2}}{z\sqrt{1-\zeta_d^2}} = 1.007$$

$$\psi = -\pi + \arctan\frac{\omega_n\sqrt{1-\zeta_d^2}}{z-\zeta_d\omega_n} + \arctan\frac{\sqrt{1-\zeta_d^2}}{\zeta_d}$$

$$= -\pi + \arctan\frac{\sqrt{0.75}}{2.5-0.5} + \arctan\frac{\sqrt{0.75}}{0.5} = -1.686$$

$$\beta_d = \arctan\frac{\sqrt{1-\zeta_d^2}}{\zeta_d} = \arctan\frac{\sqrt{0.75}}{0.5} = 1.047$$

可求得该系统的动态性能指标为

峰值时间 $\quad t_p = \dfrac{\beta_d - \psi}{\omega_n\sqrt{1-\zeta_d^2}} = 3.156 \text{ s}$

超调量 $\quad \sigma_p = r\sqrt{1-\zeta_d^2}\,\mathrm{e}^{-\zeta_d\omega_n t_p} \times 100\% = 18.0\%$

3-6 已知控制系统的单位阶跃响应为

$$c(t) = -12\mathrm{e}^{-60t} + 12\mathrm{e}^{-10t}$$

试确定系统的阻尼比 ζ 和自然频率 ω_n。

解 由题设知

$$c(t) = -12\mathrm{e}^{-60t} + 12\mathrm{e}^{-10t} = 12(\mathrm{e}^{-10t} - \mathrm{e}^{-60t})$$

此时系统的闭环传递函数为

$$\Phi(s) = \mathscr{F}[c(t)] = 12\left(\frac{1}{s+10} - \frac{1}{s+60}\right) = \frac{600}{s^2+70s+600} = \frac{\omega_n^2}{s^2+2\zeta\omega_n s+\omega_n^2}$$

则系统的自然频率和阻尼比为

$$\omega_n = \sqrt{600} = 24.5, \quad \zeta = \frac{70}{2\times\sqrt{600}} = 1.43$$

3-7 设图 3-3 是某系统动态结构图,试选择参数 K_1 和 K_t,使系统的 $\omega_n = 25, \zeta = 0.8$。

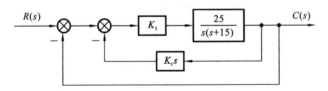

图 3-3 某控制系统动态结构图

解 求出如图 3-3 所示系统的闭环传递函数,并将其与二阶系统的传递函数的标准形式相比较,便可得所求参数。

通过简化结构图,可得系统的开环和闭环传递函数为

$$G(s) = \frac{25K_1}{s(s+15+25K_1K_t)}$$

$$\Phi(s) = \frac{25K_1}{s^2+(15+25K_1K_t)s+25K_1}$$

二阶系统的传递函数的标准形式为

$$\Phi(s) = \frac{\omega_n^2}{s^2+2\zeta\omega_n s+\omega_n^2}$$

比较可得 $25K_1=\omega_n^2$, $15+25K_1K_t=2\zeta\omega_n$, 解得 $K_1=25$, $K_t=0.04$。

3-8 设二阶系统的单位阶跃响应曲线如图 3-4 所示,试确定系统的传递函数。

解 典型二阶系统的传递函数为

$$\Phi(s)=\frac{K\omega_n^2}{s^2+2\zeta\omega_n s+\omega_n^2}$$

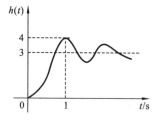

图 3-4 响应曲线

由图 3-4 所示的响应曲线,可知峰值时间 $t_p=1$ s,超调量 $\sigma_p=33.3\%$,根据二阶系统的性能指标计算公式

$$\sigma_p=e^{-\pi\zeta/\sqrt{1-\zeta^2}}\times 100\%$$

$$t_p=\frac{\pi}{\omega_n\sqrt{1-\zeta^2}}$$

可以确定 $\zeta=0.33$ 和 $\omega_n=3.33$,根据图 3-4 所示曲线的终值可以确定 $K=3$。

3-9 系统动态结构如图 3-5 所示,若要求 $\zeta=0.8$,试确定参数 K_f 的值。

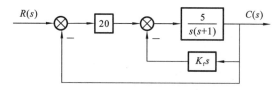

图 3-5 系统动态结构图

解 如图 3-5 所示系统的传递函数为

$$\frac{C(s)}{R(s)}=\frac{100}{s^2+(1+5K_f)s+100}$$

这是一个典型的二阶系统,其自然振荡频率为 $\omega_n=10$ rad/s。令阻尼比

$$\zeta=\frac{1+5K_f}{2\times 10}=0.8$$

由上式解得 $K_f=3$。

3-10 设单位负反馈系统的闭环传递函数为 $G(s)=\dfrac{4}{s(s+2)+4}$,试写出该系统的单位阶跃响应和单位斜坡响应的表达式。

解 该系统为典型二阶系统,自然振荡频率 $\omega_n=2$ rad/s,阻尼比 $\zeta=0.5$。单位阶跃响应的表达式为

$$h(t)=1-1.154e^{-t}\sin(1.732t+60°), \quad t>0$$

单位斜坡响应的表达式为

$$c_1(t)=t-0.5+0.577e^{-t}\sin(1.732t+120°), \quad t>0$$

3-11 设单位负反馈系统的开环传递函数为

$$G(s)=\frac{K}{s(s+10)}$$

试分别求出当 $K=100$ 和 $K=200$ 时系统的阻尼比 ζ、无阻尼自然频率 ω_n、单位阶跃响应的超调量 σ_p、峰值时间 t_p 及调节时间 t_s,并讨论 K 的大小对性能指标的影响。

解 当 $K=100$ 时,系统的闭环传递函数为

$$\Phi(s)=\frac{100}{s^2+10s+100}$$

其中，无阻尼自然频率 $\omega_n=10$，阻尼比 $\zeta=0.5$，单位阶跃响应的超调量 σ_p、峰值时间 t_p 和调节时间 t_s 分别为 16.3%、0.36 s 和 0.7 s。

当 $K=200$ 时，系统的闭环传递函数为

$$\Phi(s)=\frac{200}{s^2+10s+200}$$

其中，无阻尼自然频率 $\omega_n=14.14$，阻尼比 $\zeta=0.35$，单位阶跃响应的超调量 σ_p、峰值时间 t_p 和调节时间 t_s 分别为 30.9%、0.24 s 和 0.7 s。

K 值增大使得阻尼比 ζ 减小，导致超调量 σ_p 增大和峰值时间 t_p 减小，但调节时间 t_s 不变。

3-12 已知系统闭环传递函数为 $G(s)=\dfrac{k_1 k_2}{s^2+as+k_2}$，其单位阶跃响应曲线如图 3-6 所示。

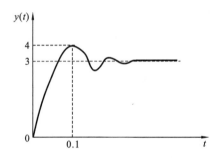

图 3-6 系统单位阶跃响应曲线

解 由图可知，$y(\infty)=3$，$t_p=0.1$。超调量 $\sigma_p=\dfrac{y(t_p)-y(\infty)}{y(\infty)}=\dfrac{4-3}{3}=\dfrac{1}{3}$。

闭环传递函数为 $G(s)=\dfrac{Y(s)}{X(s)}=\dfrac{k_1 k_2}{s^2+as+k_2}$。

由终值定理知，

$$y(\infty)=\lim_{s\to 0}Y(s)=\lim_{s\to 0}\frac{k_1 k_2}{s^2+as+k_2}=k_1=3$$

由 $\sigma_p=e^{-\pi\zeta/\sqrt{1-\zeta^2}}=\dfrac{1}{3}$，得 $\zeta=\sqrt{\dfrac{(\ln\sigma_p)^2}{\pi^2+(\ln\sigma_p)^2}}=0.33$。

由 $t_p=\dfrac{\pi}{\omega_n\sqrt{1-\zeta^2}}=0.1$，得 $\omega_n=\dfrac{\pi}{t_p\sqrt{1-\zeta^2}}=33.266$。

由 $\omega_n^2=k_2$，$2\zeta\omega_n=a$，得 $k_2=1107$，$a=21.96$。

3-13 系统的结构图如图 3-7 所示。

(1) 已知 $G_1(s)$ 的单位阶跃响应为 $\dfrac{1}{2}(1-e^{-2t})$，试求 $G_1(s)$；

(2) 由(1)得 $G_1(s)$，若 $R(t)=5\cdot 1(t)$ 时，试求：① 系统的稳态输出；② 系统的 σ_p、t_p 和 $t_s(\Delta=\pm 5\%)$。

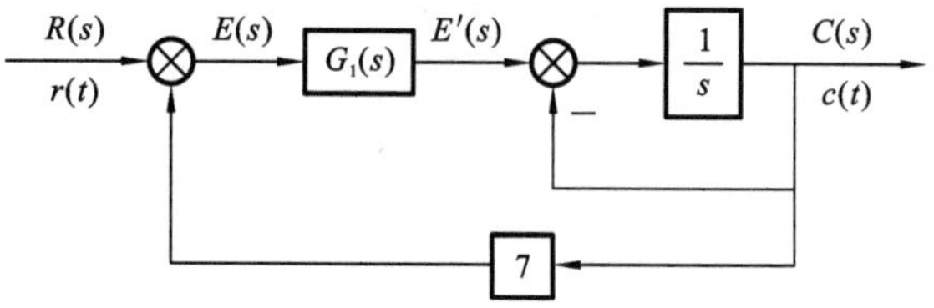

图 3-7　系统结构图

解　(1) 令 $E(s)=\frac{1}{s}$，$E'(s)=\frac{1}{2}\left(\frac{1}{s}-\frac{1}{s+2}\right)=\frac{1}{s(s+2)}$，则

$$G_1(s)=\frac{E'(s)}{E(s)}=\frac{1/[s(s+2)]}{1/s}=\frac{1}{s+2}$$

(2) 由(1)知 $G_1(s)=\frac{1}{s+2}$，由图可知

$$\frac{C(s)}{R(s)}=\frac{G_1(s)\cdot\frac{1}{s+1}}{1+G_1(s)\cdot\frac{1}{s+1}\cdot 7}=\frac{\frac{1}{s+2}\cdot\frac{1}{s+1}}{1+\frac{7}{(s+1)(s+2)}}=\frac{1}{9}\left(\frac{9}{s^2+3s+9}\right)$$

① 当 $R(s)=\frac{5}{s}$ 时，$c(\infty)=\lim\limits_{s\to 0}sC(s)=\lim\limits_{s\to 0}s\cdot\frac{1}{9}\left(\frac{9}{s^2+3s+9}\right)\frac{5}{s}=\frac{5}{9}\approx 0.56$。

② $\omega_n^2=9$，$2\zeta\omega_n=3$，$\zeta=0.5$，$\omega_n=3$，故

$$t_p=\frac{\pi}{\omega_n\sqrt{1-\zeta^2}}\approx 1.2,\quad \sigma_p=e^{-\pi\zeta/\sqrt{1-\zeta^2}}\times 100\%=16.3\%,\quad t_s=\frac{3}{\zeta\omega_n}=2$$

又 $\sigma_p=\frac{c(t_p)-c(\infty)}{c(\infty)}\times 100\%$，则 $c(t_p)=c(\infty)\sigma_p+c(\infty)=0.65$。

3-14　一个单位负反馈的三阶系统，设开环传递函数为 $G_0(s)$。要求：

(1) 在 $r(t)=t$ 作用下的稳态误差为 2.5；

(2) 三阶系统的一对闭环极点为 $s_{1,2}=-2\pm 2j$。

试求同时满足上述条件的系统的开环传递函数 $G_0(s)$。

解　由条件(1)可知，系统必为Ⅰ型系统，$G_0(s)$可写成

$$G_0(s)=\frac{k}{s(s^2+as+b)}$$

且

$$k_v=\lim_{s\to 0}sG_0(s)=\lim_{s\to 0}\frac{k}{s^2+as+b}=\frac{k}{b}$$

令 $e_{ss}=2.5=\frac{1}{k_v}$，$\frac{k}{b}=\frac{1}{2.5}\Rightarrow b=2.5k$。

又闭环传递函数为

$$G(s)=\frac{G_0(s)}{1+G_0(s)}=\frac{k}{s^3+as^2+bs+k}$$

由条件(2)可知，一对闭环主导极点要求为 $s_{1,2}=-2\pm 2j$，设 $s_3=-c$，则

$$\begin{aligned}s^3+as^2+bs+k&=(s-s_1)(s-s_2)(s-s_3)=(s^2+4s+8)(s+c)\\&=s^3+(4+c)s^2+(8+4c)s+8c\end{aligned}$$

由上式等号两边系数相等,可得 $4+c=a$,$8+4c=b$,$8c=k$,又 $b=2.5k$,解得 $a=4.5$,$b=10$,$c=0.5$,$k=4$,所以

$$G_0(s)=\frac{4}{s^3+4.5s^2+10s}$$

3-15 系统的传递函数为 $G(s)=\dfrac{20}{(s+10)(s^2+2s+2)}$,用主导极点法求系统的单位阶跃响应。

解
$$G(s)=\frac{20}{(s+10)(s+1+j)(s+1-j)}$$

主导极点 $s_{1,2}=-1\pm j$,$s_3=-10$。

特征多项式为 s^2+2s+2,放大系数为 1。用主导极点法表示的传递函数为

$$G(s)=\frac{2}{s^2+2s+2}$$

单位阶跃响应

$$C(s)=G(s)R(s)=\frac{2}{s(s^2+2s+2)}=\frac{1}{s}-\frac{s+1+1}{(s+1)^2+1}$$

$$c(t)=1-e^{-t}\cos t-e^{-t}\sin t$$

3-16 单位负反馈系统的开环传递函数为

$$G(s)=\frac{3(s+2)}{s(s-2)}$$

该系统是几阶系统?系统是否稳定?系统是否存在振荡周期和频率?

解 闭环传递函数为

$$\Phi(s)=\frac{3(s+2)}{s^2+s+6}$$

该系统为二阶系统,有两个负实数特征根,系统稳定,不存在振荡周期和频率。

3-17 试用稳定性判据确定具有下列特征方程式的系统稳定性。

(1) $s^3+20s^2+9s+100=0$;

(2) $s^3+20s^2+9s+200=0$;

(3) $3s^4+10s^3+5s^2+s+2=0$;

(4) $s^4+3s^3+s^2+3s+1=0$;

(5) $s^3+10s^2+16s+160=0$。

解 (1) $\alpha_0=1$,$\alpha_1=20$,$\alpha_2=9$,$\alpha_3=100$,计算二阶赫尔维茨行列式

$$D_2=\begin{vmatrix}\alpha_1 & \alpha_3\\ \alpha_0 & \alpha_2\end{vmatrix}=80>0$$

根据林纳德-奇帕特稳定判据知,系统稳定。

(2) $\alpha_0=1$,$\alpha_1=20$,$\alpha_2=9$,$\alpha_3=200$,计算二阶赫尔维茨行列式

$$D_2=\begin{vmatrix}\alpha_1 & \alpha_3\\ \alpha_0 & \alpha_2\end{vmatrix}=-20<0$$

根据林纳德-奇帕特稳定判据知，系统不稳定。

(3) $\alpha_0 = 3, \alpha_1 = 10, \alpha_2 = 5, \alpha_3 = 1, \alpha_4 = 2$，计算三阶赫尔维茨行列式

$$D_3 = \begin{vmatrix} \alpha_1 & \alpha_3 & 0 \\ \alpha_0 & \alpha_2 & \alpha_4 \\ 0 & \alpha_1 & \alpha_3 \end{vmatrix} = -153 < 0$$

根据林纳德-奇帕特稳定判据知，系统不稳定。

(4) 列劳斯表

$$\begin{array}{cccc} s^4 & 1 & 1 & 1 \\ s^3 & 3 & 3 & 0 \\ s^2 & 0 & 1 & \end{array}$$

由于第 3 行中的第 1 项为零，所以用 $s+1$ 乘以原特征方程，得新的特征方程

$$s^5 + 4s^4 + 4s^3 + 4s^2 + 4s + 1 = 0$$

重新列劳斯表

$$\begin{array}{ccc} s^5 & 1 & 4 & 4 \\ s^4 & 4 & 4 & 1 \\ s^3 & 3 & 3.75 & \\ s^2 & -1 & 1 & \\ s^1 & 6.75 & & \\ s^0 & 1 & & \end{array}$$

因为上述劳斯表中第 1 列元素不同号，所以系统不稳定。

(5) 根据特征方程的系数列劳斯表

$$\begin{array}{ccc} s^3 & 1 & 16 \\ s^2 & 10 & 160 \\ s^1 & 0 & \end{array}$$

由于出现全零行，故用行系数组成如下辅助方程：

$$F(s) = 10s^2 + 160$$

取辅助方程对变量 s 的导数，得新方程

$$\frac{\mathrm{d}F(s)}{\mathrm{d}s} = 20$$

用上述方程的系数替代原劳斯表中的 s^1 行，然后再按正常规则计算下去，得到

$$\begin{array}{ccc} s^3 & 1 & 16 \\ s^2 & 10 & 160 \\ s^1 & 20 & \\ s^0 & 160 & \end{array}$$

因为劳斯表中的第 1 列元素同号，所以系统没有实部为正的根，但通过解辅助方程可以求出产生全零行的根为 $\pm \mathrm{j}4$。系统临界稳定。

3-18 设单位负反馈系统的开环传递函数分别为

(1) $G(s) = \dfrac{K}{s\left(\dfrac{1}{3}s+1\right)\left(\dfrac{1}{6}s+1\right)}$；

(2) $G(s) = \dfrac{K}{s(s-1)(0.2s+1)}$。

试确定使闭环系统稳定的开环增益 K 的取值范围。

解 （1）系统的闭环特征多项式为
$$D(s) = s^3 + 9s^2 + 18s + 18K$$
由二阶赫尔维茨行列式 $D_2 = 9 \times 18 - 18K > 0$ 得 $K < 9$，由特征方程的各项系数均要大于 0 得 $K > 0$，于是使闭环特征方程根的实部均小于 0 的条件是 $0 < K < 9$。

（2）闭环特征方程为
$$0.2s^3 + 0.8s^2 - s + K = 0$$
由于上述方程中的一次项系数为 -1，所以不论 K 取何值，系统都不稳定。

3-19 已知系统闭环特性方程，试确定使闭环系统稳定的 K 的数值范围。

(1) $D(s) = s^3 + 4s^2 + (K-5)s + K = 0$；

(2) $D(s) = s^3 + 4s^2 - 5s + K = 0$；

(3) $D(s) = s^3 + 0.1Ks^2 + (0.2K+0.09)s + 0.1K = 0$；

(4) $D(s) = s^4 + 2s^3 + Ks^2 + 10s + 100 = 0$；

(5) $D(s) = s^3 + 3s^2 + 2s + K = 0$。

解 （1）利用劳斯稳定判据来判定系统的稳定性，列劳斯表如下：

s^3	1	$K-5$
s^2	4	K
s^1	$0.75K-5$	
s^0	K	

欲使闭环系统稳定的增益 K 的范围为
$$\begin{cases} 0.75K - 5 > 0 \\ K > 0 \end{cases} \Rightarrow K > \dfrac{20}{3}$$

故使闭环系统稳定的 K 的数值范围：$K > \dfrac{20}{3}$。

（2）利用劳斯稳定判据来判定系统的稳定性，列出劳斯表如下：

s^3	1	-5
s^2	4	K
s^1	$-5 - 0.25K$	
s^0	K	

欲使闭环系统稳定的增益 K 的范围为
$$\begin{cases} -5 - 0.25K > 0 \\ K > 0 \end{cases} \Rightarrow K \text{ 不存在}$$

故使闭环系统稳定的 K 的数值范围为：K 不存在。

(3) 利用劳斯稳定判据来判定系统的稳定性,列劳斯表如下:

s^3	1	$0.2K+0.09$
s^2	$0.1K$	$0.1K$
s^1	$0.2K-0.91$	
s^0	$0.1K$	

欲使系统稳定,须有

$$\begin{cases} 0.2K-0.91>0 \\ 0.1K>0 \end{cases} \Rightarrow K>4.55$$

故当 $K>4.55$ 时可以保证系统稳定。

(4) 利用劳斯稳定判据来判定系统的稳定性,列劳斯表如下:

s^4	1	K	100
s^3	2	10	
s^2	$K-5$	100	
s^1	$(10K-250)/(K-5)$		
s^0	100		

欲使系统稳定,须有

$$\begin{cases} K-5>0 \\ 10K-250>0 \end{cases} \Rightarrow K>25$$

故当 $K>25$ 时,系统是稳定的。

(5) 可利用劳斯稳定判据来判定系统的稳定性,列劳斯表如下:

s^3	1	2
s^2	3	K
s^1	$(6-K)/3$	
s^0	K	

欲使系统稳定,须有

$$\begin{cases} 6-K>0 \\ K>0 \end{cases} \Rightarrow 0<K<6$$

故使系统稳定的 K 范围为 $0<K<6$。

3-20 已知系统特征方程如下,试求系统在 s 右半平面的根数及虚根值。

(1) $s^5+6s^4+3s^3+2s^2+s+1=0$;

(2) $s^3+3s^2+2s+20=0$;

(3) $s^5+2s^4+3s^3+6s^2-4s-8=0$。

解 (1) 列出劳斯表如下所示:

s^5	1	3	1
s^4	6	2	1
s^3	$8/3$	$5/6$	
s^2	$1/8$	1	
s^1	-20.5		
s^0	1		

由于表中第1列元素的符号有两次改变,故系统在 s 半平面的根数为2,无虚根。

(2) 列出劳斯表如下:

$$
\begin{array}{ll}
s^3 & 1 \quad\quad 2 \\
s^2 & 3 \quad\quad 20 \\
s^1 & -14/3 \\
s^0 & 20
\end{array}
$$

由于表中第1列元素的符号有两次改变,故系统在 s 右半平面的根数为2,无虚根。

(3) 利用劳斯稳定判据来判定系统的稳定性,列出劳斯表如下:

$$
\begin{array}{llll}
s^5 & 1 & 3 & -4 \\
s^4 & 2 & 6 & -8 \quad (\text{辅助方程}\ F(s)=2s^4+6s^2-8=0\ \text{的系数}) \\
s^3 & 0(8) & 0(12) & \quad (\mathrm{d}F(s)/\mathrm{d}s=8s^3+12s=0\ \text{的系数}) \\
s^2 & 3 & -8 \\
s^1 & 100/3 \\
s^0 & -8
\end{array}
$$

显然,由于表中第1列元素的符号有一次改变,故本系统不稳定。

如果解辅助方程 $F(s)=2s^4+6s^2-8=0$,可以求出产生全零行的特征方程的根为 $\pm\mathrm{j}2,\pm 1$,故系统在 s 右半平面上根的数值为 ± 1,在虚轴上根的数值为 $\pm\mathrm{j}2$。

3-21 已知控制系统的特征方程如下,试用劳斯判据判别系统的稳定性。如系统不稳定,指出位于右半 s 平面的根的数目。如有对称于原点的根,求出其值。

(1) $s^4+7s^3+25s^2+42s+30=0$;

(2) $s^3+3s^2+2s+24=0$;

(3) $s^5+8s^4+25s^3+40s^2+34s+12=0$;

(4) $2s^5+s^4+3s^3+2s^2+6s-4=0$;

(5) $s^6+2s^5+5s^4+28s^3+27s^2+66s+63=0$;

(6) $s^5+2s^4+3s^3+6s^2-4s-8=0$。

解 (1) 稳定;

(2) 不稳定;2个根位于 s 平面右半部分;

(3) 稳定;

(4) 不稳定,3个根位于 s 平面右半部分;

(5) 2个根位于右半 s 平面,共轭虚根 $s=\pm\mathrm{j}\sqrt{3}$;

(6) 1个根位于右半 s 平面,共轭虚根 $s=\pm\mathrm{j}2$。

3-22 已知单位负反馈系统的开环传递函数如下,试确定使系统稳定的 k 值范围。

(1) $G(s)=\dfrac{k}{s(s^2+s+1)(s+2)}$;   (2) $G(s)=\dfrac{k(0.5s+1)}{s(s+1)(0.5s^2+s+1)}$;

(3) $G(s)=\dfrac{k(s+1)}{s(s-1)(s+5)}$;   (4) $G(s)=\dfrac{k}{(0.2s+1)(0.5s+1)(s-1)}$。

解 (1) $0<k<\dfrac{14}{9}$;   (2) $0<k<1.708$;

(3) $k > \dfrac{20}{3}$;   (4) $1 < k < 2.8$。

3-23 已知单位负反馈控制系统的开环传递函数为 $G_0(s) = \dfrac{k}{s(s^2+7s+17)}$。

(1) 确定使系统产生持续振荡的 k 值,并求出振荡频率;

(2) 若要求闭环极点全部位于 $s=-1$,$s=-2$ 垂线的左侧,求 k 的取值范围。

解 (1) 先求出闭环传递函数为

$$G(s) = \dfrac{k}{s^3+7s^2+17s+k}$$

再对特征方程 $s^3+7s^2+17s+k=0$ 用劳斯判据,求出含 k 的一行全部为 0 的解,得出 $k=119$,即可使系统为持续振荡,这时共轭虚根的值即为振荡频率,亦即

$$\omega_0 = \sqrt{17} \ (s = \pm\sqrt{17}\text{j})$$

(2) 用 $s = s'-1$,$s = s'-2$ 代入特征方程,即可求得 k 的取值范围。经计算,分别为 $11 < k < 35$(稳定裕量 $\sigma = -1$),$14 < k < 15$(稳定裕量 $\sigma = -2$)。

3-24 设单位反馈系统的开环传递函数为

$$G(s) = \dfrac{K}{s(1+s/3)(1+s/6)}$$

若要求闭环特征方程的根的实部均小于 -2,问 K 值应取什么范围?

解 该系统闭环特征方程为

$$s^3+9s^2+18s+18K=0$$

当要求闭环根的实部小于 -2 时,令 $u=s+2$,得如下新的特征方程:

$$u^3+3u^2-6u+(18K-8)=0$$

由稳定性的必要条件知,不论 K 取何值,原闭环特征方程的根的实部不可能均小于 -2。

3-25 零初始条件,单位负反馈系统,输入信号 $r(t)=1(t)+t$,输出信号 $c(t)=0.75+t-0.75\text{e}^{-4t}$。求系统的开环传递函数、计算单位斜坡响应的稳态误差、单位阶跃响应的稳态误差、调节时间和最大超调量。

解 $R(s) = \dfrac{1}{s} + \dfrac{1}{s^2} = \dfrac{s+1}{s^2}$, $C(s) = \dfrac{0.75}{s} + \dfrac{1}{s^2} - \dfrac{0.75}{s+4} = \dfrac{4(s+1)}{s^2(s+4)}$

$\Phi(s) = \dfrac{C(s)}{R(s)} = \dfrac{4}{s+4} = \dfrac{1}{0.25s+1}$, $G(s) = \dfrac{\Phi(s)}{1-\Phi(s)} = \dfrac{4}{s} = \dfrac{1}{0.25s}$

本系统为 I 型系统,开环放大系数为 4,单位斜坡响应的稳态误差为 $1/4 = 0.25$;单位阶跃响应的稳态误差为零;时间常数 $T=0.25$ s,调节时间 $t_s = 3T \sim 4T = 0.75 \sim 1$ s;最大超调量 $\sigma_p = 0$。

3-26 已知系统的传递函数为 $\Phi(s) = \dfrac{K}{s^2+as+bK}$,若单位阶跃响应的稳态值 $c(\infty) = 2.5$,最大值 $c(t_p) = 2.7$,峰值时间 $t_p = 0.3$ s,求 K、a、b 的值。

解 由题意知

$$\Phi(s) = \dfrac{C(s)}{R(s)} = \dfrac{K}{s^2+as+bK}$$

$$C(s) = \Phi(s)R(s) = \frac{K}{s^2+as+bK}\frac{1}{s}$$

$$c(\infty) = \lim_{s\to 0}C(s) = \frac{1}{b} = 2.5 \Rightarrow b = 0.4$$

$$\sigma_p = e^{-\zeta\pi/\sqrt{1-\zeta^2}} = \frac{2.7-2.5}{2.5} = 0.08 \Rightarrow \zeta = 0.627$$

$$t_p = \frac{\pi}{\omega_n\sqrt{1-\zeta^2}} = 0.3 \Rightarrow \omega_n = 13.44 \text{ rad/s}$$

$$a = 2\zeta\omega_n = 16.9, \quad bK = \omega_n^2 \Rightarrow K = \frac{\omega_n^2}{b} = 451.584$$

3-27 已知单位负反馈系统开环传递函数：

(1) $G(s) = \dfrac{10}{(0.1s+1)(0.5s+1)}$；

(2) $G(s) = \dfrac{7(s+1)}{s(s+4)(s^2+2s+2)}$；

(3) $G(s) = \dfrac{8(0.5s+1)}{s^2(0.1s+1)}$。

试分别求出当 $r(t) = 3 \cdot 1(t) + 2t + t^2$ 时，系统的稳态误差（$e = r - c$）。

解 （1）系统的闭环特征方程为

$$0.05s^2 + 0.6s + 11 = 0$$

显然，该系统为二阶系统，且各项系数均大于零，所以系统是稳定的。该系统的开环增益 $K=10$，开环传递函数中不含积分环节，因此是 0 型系统。

当 $r(t) = 1(t)$ 时，稳态误差 $e_{ss} = 1/(1+K) = 0.091$；

当 $r(t) = t$ 时，稳态误差 $e_{ss} \to \infty$；

当 $r(t) = t^2$ 时，稳态误差 $e_{ss} \to \infty$。

于是，当 $r(t) = 3 \cdot 1(t) + 2t + t^2$ 时，稳态误差 $e_{ss} \to \infty$。

（2）系统的闭环特征方程为

$$s^4 + 6s^3 + 10s^2 + 15s + 7 = 0$$

根据上述方程列劳斯表如下：

s^4	1	10	7
s^3	6	15	
s^2	7.5	7	
s^1	9.4		
s^0	7		

劳斯表中第 1 列元素同号，所以系统是稳定的。该系统为 Ⅰ 型系统，开环增益 $K = 7/8$。

当 $r(t) = 1(t)$ 时，稳态误差 $e_{ss} = 0$；

当 $r(t) = t$ 时，稳态误差 $e_{ss} = 1/K = 8/7$；

当 $r(t) = t^2$ 时，稳态误差 $e_{ss} \to \infty$。

于是，当 $r(t) = 3 \cdot 1(t) + 2t + t^2$ 时，稳态误差 $e_{ss} \to \infty$。

(3) 系统的闭环特征方程为

$$0.1s^3 + s^2 + 4s + 8 = 0$$

上述方程中各项系数均大于零,且二阶赫尔维茨行列式 $D_2 = 4 - 0.8 > 0$,所以系统是稳定的,该系统为 II 型系统,开环增益为 $K = 8$。

当 $r(t) = 1(t)$ 时,稳态误差 $e_{ss} = 0$;

当 $r(t) = t$ 时,稳态误差 $e_{ss} = 0$;

当 $r(t) = t^2$ 时,稳态误差 $e_{ss} = 2/K = 0.25$。

于是,当 $r(t) = 3 \cdot 1(t) + 2t + t^2$ 时,稳态误差 $e_{ss} = 0.25$。

3-28 设速度控制系统如图 3-8 所示。为了消除系统的稳态误差,使斜坡信号通过由比例-微分环节组成的滤波器后再进入系统。

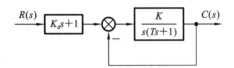

图 3-8 速度控制系统

(1) 当 $K_d = 0$ 时,求系统的稳态误差 $(e = r - c)$;

(2) 选择 K_d,使系统的稳态误差小于 0.1。

解 (1) 当 $K_d = 0$ 时,系统为 I 型系统,稳态误差为 $e_{ss} = 1/K$。

(2) 当 $K_d \neq 0$ 时,系统的闭环传递函数为

$$\Phi(s) = \frac{K(K_d s + 1)}{Ts^2 + s + K}$$

根据误差的定义 $e = r - c$,有

$$E(s) = \frac{Ts^2 + (1 - KK_d)s}{Ts^2 + s + K} \cdot \frac{1}{s^2}$$

稳态误差为

$$e_{ss} = \lim_{s \to 0} sE(s) = (1 - KK_d)/K$$

若要求稳态误差 $e_{ss} < 0.1$,则有 $K_d > \dfrac{1}{K} - 0.1$。

3-29 已知系统结构如图 3-9 所示,误差定义为 $e = r - c$。若使系统对 $r(t) = 1(t)$ 时无稳态误差,试确定 K_2 的值。

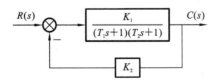

图 3-9 反馈控制系统

解 系统的闭环传递函数为

$$\Phi(s) = \frac{K_1}{T_1 T_2 s^2 + (T_1 + T_2)s + 1 + K_1 K_2}$$

当误差的定义为 $e=r-c$ 时，要使系统在 $r(t)=1(t)$ 作用下稳态误差为零，应满足条件 $K_1=1+K_1K_2$。

3-30 设系统如图 3-10 所示，其中扰动信号 $n(t)=0.1 \cdot 1(t)$。是否可以选择某一合适的 K 值，使系统在扰动作用下的稳态误差为 $e_{ss}<\dfrac{1}{11}$？

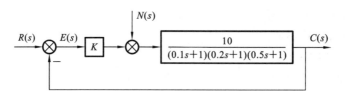

图 3-10 反馈控制系统

解 闭环系统的特征方程为

$$0.01s^3+0.17s^2+0.8s+1+10K=0$$

闭环系统稳定的条件为

$1+10K>0$，$D_2=0.17\times 0.8-0.01(1+10K)>0$，即 $-0.1<K<1.26$

传递函数为

$$\frac{E(s)}{N(s)}=-\frac{10}{(0.1s+1)(0.2s+1)(0.5s+1)+10K}$$

稳态误差为

$$e_{ss}=\lim_{s\to 0}s\cdot\frac{-10}{(0.1s+1)(0.2s+1)(0.5s+1)+10K}\cdot\frac{0.1}{s}=-\frac{1}{1+10K}$$

令 $e_{ss}=\dfrac{1}{11}$，得 $K=1$，即可满足稳定的条件。

3-31 系统如图 3-11 所示，试判别系统闭环稳定性，并确定系统的稳态误差 e_{ssr}（输入 $r(t)$ 作用下的稳态误差）及 e_{ssn}（输入 $n(t)$ 作用下的稳态误差）。

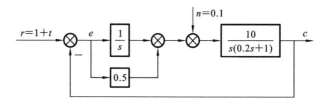

图 3-11 反馈控制系统

解 系统的闭环特征方程为

$$0.2s^3+s^2+5s+10=0$$

上述方程的各项系数均大于零，且 $D_2=5-0.2\times 10=3>0$，所以该系统稳定。

(1) 若 $n(t)=0$，$e_{ssr}=0$。

(2) 若 $r(t)=0$，则

$$\frac{E(s)}{N(s)}=-\frac{10s}{s^2(0.2s+1)+10(0.5s+1)}$$

稳态误差为

$$e_{ssn} = -\lim_{s \to 0} s \cdot \frac{10s}{s^2(0.2s+1)+10(0.5s+1)} \cdot \frac{0.1}{s} = 0$$

3-32 已知 $r(t)=3t, n(t)=5 \cdot 1(t), e=r-c$。

(1) 试求如图 3-12(a)所示系统的稳态误差(e_{ssr} 为输入 $r(t)$ 作用下的稳态误差，e_{ssn} 为输入 $n(t)$ 作用下的稳态误差)；

(2) 若把图 3-12(a)所示系统改为图 3-12(b)中的形式，说明稳态误差有何变化。

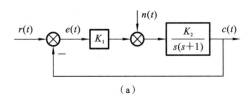

(a)

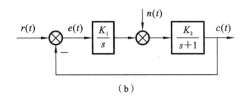

(b)

图 3-12 干扰作用点与稳态误差

解 假定如图 3-12(a)和(b)所示系统的参数满足稳定的条件。

(1) 对于如图 3-12(a)所示系统，传递函数 $E(s)/R(s)$ 为

$$\frac{E(s)}{R(s)} = \frac{s(s+1)}{s(s+1)+K_1K_2}$$

在 $r(t)=3t$ 作用下的稳态误差为

$$e_{ssr} = \lim_{s \to 0} s \cdot \frac{s(s+1)}{s(s+1)+K_1K_2} \cdot \frac{1}{s^2} = \frac{3}{K_1K_2}$$

传递函数 $E(s)/N(s)$ 为

$$\frac{E(s)}{N(s)} = -\frac{K_2}{s(s+1)+K_1K_2}$$

在 $n(t)=5 \cdot 1(t)$ 作用下的稳态误差为

$$e_{ssn} = -\lim_{s \to 0} s \cdot \frac{K_2}{s(s+1)+K_1K_2} \cdot \frac{5}{s} = -\frac{5}{K_1}$$

(2) 对于如图 3-12(b)所示系统，在输入 $r(t)=3t$ 作用下的稳态误差 e_{ssr} 与图 3-12(a)所示系统相同，但传递函数 $E(s)/N(s)$ 为

$$\frac{E(s)}{N(s)} = -\frac{K_2 s}{s(s+1)+K_1K_2}$$

在 $n(t)=5 \cdot 1(t)$ 作用下的稳态误差为

$$e_{ssn} = -\lim_{s \to 0} s \cdot \frac{K_2 s}{s(s+1)+K_1K_2} \cdot \frac{5}{s} = 0$$

3-33 对于图 3-13 所示系统，$K_2 > 0, J > 0, T > 0$（e_{ssr} 和 e_{ssn} 分别为输入 $r(t)$ 和 $n(t)$ 作用下的稳态误差)。

(1) 系统稳定,参数应满足什么条件?

(2) 设 $n(t)=3 \cdot 1(t), r(t)=2t$,求系统总误差 e_{ss}。

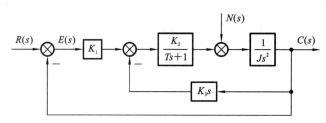

图 3-13 系统框图

解 (1) 系统开环传递函数为

$$G(s)=\frac{K_1 K_2}{s(JTs^2+Js+K_2 K_3)}$$

系统特征方程为

$$JTs^3+Js^2+K_2 K_3 s+K_1 K_2=0$$

列出劳斯表后可知,系统稳定的条件是 $0<K_1<K_3/T$。

(2) I 型系统,放大系数为 $K=K_1/K_3$,故有

$$e_{ssr}=\frac{2}{K}=\frac{2K_3}{K_1}$$

由梅森公式可求得误差传递函数为

$$\frac{E(s)}{N(s)}=\frac{-\dfrac{1}{Js^2}}{1+\dfrac{K_1 K_2}{Js^2(Ts+1)}+\dfrac{K_2 K_3 s}{Js^2(Ts+1)}}=\frac{-(Ts+1)}{Js^2(Ts+1)+K_2 K_3 s+K_1 K_2}$$

由终值定理可得

$$e_{ssn}=\lim_{s\to 0} s\frac{E(s)}{N(s)}N(s)=\lim_{s\to 0} s\frac{-(Ts+1)}{Js^2(Ts+1)+K_2 K_3 s+K_1 K_2}\frac{3}{s}=-\frac{3}{K_1 K_2}$$

综上,可得 $e_{ss}=e_{ssr}+e_{ssn}=\dfrac{2K_3}{K_1}-\dfrac{3}{K_1 K_2}$。

3-34 控制系统的结构图如图 3-14(a)所示,试求:

(1) 希望系统所有特征根位于 s 平面上 $s=-2$ 的左侧区域,且 $\zeta \geqslant 0.5$,求 K,T 的取值范围;

(2) 单位斜坡输入时的稳态误差 e_{ssv};

(3) 将系统改为如图 3-14(b)所示,求使系统对斜坡输入的稳态误差为零的 k_c 值。

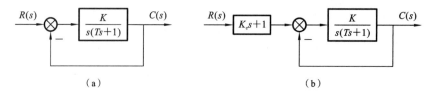

图 3-14 控制系统的结构图

解 (1) 系统闭环特征方程式为 $F(s) = Ts^2 + s + K = 0$。
令 $s = z - 2$,代入并整理得
$$F(z) = Tz^2 + (1 - 4T)z + 4T + K - 2 = 0$$
由劳斯判据知
$$\begin{cases} T > 0 \\ 1 - 4T > 0 \\ 4T + K - 2 > 0 \end{cases} \Rightarrow \begin{cases} 0 < T < \dfrac{1}{4} \\ K > 2 - 4T \end{cases}$$

又
$$G(s) = \frac{K}{s(Ts+1)} = \frac{K/T}{s(s+1/T)} = \frac{\omega_n^2}{s(s+2\zeta\omega_n)}$$

即 $\begin{cases} \omega_n^2 = \dfrac{K}{T}, \\ 2\zeta\omega_n = 1/T, \end{cases}$ 要求 $\zeta = \dfrac{1}{2\sqrt{KT}} \geq 0.5$,即要求 $KT \leq 1$。

可得出图 3-15 中阴影部分。

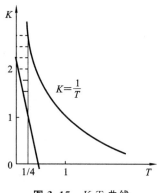

图 3-15 K-T 曲线

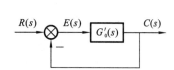

图 3-16 单位负反馈系统

(2) 已知开环传递函数为 $G_0(s) = \dfrac{K}{s(Ts+1)}$,$K_v = \lim\limits_{s \to 0} sG_0(s) = K$,$e_{ssv} = \dfrac{1}{K}$。

(3) 由于串联了比例-微分装置后,图 3-14(b)不是单位反馈系统,所以不再满足使用误差系数求稳态误差的条件。设误差定义为输入减输出,故可将图 3-14(b)等效看成单位负反馈系统,如图 3-16 所示。由于系统的闭环传递函数 $G_b(s) = \dfrac{K(K_c s + 1)}{Ts^2 + s + K}$,因此
$$G_0'(s) = \frac{G_b}{1 - G_b} = \frac{KK_c s + K}{Ts^2 + (1 - KK_c)s}$$

要使系统对斜坡输入的误差为零,系统必须为 II 型系统,即 $1 - KK_c = 0$,$K_c = \dfrac{1}{K}$。

注:可用求 e_{ss} 的一般方法。误差的定义 $e(t) = r(t) - c(t)$,由图 3-14(b)可得
$$E(s) = R(s) - C(s) = R(s) - R(s)G_b(s) = R(s) \cdot \frac{s(Ts+1-K_c K)}{s(Ts+1) + K}$$

所以,令

$$e_{ss}=\lim_{s\to 0}sE(s)=\lim_{s\to 0}\cdot\frac{1}{s^2}\cdot\frac{s(Ts+1-K_cK)}{s(Ts+1)+K}=\frac{1-K_cK}{K}=0$$

得
$$K_c=\frac{1}{K}$$

3-35 设控制系统的结构图如图 3-17 所示，当要求闭环系统的阻尼比 $\zeta=0.6$ 时，试确定系统中的 k_f 值和 $r(t)=3\cdot 1(t)+2t$ 作用下的系统的稳态误差 e_{ssv}。

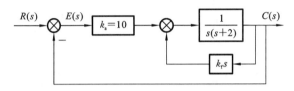

图 3-17 控制系统的结构图

解 当 $k_a=10, \zeta=0.6$ 时，开环传递函数为
$$G_0(s)=\frac{10}{s^2+(k_f+2)s}$$

闭环传递函数为 $G(s)=\dfrac{10}{s^2+(k_f+2)s+10}$。

由 $\omega_n=\sqrt{10}=3.16$，$2\zeta\omega_n=k_f+2=2\times 0.6\times 3.16$ 可得 $k_f=1.792$。此系统为 I 型系统，当 $r(t)=1(t)$ 时，$e_{ssr}=0$。当 $r(t)=2t$ 时，

$$e_{ssv}=\frac{2}{k_v},\quad k_v=\lim_{s\to 0}sG_0(s)=\lim_{s\to 0}\cdot\frac{10}{s(s+k_f+2)}=\frac{10}{k_f+2}$$

则
$$e_{ssv}=\frac{k_f+2}{5}=\frac{1.792+2}{5}=0.7584$$

3-36 设复合控制系统如图 3-18 所示。

(1) 计算 $n(t)=1(t)+3t$ 引起的稳态误差；

(2) 设计 k_c，使系统在 $r(t)=t+\dfrac{1}{2}t^2$ 作用下无稳态误差。

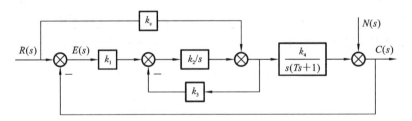

图 3-18 复合控制系统的结构图

解（1）
$$\frac{E(s)}{N(s)}=\frac{-1}{1+\dfrac{k_1k_2k_4}{s(Ts+1)(s+k_2k_3)}}$$

$$e_{ss}=\lim_{s\to 0}sE(s)=\lim_{s\to 0}\cdot\frac{E(s)}{N(s)}\cdot N(s)=-\frac{3k_3}{k_1k_4}$$

(2) 先由梅森公式求闭环传递函数
$$\Phi(s) = \frac{C(s)}{R(s)} = \frac{k_1 k_2 k_4 + k_c k_4 s}{s^2(Ts+1) + k_2 k_3 s(Ts+1) + k_1 k_2 k_4}$$

再求等效单位反馈系统的开环传递函数
$$G_0(s) = \frac{\Phi(s)}{1-\Phi(s)} = \frac{k_1 k_2 k_4 + k_c k_4 s}{s^2(Ts+1+k_2 k_3 T) + (k_2 k_3 - k_c k_4)s}$$

要使系统在 $r(t) = t + \frac{1}{2}t^2$ 作用下稳态误差为 0，系统应为 Ⅲ 型系统，即系统缺项，不稳定，无法设计 k_1，则
$$1 + k_2 k_3 T = 0 \Rightarrow k_2 k_3 T = -1$$

3-37 设单位反馈系统的开环传递函数为 $G(s) = \dfrac{10}{s(s+1)}$，试求当输入信号 $r(t) = 1(t) + 5t + \dfrac{1}{2}t^2$ 时，系统的稳态误差。

解 因系统为单位负反馈系统，根据开环传递函数可以求得闭环系统的特征方程为
$$D(s) = s^2 + s + 10 = 0$$

由赫尔维茨判据可知，$n=2$ 且各项系数为正，因此系统是稳定的。

由 $G(s)$ 可知，系统是 Ⅰ 型系统，且 $K=10$。因为 Ⅰ 型系统在 $1(t), t, \dfrac{1}{2}t^2$ 信号作用下的稳态误差分别为 $0, \dfrac{1}{K}, \infty$，故根据线性叠加原理知，系统的稳态误差为
$$e_{ss} = 0 + \frac{5}{K} + \infty = \infty$$

3-38 设单位反馈系统的开环传递函数为 $G(s) = \dfrac{1}{\sqrt{2}s}$，试用动态误差系数法求出当输入信号为 $r(t) = \sin 2t$ 时，控制系统的稳态误差。

解 由题设可知 $T=\sqrt{2}$。当 $r(t) = \sin 2t$ 时，显然有
$$\dot{r}(t) = 2\cos 2t, \quad \ddot{r}(t) = -2^2 \sin 2t, \quad \dddot{r}(t) = -2^3 \cos 2t, \quad r^{(4)}(t) = 2^4 \sin 2t$$

将上述各式代入 $e(t)$ 的表达式，可得稳态误差
$$\begin{aligned}
e_{ss}(t) &= \sqrt{2}(2\cos 2t) - (\sqrt{2})^2(-2^2\sin 2t) + (\sqrt{2})^3(-2^3\cos 2t) - (\sqrt{2})^4(2^4\sin 2t) + \cdots \\
&= \cos 2t [2\sqrt{2} - (2\sqrt{2})^3 + (2\sqrt{2})^5 - \cdots] \\
&\quad + \sin 2t [(2\sqrt{2})^2 - (2\sqrt{2})^4 + (2\sqrt{2})^6 - \cdots] \\
&= \frac{2\sqrt{2}}{1+4(\sqrt{2})^2}\cos 2t + \frac{4(\sqrt{2})^2}{1+4(\sqrt{2})^2}\sin 2t \\
&= \frac{2\sqrt{2}}{\sqrt{1+4(\sqrt{2})^2}} \sin\left(2t + \arctan\frac{1}{2\sqrt{2}}\right)
\end{aligned}$$

3-39 某测速反馈控制系统如图 3-19 所示。若要求超调量 $\sigma_p = 15\%$，峰值时间 $t_p = 0.8$，试确定参数 K 和 K_f 并计算相应的上升时间 t_r 和调节时间 t_s。

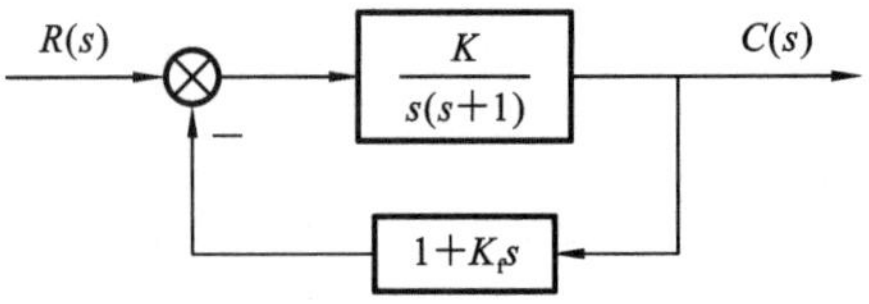

$$\begin{gathered} R(s) \longrightarrow \bigotimes \longrightarrow \boxed{\dfrac{K}{s(s+1)}} \longrightarrow C(s) \\ \boxed{1+K_f s} \end{gathered}$$

图 3-19 某测速反馈控制系统

解 由 $\begin{cases} \sigma_p = e^{-\pi\zeta/\sqrt{1-\zeta^2}} \times 100\% = 15\%, \\ t_p = \dfrac{\pi}{\omega_n\sqrt{1-\zeta^2}} = 0.8, \end{cases}$ 可解得 $\begin{cases} \zeta = 0.517, \\ \omega_n = 4.588。 \end{cases}$ 而系统特征方程为

$$s^2 + (1+KK_f)s + K = 0$$

所以有 $\begin{cases} K = \omega_n^2, \\ 1+KK_f = 2\zeta\omega_n, \end{cases}$ 解得 $\begin{cases} K = 21.05, \\ K_f = 0.178。 \end{cases}$ 于是

$$t_r = \dfrac{\pi - \arctan\dfrac{\sqrt{1-\zeta^2}}{\zeta}}{\omega_n\sqrt{1-\zeta^2}} = 0.538, \quad t_s = \dfrac{3.5}{\zeta\omega_n} = 1.476$$

3-40 设单位负反馈系统的开环传递函数为 $G(s) = \dfrac{K(s+\tau)}{s^2(Ts+1)}$，$K$ 为大于零的已知常数。当输入信号 $r(t) = t\left(1+\dfrac{1}{2}t\right)$ 时，若要求系统稳态误差值 $e_{ss} \leq 1$，试确定 τ、T、K 之间的关系，并说明调整 τ、T 的合理步骤。

解 由开环传递函数得其特征方程为

$$Ts^3 + s^2 + Ks + K\tau = 0$$

列劳斯表如下：

s^3	T	K
s^2	1	$K\tau$
s^1	$K - K\tau T$	
s^0	$K\tau$	

若系统稳定，则

$$\begin{cases} T > 0 \\ K - K\tau T > 0 \\ K > 0 \end{cases} \Rightarrow \begin{cases} K > 0 \\ \tau T < 1 \end{cases}$$

$$R(s) = \dfrac{1}{s^2} + \dfrac{1}{s^3}$$

误差传递函数为

$$\dfrac{E(s)}{R(s)} = \dfrac{1}{1+G(s)H(s)} = \dfrac{s^2(Ts+1)}{s^2(Ts+1) + K(s+\tau)}$$

由终值定理得

$$e_{ss} = \lim_{s \to 0} R(s) \cdot \frac{sE(s)}{R(s)} = \frac{s+1}{s^3} \cdot \frac{s(Ts^3+s^2)}{Ts^3+s^2+Ks+K\tau} \leqslant 1$$

即

$$e_{ss} = \lim_{s \to 0} \frac{(s+1)(Ts+1)}{Ts^3+s^2+Ks+K\tau} \leqslant 1 \Rightarrow \frac{1}{K\tau} \leqslant 1 \Rightarrow K\tau \geqslant 1$$

综上所述,τ、T、K 之间的关系为 $\tau T < 1$,$K\tau \geqslant 1$。

τ、T 的调整方法:由开环传递函数可见,影响稳态误差主要因素为参数 τ,故合理的调整主要是调整 τ,所以应先调 τ 后调 T。

3-41 设复合控制系统如图 3-20 所示,图中 $r(t) = 1(t) + 3t + \frac{1}{2}t^2$,$n(t) = 3t^2 + \sin 50t + \cos 100t$,试求系统在 $r(t)$ 和 $n(t)$ 同时作用下的稳态误差。

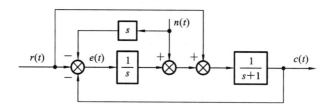

图 3-20 复合控制系统动态结构图

解 在图 3-20 中,令 $n(t) = 0$,通过结构图等效变换,可得闭环传递函数为

$$\Phi(s) = \frac{s+1}{s^2+s+1}$$

令 $G(s)$ 为等效单位反馈系统开环传递函数,有

$$G(s) = \frac{\Phi(s)}{1-\Phi(s)} = \frac{s+1}{s^2}$$

可见,系统为 II 型系统。

因为 $r(t) = 1(t) + 3t + \frac{1}{2}t^2$,故系统在输入作用下的稳态误差 $e_{ssr} = 1$。

在图 3-20 中,令 $r(t) = 0$,系统动态结构图可画成如图 3-21 所示的形式。

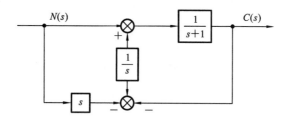

图 3-21 扰动作用下系统动态结构图

由图 3-21 可知,扰动对输出无影响,因此有 $e_{ssn} = 0$。实际上,本例满足扰动全补偿条件,系统可以完全消除任何形式的可量测扰动对输出的影响。

因而,系统在 $r(t)$ 和 $n(t)$ 同时作用下的稳态误差为
$$e_{ss}=|e_{ssr}|+|e_{ssn}|=1$$

3-42 已知单位反馈系统的开环传递函数如下:
$$G(s)=\frac{K}{s^3(0.5s+1)(0.8s+1)}$$

试求位置误差系数 K_p、速度误差系数 K_v 和加速度误差系数 K_a,并确定在输入为 $r(t)=2t+3t^2$ 时系统的稳态误差 e_{ss}。

解 根据静态误差系数的定义式可得
$$K_p=\lim_{s\to 0}G(s)H(s)=\lim_{s\to 0}\frac{K}{s^3(0.5s+1)(0.8s+1)}=\infty$$
$$K_v=\lim_{s\to 0}s\cdot G(s)H(s)=\lim_{s\to 0}s\cdot \frac{K}{s^3(0.5s+1)(0.8s+1)}=\infty$$
$$K_a=\lim_{s\to 0}s^2\cdot G(s)H(s)=\lim_{s\to 0}s^2\cdot \frac{K}{s^3(0.5s+1)(0.8s+1)}=\infty$$

由系统的开环函数知该系统为 Ⅰ 型系统,故在输入 $r(t)=2t+3t^2$ 时,系统的稳态误差为 $e_{ss}=0$。

3-43 设控制系统如图 3-22 所示,其中
$$G(s)=\frac{s+K}{s},\quad F(s)=\frac{1}{K_v s}$$

试求:(1) 在 $r(t)=3\cdot 1(t)$ 作用下系统的稳态误差;
(2) 在 $n_1(t)=1(t)+3t$ 作用下系统的稳态误差。

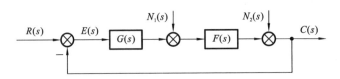

图 3-22 控制系统动态结构图

解 本题主要考查系统在输入及扰动作用下关于稳态误差的计算。先求出系统在不同作用下的误差函数,再根据终值定理来求系统的稳态误差。

(1) 在 $r(t)=3\cdot 1(t)$ 作用下系统的误差传递函数为
$$\Phi_e(s)=\frac{E(s)}{R(s)}=\frac{1}{1+G(s)F(s)}$$

则
$$E(s)=\Phi_e(s)R(s)=\frac{R(s)}{1+G(s)F(s)}$$

根据终值定理,系统的稳态误差为
$$e_{ss}=\lim_{s\to 0}sE(s)=\lim_{s\to 0}s\cdot\frac{R(s)}{1+G(s)F(s)}$$

由于 $R(s)=\dfrac{3}{s}$, $G(s)=1+\dfrac{K}{s}$, $F(s)=\dfrac{1}{K_v s}$, 故有

$$e_{ss}=\lim_{s\to 0}s\cdot\dfrac{1}{1+\left(1+\dfrac{K}{s}\right)\dfrac{1}{K_v}}\cdot\dfrac{3}{s}=\lim_{s\to 0}\dfrac{K_v s^2}{K_v s^2+s+K}=0$$

即在 $r(t)=3\cdot 1(t)$ 作用下系统的稳态误差为 0。

(2) 在 $n_1(t)=1(t)+3t$ 作用下系统的系统输出函数为

$$C_1(s)=\dfrac{F(s)}{1+G(s)F(s)}\cdot N_1(s)$$

故 $n_1(t)$ 引起的误差函数为

$$E_{n1}(s)=0-C_1(s)=-\dfrac{F(s)}{1+G(s)F(s)}\cdot N_1(s)$$

此时系统的稳态误差为

$$e_{ssn1}=\lim_{s\to 0}sE_{n1}(s)=\lim_{s\to 0}s\left[-\dfrac{F(s)}{1+G(s)F(s)}\cdot N_1(s)\right]$$

由于 $N_1(s)=\dfrac{1}{s}+\dfrac{3}{s^2}$, $G(s)=1+\dfrac{K}{s}$, $F(s)=\dfrac{1}{K_v s}$, 故得

$$e_{ssn1}=\lim_{s\to 0}-s\dfrac{s}{K_v s^2+s+K}\left(\dfrac{1}{s}+\dfrac{3}{s^2}\right)=\dfrac{3}{K}$$

即在 $n_1(t)=1(t)+3t$ 作用下系统的稳态误差为 $\dfrac{3}{K}$。

3-44 某系统动态结构图如图 3-23 所示。已知 $K_r=0$, $r(t)=1(t)$ 时，系统的超调量 $\sigma_p=16.3\%$；而当 $K_r=0$, $r(t)=t$ 时，系统的稳态误差 $e_{ss}=0.2$。试确定系统的结构参数 K 及 K_t。

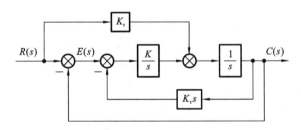

图 3-23 系统动态结构图

解 由图 3-23 得系统开环传递函数为

$$G(s)=\dfrac{K}{s(s+KK_t)}=\dfrac{\omega_n^2}{s(s+2\zeta\omega_n)}$$

该系统为 I 型系统，其静态速度误差系数为

$$K_v=\dfrac{K}{KK_t}=\dfrac{1}{K_t}$$

且

$$\omega_n=\sqrt{K},\quad 2\zeta\omega_n=KK_t$$

因为 $\sigma_p = e^{-\pi\zeta/\sqrt{1-\zeta^2}} \times 100\% = 16.3\%$，可求出

$$\zeta = \sqrt{\frac{(\ln\sigma)^2}{\pi^2 + (\ln\sigma)^2}} = 0.5$$

又因

$$e_{ss} = \frac{1}{K_v} = K_t = 0.2, \quad K = \frac{2\zeta\sqrt{K}}{K_t} = 5\sqrt{K}$$

而 $K \neq 0$，必有 $K = 25$。

3-45 设系统动态结构图如图 3-24 所示。(1) 当 $n(t) = 0$ 时，确定参数 K_1 和 K_2，使系统的单位阶跃响应超调量 $\sigma_p = 25\%$，峰值时间 $t_p = 2$；(2) 设计环节 $G_n(s)$，使系统输出不受扰动 $n(t)$ 的影响。

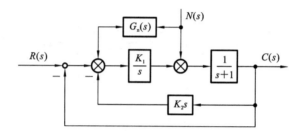

图 3-24 系统动态结构图

解 (1) 令 $N(s) = 0$，则系统开环传递函数为

$$G(s) = \frac{K_1}{s(s+1+K_1K_2)} = \frac{\omega_n^2}{s(s+2\zeta\omega_n)}$$

因此 $\omega_n^2 = K_1$，$2\zeta\omega_n = 1 + K_1K_2$。

因为

$$\sigma_p = e^{-\pi\zeta/\sqrt{1-\zeta^2}} \times 100\%, \quad t_p = \frac{\pi}{\omega_d}, \quad \omega_d = \omega_n\sqrt{1-\zeta^2}$$

故

$$\zeta = \sqrt{\frac{(\ln\sigma)^2}{\pi^2 + (\ln\sigma)^2}} = 0.4, \quad \omega_n = \frac{\pi}{t_p\sqrt{1-\zeta^2}} = 1.71$$

从而

$$K_1 = \omega_n^2 = 2.92, \quad K_2 = \frac{2\zeta\omega_n - 1}{K_1} = 0.13$$

(2) 将图 3-24 视为等价信号流图，则有

$$p_1 = \frac{1}{s+1}, \quad p_2 = \frac{K_1 G_n}{s(s+1)}$$

$$L_1 = -\frac{K_1}{s(s+1)}, \quad L_2 = -\frac{K_1 K_2 s}{s(s+1)}$$

$$\Delta = 1 - L_1 - L_2 = 1 + \frac{K_1}{s(s+1)} + \frac{K_1 K_2 s}{s(s+1)}, \quad \Delta_1 = \Delta_2 = 1$$

综上所述，系统在扰动作用下的闭环传递函数为

$$\frac{C(s)}{N(s)} = \frac{p_1\Delta_1 + p_2\Delta_2}{\Delta} = \frac{s + K_1 G_n}{s^2 + (1 + K_1 K_2)s + K_1}$$

若取 $G_n(s) = -\dfrac{s}{K_1}$，则满足系统不受扰动影响的要求。

3-46 设系统动态结构图如图 3-25 所示，误差定义为 $E(s) = R(s) - C(s)$。试确定参数 K_0 和 K_1，使以下条件同时满足：(1) 在 $r(t) = t$ 作用下稳态误差为 1；(2) 在 $n(t) = 1(t) + t$ 作用下，稳态误差的绝对值 0.045。

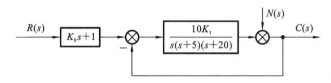

图 3-25 系统动态结构图

解 (1) 参数 K_1 和 K_0 的选择，首先应保证系统稳定。由图 3-25 可知，令 $N(s) = 0$，系统在 $R(s)$ 作用下的闭环传递函数为

$$\frac{C(s)}{R(s)} = \frac{10K_1(K_0 s + 1)}{s(s+5)(s+20) + 10K_1}$$

若令 $R(s) = 0$，则系统在 $N(s)$ 作用下的闭环传递函数为

$$\frac{C(s)}{N(s)} = \frac{s(s+5)(s+20)}{s(s+5)(s+20) + 10K_1}$$

因而，闭环特征方程为

$$s^3 + 25s^2 + 100s + 10K_1 = 0$$

其劳斯表如下：

$$
\begin{array}{ccc}
s^3 & 1 & 100 \\
s^2 & 25 & 10K_1 \\
s^1 & \dfrac{2500 - 10K_1}{25} & 0 \\
s^0 & 10K_1 &
\end{array}
$$

可见，使闭环系统稳定的 K_1 值为 $0 < K_1 < 250$，而 K_0 取值不影响系统稳定性。

(2) 当 $r(t) = t$ 时，$R(s) = \dfrac{1}{s^2}$，而

$$E_r(s) = R(s) - C(s) = \left[1 - \frac{10K_1(K_0 s + 1)}{s(s+5)(s+20) + 10K_1}\right]R(s)$$

$$= \frac{s[s^2 + 25s + (100 - 10K_1 K_0)]}{s^3 + 25s^2 + 100s + 10K_1} \cdot \frac{1}{s^2}$$

要求稳态误差

$$e_{ssr} = \lim_{s \to 0} s E_r(s) = \frac{100 - 10K_1 K_0}{10K_1} = 1$$

应满足 $K_1(1+K_0)=10$。

当 $n(t)=1(t)+t$ 时,$N(s)=\dfrac{1}{s}+\dfrac{1}{s^2}$,而

$$E_n(s)=R(s)-C(s)=-C(s)$$
$$=-\dfrac{s(s+5)(s+20)}{s(s+5)(s+20)+10K_1}\left(\dfrac{1}{s}+\dfrac{1}{s^2}\right)$$

要求稳态误差

$$e_{ssn}=\lim_{s\to 0}sE_n(s)=\left|-\dfrac{100}{10K_1}\right|=\dfrac{10}{K_1}<0.045$$

应满足 $K_1>222$。

综合稳定性及稳态误差要求,应取

$$222<K_1<250,\quad K_0=\dfrac{10}{K_1}-1$$

第4章

线性系统的根轨迹法

一、知识要点

（一）根轨迹方程

设控制系统一般情况下，分子阶次为 m，分母阶次为 n 的系统开环传递函数 $G(s)H(s)$ 可表示为

$$G(s)H(s) = \frac{K(\tau_1 s+1)(\tau_2 s+1)\cdots(\tau_m s+1)}{s^v(T_1 s+1)(T_2 s+1)\cdots(T_n s+1)} = \frac{K\prod_{j=1}^{m}(\tau_j s+1)}{s^v\prod_{i=1}^{n-v}(T_i s+1)}$$

式中：K 为**系统开环增益（开环放大倍数）**；τ_j 和 T_i 为时间常数，v 为积分环节个数。

若将系统开环传递函数写成零点、极点的形式，有

$$G(s)H(s) = K_g \frac{\prod_{j=1}^{m}(s-z_j)}{\prod_{i=1}^{n}(s-p_i)}$$

$$K = K_g \frac{\prod_{j=1}^{m}(-z_j)}{\prod_{i=1}^{n}(-p_i)}$$

式中：z_j 表示**开环零点**；p_i 表示**开环极点**；K_g 称为**开环根轨迹增益**，它与开环增益 K 之间仅相差一个比例常数。

系统的闭环传递函数为

$$\Phi_c(s) = \frac{C(s)}{R(s)} = \frac{G(s)}{1+G(s)H(s)}$$

令闭环传递函数的分母为零,得闭环系统特征方程 $1+G(s)H(s)=0$,也可写成 $G(s)H(s)=-1$。

显然,满足方程式 $G(s)H(s)=-1$ 的 s 值是**系统闭环极点**,即**系统闭环特征方程的根**,因此,称式 $G(s)H(s)=-1$ 为**根轨迹方程**,其实质就是系统的闭环特征方程。由于 s 是复数,系统开环传递函数 $G(s)H(s)$ 必然也是复数,所以式 $G(s)H(s)=-1$ 可改写为

$$|G(s)H(s)|e^{j\angle G(s)H(s)}=1e^{\pm j(2k+1)\pi},\quad k=0,1,2,\cdots$$

将上式分成两个方程,可以得到

$$|G(s)H(s)|=1$$

$$\angle[G(s)H(s)]=\pm(2k+1)\pi,\quad k=0,1,2,\cdots$$

上面两式分别称为**根轨迹的幅值条件**和**相角条件**,下式

$$G(s)H(s)=K_g\frac{\prod_{j=1}^{m}(s-z_j)}{\prod_{i=1}^{n}(s-p_i)}$$

可以写成如下形式:

$$K_g\frac{\prod_{j=1}^{m}(s-z_j)}{\prod_{i=1}^{n}(s-p_i)}=-1 \quad 或 \quad \frac{\prod_{j=1}^{m}(s-z_j)}{\prod_{i=1}^{n}(s-p_i)}=\frac{1}{K_g}$$

相应的幅值条件描述为 $\dfrac{|K_g|\times\prod_{j=1}^{m}|s-z_j|}{\prod_{i=1}^{n}|s-p_i|}=1$,相角条件为

$$\sum_{j=1}^{m}\angle(s-z_j)-\sum_{i=1}^{n}\angle(s-p_i)=\pm(2k+1)\pi\quad(k=0,1,2,\cdots;K_g:0\to+\infty)$$

通常把根轨迹增益 K_g 从 $0\to+\infty$ 变化时的根轨迹称为**常规根轨迹**,又称为 $180°$ **根轨迹**。

幅值条件和相角条件是根轨迹上的点应同时满足的两个条件,根据这两个条件,就可以完全确定 s 平面上的根轨迹及根轨迹上各点对应的 K_g 值。由于幅值条件与 K_g 有关,而相角条件与 K_g 无关,所以满足相角条件的任一点,代入幅值条件总可以求出一个相应的 K_g 值。也就是说,满足相角条件的点必须同时满足幅值条件。因此,相角条件是确定 s 平面上根轨迹的充要条件。绘制根轨迹时,只有当需要确定根轨迹上各点对应的 K_g 值时,才使用幅值条件。

(二) 常规根轨迹绘制规则

绘制根轨迹,需将开环传递函数化为用零点、极点表示的标准形式,即

$$G(s)H(s)=K_g\frac{\prod_{j=1}^{m}(s-z_j)}{\prod_{i=1}^{n}(s-p_i)}$$

根轨迹增益 K_g 从 $0 \to +\infty$ 变化时的常规根轨迹,是根轨迹绘制中最为常见的情况。绘制常规根轨迹的基本规则如下。

规则 1 确定根轨迹的起始点和终止点:当开环有限极点数 n 大于开环有限零点数 m 时,根轨迹起始于系统的 n 个开环极点,其中 m 条终止于系统开环零点,$n-m$ 条终止于无穷远处。

根轨迹的起始点是指 $K_g=0$ 时闭环极点在 s 平面上的分布位置,根轨迹的终止点则是指 $K_g \to +\infty$ 时闭环极点在 s 平面上的分布位置。

如果把有限数值的零点、极点分别称为有限零点和极点,而把无穷远处的零点、极点分别称为无限零点和极点,那么开环零点数和开环极点数是相等的,根轨迹必然起始于开环极点,终止于开环零点。

规则 2 确定根轨迹的分支数、对称性和连续性:根轨迹的分支数与开环有限零点数 m 和有限极点数 n 中的大者相等,并且根轨迹是连续的并且对称于实轴。

根轨迹是开环系统某一参数从零变到无穷时,闭环特征根在 s 平面上变化的轨迹,因此根轨迹的分支数必与闭环特征根的个数一致。而特征根的数目就等于闭环特征方程的阶数,即为开环有限零点数 m 和开环有限极点数 n 中的较大者。

规则 3 确定根轨迹的渐近线:当开环有限极点数 n 大于开环有限零点数 m 时,有 $n-m$ 条根轨迹分支沿着与实轴交角为 φ_a、交点为 σ_a 的一组渐近线趋向无穷远处,且有

$$\varphi_a = \frac{\pm(2k+1)\pi}{n-m}, \quad k=0,1,2,\cdots,n-m-1; \quad \sigma_a = \frac{\sum_{i=1}^{n} p_i - \sum_{j=1}^{m} z_j}{n-m}$$

规则 4 确定实轴上的根轨迹:判断实轴上的某一区域是否为根轨迹的一部分,就是要看其右边开环实数零点、极点个数之和是否为奇数,否则该区域不是根轨迹的一部分。

规则 5 确定根轨迹的分离点和会合点:两条或两条以上根轨迹分支在 s 平面上相遇又立即分开的点,称为**根轨迹的分离点**(或**会合点**),其坐标由下式决定:

$$\frac{\mathrm{d}K_g}{\mathrm{d}s} = 0$$

规则 6 确定根轨迹的出射角和入射角:起始于开环复数极点处的根轨迹的出射角 θ_{pk} 和终止于开环复数零点处的根轨迹的入射角 φ_{zl} 分别为

$$\theta_{pk} = \mp(2k+1)\pi - \sum_{j=1}^{m} \angle(p_k - z_j) + \sum_{\substack{i=1 \\ i \neq k}}^{n} \angle(p_k - p_i)$$

$$\varphi_{zl} = \pm(2k+1)\pi + \sum_{i=1}^{n} \angle(z_l - p_i) - \sum_{\substack{j=1 \\ j \neq k}}^{m} \angle(z_l - z_j)$$

式中:θ_{pk} 为复平面极点 p_k 出射角;φ_{zl} 为复平面零点 z_l 入射角。

根轨迹离开开环复数极点处的切线与实轴正方向的夹角,称为**根轨迹的出射角**(或称**起始角**);根轨迹进入开环复数零点处的切线与实轴正方向的夹角,称为**根轨迹的入射角**(或称**终止角**)。计算根轨迹的出射角和入射角的目的在于了解复数极点或零点附近根轨迹的变化趋向,便于绘制根轨迹。

规则 7 确定根轨迹与虚轴的交点:若根轨迹与虚轴相交,令闭环特征方程中的 $s=$

jω，然后分别使得其实部和虚部为零即可求得根轨迹与虚轴的交点，也可用劳斯判据来确定。

根轨迹与虚轴相交，意味着控制系统有位于虚轴上的闭环极点，即闭环特征方程含有共轭纯虚根，此时系统必处于临界稳定状态，所以有必要确定根轨迹与虚轴的交点。确定根轨迹与虚轴交点的方法有很多，如可用解析法，将 $s=\mathrm{j}\omega$ 代入特征方程中求得，也可利用劳斯判据求得，还可根据相角条件用图解法试探求得。

规则 8 闭环根轨迹走向规则：在 $n-m \geq 2$ 的情况下，系统的闭环特征方程可写为

$$\prod_{i=1}^{n}(s-p_i)+K_k\prod_{j=1}^{m}(s-z_j)$$

$$=s^n+(-\sum_{i=1}^{n}p_i)s^{n-1}+\cdots+\prod_{i=1}^{n}(-p_i)+K_g\left[s^m+(-\sum_{j=1}^{m}z_j)s^{m-1}+\cdots+\prod_{j=1}^{m}(-z_j)\right]$$

$$=s^n+(-\sum_{i=1}^{n}p_i)s^{n-1}+\cdots+\left[\prod_{i=1}^{n}(-p_i)+K_g\prod_{j=1}^{m}(-z_j)\right]$$

$$=0$$

式中：p_i 为开环极点；z_j 为开环零点。

若以 s_i 表示系统的闭环极点，则特征方程又可表示为

$$\prod_{i=1}^{n}(s-s_i)=s^n+(-\sum_{i=1}^{n}s_i)s^{n-1}+\cdots+\prod_{i=1}^{n}(-s_i)=0$$

显然，此时特征方程第二项（s^{n-1} 项）的系数与 K_g 无关，无论 K_g 取何值，开环 n 个极点之和总是等于闭环 n 个极点之和，即

$$\sum_{i=1}^{n}s_i=\sum_{i=1}^{n}p_i$$

（三）基于根轨迹的性能分析

1. 基于根轨迹的系统稳定性分析

控制系统闭环稳定的充要条件是系统闭环极点均在 s 平面的左半平面，而根轨迹描述的是系统闭环极点随参数在 s 平面变化的情况。因此，只要控制系统的根轨迹位于 s 平面的左半平面，控制系统就是稳定的，否则就是不稳定的。当系统的参数变化引起系统的根轨迹从左半平面变化到右半平面时，系统从稳定变为不稳定，根轨迹与虚轴交点处的参数值就是系统稳定的临界值。因此，根据根轨迹与虚轴的交点可以确定保证系统稳定的参数取值范围。根轨迹与虚轴之间的相对位置，反映了系统稳定程度，根轨迹越是远离虚轴，系统的稳定程度越好，反之则越差。

2. 基于根轨迹的系统稳态性能分析

对于典型输入信号，系统的稳态误差与开环放大倍数 K 和系统的型别 v 有关。在根轨迹图上，位于原点处的根轨迹起点数就对应于系统的型别 v，而根轨迹增益 K_g 与开环增益 K 仅仅相差一个比例常数，即

$$K=K_g\frac{\prod_{j=1}^{m}(-z_j)}{\prod_{i=1}^{n}(-p_i)}$$

根轨迹上任意点的 K_g 值,可由根轨迹方程的幅值条件在根轨迹上图解求取。

根轨迹的幅值条件为 $K_g \dfrac{\prod\limits_{j=1}^{m}(-z_j)}{\prod\limits_{i=1}^{n}(-p_i)} = 1$,由此可得

$$K_g \frac{\prod\limits_{i=1}^{n}|s-p_i|}{\prod\limits_{j=1}^{m}|s-z_j|} = \frac{|s-p_1||s-p_2|\cdots|s-p_n|}{|s-z_1||s-z_2|\cdots|s-z_m|}$$

因为 $p_i(i=1,2,\cdots,n), z_j(j=1,2,\cdots,m)$ 已知,而 s 为根轨迹上的考察点,所以利用上式在根轨迹上用图解法可求出任意点的 K_g 值。根轨迹上的每一组闭环极点都唯一地对应着一个 K_g 值(或 K 值),知道了开环增益 K 和系统型别 v,就可以求得系统稳态误差。

3. 基于根轨迹的系统动态性能分析

系统单位阶跃响应由系统闭环零点、极点决定。控制系统的总体要求是,系统输出尽可能跟踪给定输入,系统响应具有平稳性和快速性,这样在设计系统时就要考虑到系统闭环零点、极点在 s 平面的位置来满足下列要求。

(1) 要求系统快速性好,应使阶跃响应中的每个分量 $e^{p_i t}$、$e^{-\zeta \omega_k t}$ 衰减快,就是闭环极点应远离虚轴。

(2) 要求系统平稳性好,就是要求复数极点应在 s 平面中与负实轴成 $\pm 45°$ 夹角线附近。由二阶系统动态响应分析可知,共轭复数极点位于 $\pm 45°$ 夹角线时,对应的阻尼比 $\zeta = 0.707$ 为最佳阻尼比,这时系统的平稳性和快速性都较理想,超过 $\pm 45°$ 夹角线,阻尼比减小,振荡加剧。

(3) 要求系统尽快结束动态过程,闭环极点离虚轴的远近决定过渡过程衰减的快慢,极点之间的距离要大,零点应靠近极点。工程应用上,往往只用主导极点估算系统的动态性能,把系统近似看成一阶或者二阶系统。

二、典型例题

4-1 系统的开环传递函数

$$G(s)H(s) = \frac{K^*}{(s+2)(s+3)(s+5)}$$

试证明点 $s_1 = -2 + j\sqrt{3}$ 在根轨迹上,并求出相应的 K^* 和系统开环增益 K。

证明 根据系统的开环传递函数可知,系统的开环极点为 $p_1 = -2, p_2 = -3, p_3 = -5$。由闭环根轨迹的相角条件

$$-\theta_{sp_1} - \theta_{sp_2} - \theta_{sp_3} = (2k+1)\pi$$

可得当 $s_1 = -2 + j\sqrt{3}$ 时,

$$-\theta_{sp_1} - \theta_{sp_2} - \theta_{sp_3} = -90° - \arctan\frac{\sqrt{3}}{1} - \arctan\frac{\sqrt{3}}{3}$$
$$= -90° - 60° - 30° = -180°$$

故点 $s_1 = -2 + j\sqrt{3}$ 在根轨迹上。

由闭环根轨迹的幅值条件可知,此时

$$K^* = |s_1 - p_1| \cdot |s_1 - p_2| \cdot |s_1 - p_3| = 12$$

即相应的根轨迹增益 $K^* = 12$ 和系统开环增益 $K = K^*/30 = 0.4$。

4-2 已知单位负反馈系统的开环传递函数,试证明 K^* 从零变化到无穷大时,根轨迹的复数部分为圆弧,并求出圆心及半径。

(1) $G(s) = \dfrac{K^*(s+1)}{s^2+s+1}$;   (2) $G(s) = \dfrac{K(\frac{1}{4}s+1)}{(s+1)(s+2)}$;

(3) $G(s) = \dfrac{K^*(s+2)}{s(s+1)}$;   (4) $G(s) = \dfrac{K(s^2+6s+4)}{s^2+2s+4}$。

解 (1) 由系统的开环传递函数可知,该系统的闭环特征方程为

$$D(s) = s^2 + s + 1 + K^*(s+1) = s^2 + (1+K^*)s + (1+K^*) = 0$$

解得

$$s_{1,2} = -\frac{1}{2}(1+K^*) \pm \frac{j}{2}\sqrt{4(1+K^*) - (1+K^*)^2}$$

令

$$x = -\frac{1}{2}(1+K^*), \quad y = \frac{1}{2}\sqrt{4(1+K^*) - (1+K^*)^2}$$

则由 $x = -\dfrac{1}{2}(1+K^*)$ 可得 $K^* = -1 - 2x$,将其代入 y 的表达式有

$$(x+1)^2 + y^2 = 1$$

得复数根轨迹部分是以 $(-1, j0)$ 为圆心,以 1 为半径的一个圆。

(2) 由系统的开环传递函数可知,该系统的闭环特征方程为

$$D(s) = (s+1)(s+2) + K(0.25s+1)$$

$$= s^2 + (3+0.25K)s + (2+K) = 0$$

解得

$$s_{1,2} = -\frac{1}{2}(3+0.25K) \pm \frac{j}{2}\sqrt{4(2+K)-(3+0.25K)^2}$$

令

$$x = -\frac{1}{2}(3+0.25K), \quad y = \frac{1}{2}\sqrt{4(2+K)-(3+0.25K)^2}$$

则由 $x = -\frac{1}{2}(3+0.25K)$ 得 $K = -(8x+12)$，将其代入 y 的表达式，有

$$(x+4)^2 + y^2 = 6$$

证得复数根轨迹部分是以 $(-4, j0)$ 为圆心，以 $\sqrt{6}$ 为半径的一个圆。

(3) 根据相角方程，得

$$(s+2) - s - (s+1) = (2k+1)\pi$$

令 $s = \sigma + j\omega$，代入上述方程，得

$$(\sigma+2+j\omega) - (\sigma+1+j\omega) = (2k+1)\pi + \angle(\sigma+j\omega)$$

利用三角函数的加法公式

$$\tan(\alpha \pm \beta) = \frac{\tan\alpha \pm \tan\beta}{1 \mp \tan\alpha \cdot \tan\beta}$$

有

$$\frac{\dfrac{\omega}{\sigma+2} - \dfrac{\omega}{\sigma+1}}{1 + \dfrac{\omega^2}{(\sigma+2)(\sigma+1)}} = \frac{\omega}{\sigma}$$

化简上式得

$$(\sigma+2)^2 + \omega^2 = 2$$

由上式可以看出，复数根轨迹部分是以 $(-2, j0)$ 为圆心，以 $\sqrt{2}$ 为半径的圆。

(4) 由系统的开环传递函数可知，该系统的闭环特征方程为

$$D(s) = s^2 + 2s + 4 + K(s^2 + 6s + 4) = (1+K)s^2 + (2+6K)s + (4+4K) = 0$$

解得

$$s_{1,2} = -\frac{2+6K}{2(1+K)} \pm j\frac{\sqrt{4(1+K)(4+4K)-(2+6K)^2}}{2(1+K)}$$

令

$$x = -\frac{2+6K}{2(1+K)}, \quad y = \frac{\sqrt{4(1+K)(4+4K)-(2+6K)^2}}{2(1+K)}$$

有 $x^2 + y^2 = 4$。

由于

$$\lim_{K\to\infty} x = \lim_{K\to\infty}\left[-\frac{2+6K}{2(1+K)}\right] = -3$$

故该系统的闭环根轨迹是以原点为圆心，以 2 为半径的圆弧。

4-3 设反馈系统开环传递函数为 $G(s)H(s)=\dfrac{K^*}{s^3(s+4)}$，试确定分离点坐标。

解 根据系统的开环传递函数，可知根轨迹的分离点坐标满足
$$\frac{3}{d}+\frac{1}{d+4}=0$$
解得 $d=-3$，故分离点的坐标为 $d=-3$。

4-4 已知反馈系统开环传递函数如下，试计算起始角和终止角。

(1) $G(s)H(s)=\dfrac{K^*(s+2)}{(s+1+\mathrm{j}2)(s+1-\mathrm{j}2)}$；

(2) $G(s)H(s)=\dfrac{K^*(s^2+2s+2)}{(s+5)(s^2+s+4)}$。

解 (1) 系统的开环传递函数为
$$G(s)H(s)=\frac{K^*(s+2)}{(s+1+\mathrm{j}2)(s+1-\mathrm{j}2)}$$
则开环实极点为 $p_1=-1-\mathrm{j}2, p_2=-1+\mathrm{j}2$，开环实零点为 $z_1=-2$。

根轨迹的起始角
$$\theta_{p_1}=180°+\varphi_{z_1 p_1}-\theta_{p_2 p_1}=180°+\arctan 2-90°=153.43°$$
$$\theta_{p_2}=-153.43°$$

(2) 系统的开环传递函数为
$$G(s)H(s)=\frac{K^*(s^2+2s+2)}{(s+5)(s^2+s+4)}$$
则开环实极点为
$$p_1=-5,\quad p_2=-0.5+\mathrm{j}1.94,\quad p_3=-0.5-\mathrm{j}1.94$$
开环实零点为 $z_1=-1+\mathrm{j}, z_2=-1-\mathrm{j}$。

根轨迹的起始角
$$\begin{aligned}\theta_{p_2}&=-180°+\varphi_{z_1 p_2}+\varphi_{z_2 p_2}-\theta_{p_1 p_2}-\theta_{p_3 p_2}\\&=-180°+\arctan\frac{0.94}{0.5}+\arctan\frac{2.94}{0.5}-\arctan\frac{1.94}{4.5}-90°\\&=-150.98°\end{aligned}$$
$$\theta_{p_3}=150.98°$$

根轨迹的终止角
$$\begin{aligned}\varphi_{z_1}&=180°+\theta_{p_1 z_1}+\theta_{p_2 z_1}+\theta_{p_3 z_1}-\varphi_{z_2 z_1}\\&=180°+\arctan\frac{1}{4}+\left(-90°-\arctan\frac{0.5}{0.94}\right)+\left(90°+\arctan\frac{0.5}{2.94}\right)-90°\\&=85.68°\end{aligned}$$
$$\varphi_{z_2}=-85.68°$$

4-5 负反馈系统的开环传递函数为
$$G(s)H(s)=\frac{k}{s(s+1)(s+2)}$$

绘制闭环系统的根轨迹,并求出特征数据。

解 根轨迹有 3 个分支,分别起始于 0、-1、-2,终止于无穷远。

$$\sigma_a = \frac{\sum_{j=1}^{n} p_j - \sum_{i=1}^{m} z_i}{|n-m|} \Rightarrow \sigma_a = -1$$

$$\varphi_a = \frac{\pm(2k+1)\pi}{n-m} \Rightarrow \varphi_a = \pm 60°, 180°$$

$$\frac{\mathrm{d}(s^3+3s^2+2s)}{\mathrm{d}s} = 0 \Rightarrow s_1 = -0.422, \quad s_2 = -1.578$$

$s_1 = -0.422$ 是分离点,与虚轴交点是 $\pm\sqrt{2}\mathrm{j}$。根轨迹如图 4-1 所示。

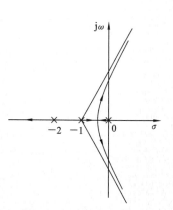

图 4-1 根轨迹图

4-6 已知开环零点、极点分布如图 4-2 所示,请大致画出相应的闭环根轨迹图。

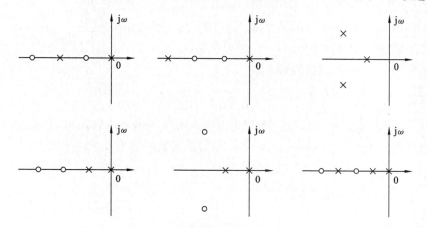

图 4-2 开环零点、极点分布图

解 根据如图 4-2 所示给出的零点、极点分布图,可以大致绘制根轨迹,如图 4-3 所示。

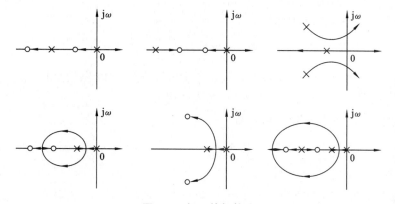

图 4-3 闭环的根轨迹

4-7 设单位负反馈系统的开环传递函数如下,请大致绘制出相应的根轨迹图(要求确定分离点 d 坐标)。

(1) $G(s) = \dfrac{K}{s(0.2s+1)(0.5s+1)}$;

(2) $G(s) = \dfrac{K(s+1)}{s(2s+1)}$;

(3) $G(s) = \dfrac{K^*(s+5)}{s(s+2)(s+3)}$;

(4) $G(s) = \dfrac{K^*(s+1)^3}{(s+2)^3}$;

(5) $G(s) = \dfrac{K^*(s+2)}{(s+1+j2)(s+1-j2)}$;

(6) $G(s) = \dfrac{K^*(s+20)}{(s+10+j10)(s+10-j10)}$;

(7) $G(s) = \dfrac{K^*(s+3)}{s(s+2)(s^2+10s+50)}$;

(8) $G(s) = \dfrac{1.6K(s+10)}{s(s+1)(s+4)^2}$;

(9) $G(s)H(s) = \dfrac{K(s^2+4)}{(s^2-1)(s^2-9)}$。

解 (1) 开环传递函数可写成
$$G(s) = \dfrac{K^*}{s(s+5)(s+2)}$$

其中,$K^* = 10K$,开环极点为 0,-5 和 -2。按下述步骤绘制根轨迹:

实轴上区间 [-2, 0] 和 (-∞, -5] 为根轨迹段。

确定实轴上的分离点坐标,解方程
$$\dfrac{1}{d} + \dfrac{1}{d+5} + \dfrac{1}{d+2} = 0$$

得到 $d_1 = -0.88$ 和 $d_2 = -3.79$。由于 d_2 不在实轴上根轨迹的区间内,故将 d_2 舍去。

根轨迹的渐近线与实轴的交点坐标 σ_a 和与正实轴的夹角 φ_a 分别为

$$\sigma_a = \dfrac{-2-5}{3} = -2.33, \quad \varphi_a = \dfrac{(2k+1)\pi}{3} = \begin{cases} \pi/3, & k=0 \\ \pi, & k=1 \\ 5\pi/3, & k=2 \end{cases}$$

下面求根轨迹与虚轴的交点。闭环特征方程为
$$s^3 + 7s^2 + 10s + K^* = 0$$

令 $s = j\omega$,代入上述方程,得 $\omega = \sqrt{10} = 3.16$ 和 $K^* = 70$。根轨迹与虚轴的交点坐标为 $\pm j3.16$。系统的根轨迹如图 4-4 所示。

(2) 开环传递函数可写成
$$G(s) = \dfrac{K^*(s+1)}{s(s+0.5)}$$

其中,$K^* = K/2$,开环极点为 0 和 -0.5,零点为 -1。按下述步骤绘制根轨迹:

实轴上区间 [-0.5, 0] 和 (-∞, -1] 为根轨迹段。

确定实轴上的分离点坐标,解方程
$$\dfrac{1}{d} + \dfrac{1}{d+0.5} = \dfrac{1}{d+1}$$

得到 $d_1 = -0.29$ 和 $d_2 = -1.707$。

根轨迹的渐近线与实轴的交点坐标 σ_a 和与正实轴的夹角 φ_a 分别为

$$\sigma_a = \dfrac{-0.5+1}{1} = 0.5, \quad \varphi_a = \dfrac{(2k+1)\pi}{1} = \pi \quad (k=0)$$

系统的根轨迹如图 4-5 所示。

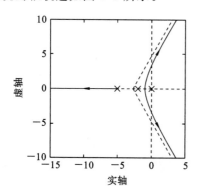

图 4-4 系统的根轨迹　　　图 4-5 系统的根轨迹

(3) 系统的开环极点为 0，-2 和 -3，零点为 -5，按下述步骤绘制根轨迹：
实轴上区间 $[-2,0]$ 和 $[-5,-3]$ 为根轨迹段。
确定实轴上的分离点坐标，解方程

$$\frac{1}{d}+\frac{1}{d+2}+\frac{1}{d+3}=\frac{1}{d+5}$$

得分离点为 $d_1=-0.886$。

根轨迹的渐近线与实轴的交点坐标 σ_a 和与正实轴的夹角 φ_a 分别为

$$\sigma_a=\frac{-2-3+5}{2}=0, \quad \varphi_a=\frac{(2k+1)\pi}{2}=\begin{cases}\dfrac{\pi}{2}, & k=0\\ -\dfrac{\pi}{2}, & k=-1\end{cases}$$

系统的根轨迹如图 4-6 所示。

(4) 系统的开环传递函数 $G(s)=\dfrac{K^*(s+1)^3}{(s+2)^3}$。

实轴上的根轨迹段为 $[-2,-1]$，系统的根轨迹如图 4-7 所示。

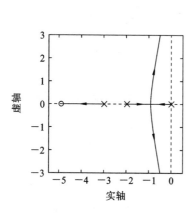 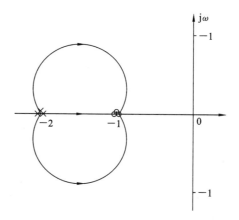

图 4-6 系统的根轨迹　　　图 4-7 系统的根轨迹

(5) 开环零点为 $z_1=-2$，开环极点为 $p_1=-1+j2$ 和 $p_2=-1-j2$。按下述步骤绘

制根轨迹：

实轴上的区间$(-\infty,-2]$为根轨迹段。

起始角
$$\theta_{p_1}=180°+\angle(p_1-z_1)-\angle(p_1-p_2)=180°+\arctan 2-90°=153.4°$$
$$\theta_{p_2}=-153.4°$$

确定实轴上的分离点坐标，解方程
$$\frac{1}{d+1-j2}+\frac{1}{d+1+j2}=\frac{1}{d+2}$$

得到$d_1=-4.24$和$d_2=0.24$。由于d_2不在实轴上的根轨迹段内，所以将其舍去。

系统的根轨迹如图4-8所示。

(6) 开环零点为$z_1=-20$，开环极点为$p_1=-10+j10$和$p_2=-10-j10$。按下述步骤绘制根轨迹：

实轴上区间$(-\infty,-20]$为根轨迹段。

起始角
$$\theta_{p_1}=180°+\angle(p_1-z_1)-\angle(p_1-p_2)=180°+45°-90°=135°$$
$$\theta_{p_2}=-135°$$

确定实轴上的分离点坐标，解方程
$$\frac{1}{d+10-j10}+\frac{1}{d+10+j10}=\frac{1}{d+20}$$

得到$d_1=-34.14$和$d_2=-5.86$。由于d_2不在实轴上的根轨迹段内，所以将其舍去。

系统的根轨迹如图4-9所示。

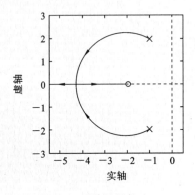

图 4-8　系统的根轨迹

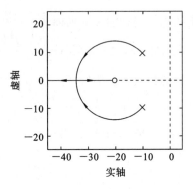

图 4-9　系统的根轨迹

(7) 系统的开环零点为$z_1=-3$，极点为$p_1=0$，$p_2=-2$，$p_{3,4}=-5\pm j5$。

实轴上区间$(-\infty,-3]$和$[-2,0]$为根轨迹段，分离点由以下方程确定
$$\frac{1}{d}+\frac{1}{d+2}+\frac{1}{d+5-j5}+\frac{1}{d+5+j5}=\frac{1}{d+3}$$

利用试探法求出分离点坐标为$d_1=-1.17$，$d_2=-4.85$。复数极点的起始角为
$$\theta_{p_3}=(2k+1)\pi+\angle(p_3-z_1)-\angle(p_3-p_1)-\angle(p_3-p_2)-\angle(p_3-p_4)$$
$$=180°+111.8°-135°-120.96°-90°=-54.16°$$

根轨迹与虚轴交点为±6.43j,渐近线的坐标与夹角分别为

$$\sigma_a = \frac{-5-5j-5+5j-2+3}{3} = -3$$

$$\varphi_a = \frac{(2k+1)\pi}{3}, \quad k=0, \pm 1$$

系统的根轨迹如图 4-10 所示。

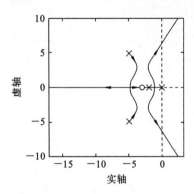

图 4-10 系统的根轨迹

(8) 开环零点 $z_1 = -10$,极点 $p_1=0, p_2=-1, p_3=p_4=-4$。

实轴上区间 $(-\infty, -10]$ 和 $[-1, 0]$ 是根轨迹段。

确定实轴上的分离点坐标,利用试探法解方程

$$\frac{1}{d} + \frac{1}{d+1} + \frac{2}{d+4} = \frac{1}{d+10}$$

得到 $d_1 = -0.44, d_2 = -13.0$。

渐近线的坐标与夹角分别为

$$\sigma_a = \frac{-1-4-4-(-10)}{4-1} = \frac{1}{3}, \quad \varphi_a = \frac{(2k+1)\pi}{3} = \begin{cases} \pi/3, & k=0 \\ \pi, & k=1 \\ 5\pi/3, & k=2 \end{cases}$$

闭环特征方程为

$$s^4 + 9s^3 + 24s^2 + (16+1.6K)s + 16K = 0$$

令 $s=j\omega$,并代入上述特征方程,得

$$\begin{cases} \omega=0, \\ K=0, \end{cases} \quad \begin{cases} \omega=\pm 1.53 \\ K=3.16 \end{cases}$$

系统的根轨迹如图 4-11 所示。

(9) $G(s)H(s) = \dfrac{K(s+j2)(s-j2)}{(s-1)(s+1)(s-3)(s+3)}$

开环极点为 $-p_{1,2} = \pm 1$,$-p_{3,4} = \pm 3$,零点为 $-z_{1,2} = \pm j2$。

零极点数:$n=4, m=2$,有两条渐近线。

实轴上区间 $(-3, -1)$ 和 $[1, 3]$ 为根轨迹段。

渐近线的坐标与夹角分别为

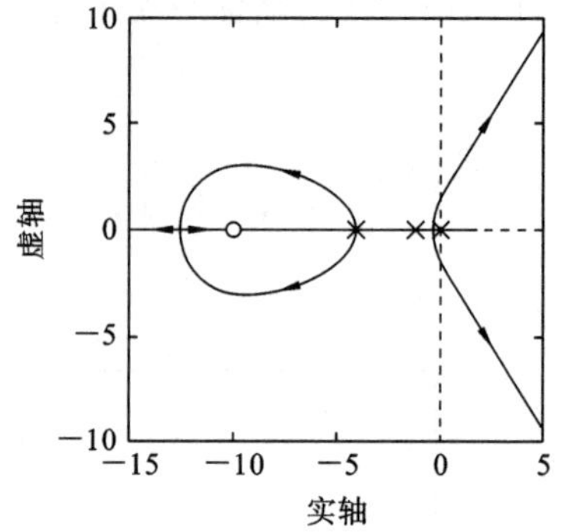

图 4-11 系统的根轨迹

$$-\sigma_a = \frac{-1+1-3+3}{4-2} = 0, \quad \varphi_a = \frac{(2k+1)\pi}{4-2} = \pm 90° \ (k=0,-1)$$

分离点：由

$$\frac{1}{d-1} + \frac{1}{d+1} + \frac{1}{d+3} + \frac{1}{d-3} = \frac{1}{d-2j} + \frac{1}{d+2j}$$

整理得 $d^4 + 8d^2 - 49 = 0$，解得 $d_{1,2} = \pm 2.015$，$d_{3,4} = \pm j3.473$。

对应的 K 值：$K_{1,2} = 1.88$，$K_{3,4} = 34.1$。

入射角（$-z_1$ 的入射角）：

$$\angle(s+z_1) = 180° - \angle(-z_1+z_2) + \angle(-z_1+p_1)$$
$$+ \angle(-z_1+p_2) + \angle(-z_1+p_3)$$
$$+ \angle(-z_1+p_4)$$
$$= 180° - 90° + \arctan\frac{2}{1} + \left(180° - \arctan\frac{2}{1}\right) + \arctan\frac{2}{3} + \left(180° - \arctan\frac{2}{3}\right)$$
$$= 360° + 90°（可选 90°）= -\angle(s+z_2)$$

讨论：本题中开环零极点均为偶数，所以根轨迹关于虚轴对称。由此，可以绘制出根轨迹图，如图 4-12 所示。

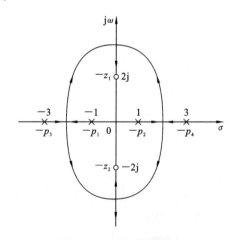

图 4-12 系统的根轨迹

4-8 设单位负反馈控制系统开环传递函数为

$$G(s) = \frac{K^*(s+K)}{s^2(s+10)(s+20)}$$

确定产生纯虚根为 $\pm j1$ 的 K 值和 K^* 值。

解 闭环特征方程为

$$s^4 + 30s^3 + 200s^2 + K^*s + K^*K = 0$$

令 $s = j\omega$，并代入上述方程，得

$$\omega^4 - 200\omega^2 + K^*K = 0$$
$$-30\omega^3 + K^*\omega = 0$$

再令 $\omega = \pm 1$，可以求出 $K^* = 30$ 和 $K = \dfrac{200-1}{30} = 6.63$。系统的根轨迹如图 4-13 所示。

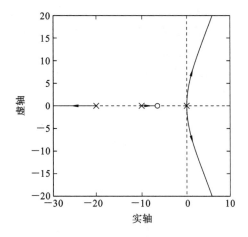

图 4-13 根轨迹

4-9 设系统的闭环特征方程为 $D(s) = 3s^2(s+a) + K(s+1) = 0 (0 < K < \infty)$，试确定根轨迹有两个分离点情况下 a 的范围，并作出其根轨迹图。

解 系统的等效开环传递函数为

$$G(s)H(s) = \frac{K^*(s+1)}{s^2(s+a)}, \quad K^* = \frac{K}{3}$$

等效开环极点为 $p_1 = p_2 = 0, p_3 = -a$，等效开环零点为 $z = -1$。

根轨迹分离点 d 满足方程

$$\frac{2}{d} + \frac{1}{d+a} = \frac{1}{d+1}$$

整理得 $2d^2 + (a+3)d + 2a = 0$，上述方程的解为

$$d_{1,2} = \frac{-(3+a) \pm \sqrt{(a-1)(a-9)}}{4}$$

由上述表达式可知，当 $a > 9$ 时，有两个分离点，例如 $a = 10$ 时的根轨迹如图 4-14 所示。

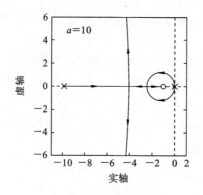

图 4-14 根轨迹

4-10 设负反馈控制系统中 $G(s)=\dfrac{K^*}{s^2(0.5s+1)(0.2s+1)}$，$H(s)=1$。要求：

(1) 粗略绘制系统根轨迹图($0<K^*<\infty$)，并判定闭环系统的稳定性。

(2) 如果改变反馈通道的传递函数，使 $H(s)=0.1+0.2s$，绘制系统的根轨迹图，并讨论 $H(s)$ 的变化对系统稳定性的影响。

解 (1) 系统的根轨迹如图 4-15(a)所示，从根轨迹图可以确定，对于 $K^*>0$，系统是不稳定的。

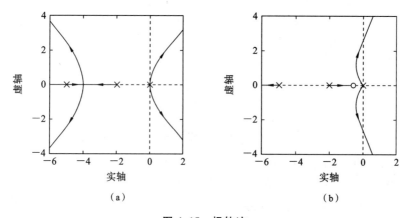

图 4-15 根轨迹

(2) 系统的根轨迹如图 4-15(b)所示，系统的特征方程为
$$s^4+7s^3+10s^2+2K^*s+K^*=0$$
令上述方程中 $s=j\omega$，得
$$\begin{cases}\omega=0,\\K^*=0;\end{cases}\begin{cases}\omega=\pm2.55\\K^*=22.75\end{cases}$$
由此可知，当 $0<K^*<22.75$ 时，系统是稳定的。与(1)对比可知，$H(s)$ 的变化使系统增加了 1 个零点，系统的稳定性有所改善。

4-11 设负反馈控制系统的开环传递函数为
$$G(s)=\dfrac{K^*(s+2)}{s(s+1)(s+3)}$$

绘制 K^* 从 $0\rightarrow\infty$ 的闭环根轨迹图,并求出使系统稳定的 K^* 的值。

解 系统的开环零点是 $z_1=-2$,开环极点是 $p_1=0,p_2=-1,p_3=-3$。实轴上区间 $[-3,-2]$ 和 $[-1,0]$ 是根轨迹段,根轨迹的分离点由下式确定:

$$\frac{1}{d}+\frac{1}{d+1}+\frac{1}{d+3}=\frac{1}{d+2}$$

利用试探法可以确定分离点 $d=-0.53$。根轨迹如图 4-16 所示,由图可知系统的稳定时 $K^*>0$。

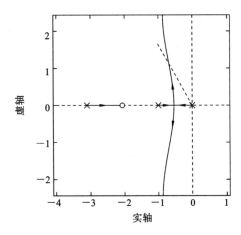

图 4-16 根轨迹

4-12 已知单位负反馈控制系统的开环传递函数为

$$G(s)=\frac{s+K}{40s^2(0.1s+0.1)}$$

作以 K 为参量的根轨迹 $(0<K<\infty)$。

解 系统的闭环特征方程为

$$4s^2(s+1)+(s+K)=0$$

构造等效开环传递函数

$$G'(s)=\frac{K}{4s(s^2+s+0.25)}$$

其开环极点为 $p_1=0,p_{2,3}=-0.5$。实轴上区间 $(-\infty,-0.5]$ 和 $(-0.5,0]$ 为根轨迹段,分离点 d 由下述方程确定

$$\frac{1}{d}+\frac{2}{d+0.5}=0$$

即 $d=-0.167$。令 $s=j\omega$,并代入上述特征方程,可得

$$\begin{cases}\omega=0,\\K=0,\end{cases}\begin{cases}\omega=\pm 0.5\\K=1\end{cases}$$

根轨迹与虚轴的交点为 $s=\pm j0.5$。根轨迹如图 4-17 所示。

4-13 已知单位负反馈控制系统的开环传递函数为

$$G(s)=\frac{26}{s(s+10)(Ts+1)}$$

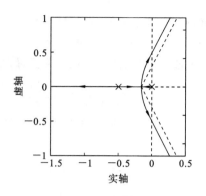

图 4-17 根轨迹

试绘制时间常数 T 从零变到无穷时的闭环根轨迹。

解 系统的闭环特征方程为 $Ts^3+10Ts^2+s^2+10s+26=0$,等效开环传递函数为

$$G'(s)=\frac{Ts^2(s+10)}{s^2+10s+26}$$

开环零点为 $z_1=z_2=0,z_3=-10$,开环极点为 $p_1=-5+\mathrm{j},p_2=-5-\mathrm{j}$。

根轨迹的起始角:

$$\theta_{p_1}=(2k+1)\times180°+\angle(p_1-z_1)+\angle(p_1-z_2)+\angle(p_1-z_3)-\angle(p_1-p_2)$$
$$=(2k+1)\times180°+168.7°+168.7°+11.3°-90°$$
$$=(2k+1)\times180°+258.7° \ (取 \ k=-1)$$
$$=78.7°$$

$\theta_{p_2}=-78.7°$

根轨迹的终止角:

$$\varphi_{z_1}=\frac{1}{2}[(2k+1)\times180°+\angle(z_1-p_1)+\angle(z_1-p_2)-\angle(z_1-z_3)]$$
$$=\frac{1}{2}(2k+1)\times180°(取\ k=0)$$
$$=90°$$

$\varphi_{z_2}=-90°$

系统的根轨迹如图 4-18 所示。

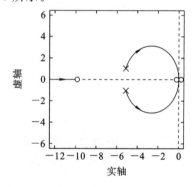

图 4-18 根轨迹

4-14 已知系统的动态结构图如图 4-19 所示,请完成

(1) 绘制系统的根轨迹图;

(2) 求出使系统稳定的 k 值取值范围。

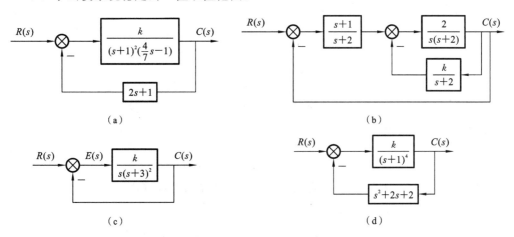

图 4-19 系统的动态结构图

解 (1) 系统的开环传递函数为

$$G(s)H(s)=\frac{k(2s+1)}{(s+1)^2(4s/7-1)}$$

将上式标准化得

$$G(s)H(s)=\frac{K(s+0.5)}{(s+1)^2(s-1.75)} \quad (\text{式中 } K=3.5k)$$

绘制根轨迹:

开环极点为 $-p_{1,2}=-1$, $-p_3=1.75$;开环零点为 $-z_1=-0.5$。零极点数 $n=3, m=1$。

实轴上的根轨迹区间为 $[-0.5, 1.75]$。

渐近线:

$$-\sigma_a=\frac{-1-1+1.75-(-0.5)}{3-1}=0.125$$

$$\varphi_a=\pm\frac{(2l+1)\pi}{3-1}=\pm\frac{\pi}{2} \quad (l=0)$$

与虚轴的交点:

系统的特征方程为

$$(s+1)^2(s-1.75)+K(s+0.5)=0$$
$$\Rightarrow s^3+0.25s^2+(K-2.5)s+(0.5K-1.75)=0$$

令 $s=j\omega$,得

$$\begin{cases} -\omega^3+(K-2.5)\omega=0 \\ -0.25\omega^2+(0.5K-1.75)=0 \end{cases}$$

$$\Rightarrow \begin{cases} \omega_1=0, \\ K_1=3.5, \end{cases} \begin{cases} \omega_{2,3}=\pm\sqrt{K-2.5}=\pm\sqrt{2} \\ K_2=4.5 \end{cases}$$

绘制根轨迹图,如图 4-20 所示。

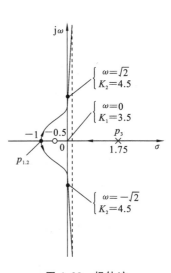

图 4-20 根轨迹

根据图 4-20 分析系统稳定的 K 值范围为 $3.5<K<4.5$,对应的 k 值范围为 $1<k<1.286$ $\left(k=\dfrac{K}{3.5}\right)$。

(2) 系统化简后的框图如图 4-21 所示。

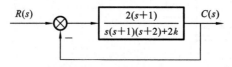

图 4-21 系统化简图

此时开环传递函数为
$$G_0(s)=\frac{2(s+1)}{s(s+1)(s+2)+2k}$$

非根轨迹方程的标准形式,故要求出等效开环传递函数 $G_0^*(s)$。

特征方程为 $1+G_0(s)=0$,即
$$1+\frac{2(s+1)}{s(s+1)(s+2)+2k}=0 \Rightarrow s(s+1)(s+2)+2k+2(s+1)=0$$
$$\Rightarrow (s+1)[s(s+2)+2]+2k=0$$
$$\Rightarrow 1+\frac{2k}{(s+1)(s^2+2s+2)}=0$$

等效开环传递函数为
$$G_0^*(s)=\frac{K}{(s+1)(s^2+2s+2)} \quad (K=2k)$$

绘制系统根轨迹:

开环极点为 $-p_1=-1, -p_{2,3}=-1\pm j$;无开环零点。

实轴上根轨迹区间为 $(-\infty,-3]$。

渐近线:
$$-\sigma_a=\frac{-1-1-1}{3-0}=-1, \quad \varphi_a=\frac{\pm(2l+1)\pi}{3-0}=\pm\frac{\pi}{3},\pm\pi \ (l=0,1)$$

出射角:$\varphi_{p_2}=180°-90°-90°=0°=\varphi_{p_3}$。

根轨迹与虚轴的交点 $\begin{cases}\omega=\pm 2\\ K=10\end{cases}$ $(k=5)$。

绘制根轨迹图,如图 4-22 所示。

系统的特征方程为 $s^3+3s^2+4s+2+2k=0$。由劳斯判据可知,当 $0<k<5$ 时,系统稳定(也可从根轨迹上看出,当 $0<k<5$ 时,系统稳定)。

(3) 绘制系统根轨迹。

开环极点为 $-p_1=0,-p_{2,3}=-3$;无开环零点。

零极点数为 $n=3,m=0$。实轴上根轨迹区间为 $(-\infty,-3],[-3,0]$。

渐近线:
$$-\sigma_a=\frac{0-3-3}{3-0}=-2, \quad \varphi_a=\frac{\pm(2l+1)\pi}{3-0}=\pm\frac{\pi}{3},\pm\pi \ (l=0,1)$$

分离点：

令 $\dfrac{\mathrm{d}}{\mathrm{d}s}\left[\dfrac{1}{G(s)H(s)}\right]=\dfrac{\mathrm{d}}{\mathrm{d}s}[s(s+3)^2]=0$，则
$$3s^2+12s+9=0$$

分离点及 k 值：
$$d_1=-1,\quad k_1=4;\quad d_2=-3,\quad k_2=0$$

与虚轴的交点：

特征方程为
$$s(s+3)^2+k=0\Rightarrow s^3+6s^2+9s+k=0$$

令 $s=\mathrm{j}\omega$，则 $(\mathrm{j}\omega)^3+6(\mathrm{j}\omega)^2+9(\mathrm{j}\omega)+k=0$，即
$$k-6\omega+\mathrm{j}(9\omega-\omega^3)=0$$

令 $\begin{cases}k-6\omega=0\\ 9\omega-\omega^3=0\end{cases}\Rightarrow\begin{cases}\omega=\pm 3\\ k=54\end{cases}$。

绘制根轨迹图，如图 4-23 所示。

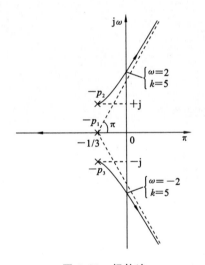

图 4-22 根轨迹

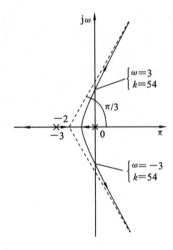

图 4-23 根轨迹

系统稳定的 k 值范围为 $0<k<54$。

(4) 开环传递函数可以写为 $G(s)H(s)=\dfrac{k(s^2+2s+2)}{(s+1)^4}$。

开环极点为 $-p_{1,2,3,4}=-1$（四重极点）；开环零点为 $-z_{1,2}=-1\pm\mathrm{j}$。

零极点数为 $n=4,m=2$。

渐近线：
$$-\sigma_\mathrm{a}=\dfrac{4\times(-1)-2\times(-1)}{4-2}=-1$$

$$\varphi_\mathrm{a}=\pm\dfrac{(2l+1)\pi}{4-2}=\pm 90°\quad (l=0)$$

四重根分离夹角：$\theta = \dfrac{\pi}{4} = 45°$。

分离点：由 $\dfrac{4}{d+1} = \dfrac{1}{d+1+j} + \dfrac{1}{d+1-j}$ 整理得

$$d^2 + 2d + 3 = 0$$

解得 $d_{1,2} = -1 \pm j\sqrt{2}$。对应的 K 值为 $k_{1,2} = 4$。

根轨迹如图 4-24 所示。系统稳定的 k 值范围为 $k > 0$。

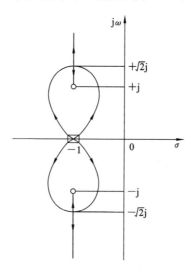

图 4-24 根轨迹

4-15 某负反馈系统开环传递函数为

$$G(s)H(s) = \dfrac{K(Ts+1)}{s(s+3)}$$

其中 $G(s) = \dfrac{K}{s(s+3)}$，闭环极点为 $s_{1,2} = 2 \pm j\sqrt{10}$，试完成：

(1) 确定 K 和 T；

(2) 绘制 T 为定值，K 从 $0 \to \infty$ 时的根轨迹图；

(3) 确定使系统稳定的 K 值范围。

解 (1) 由题意可得系统开环传递函数为

$$G(s)H(s) = \dfrac{K(Ts+1)}{s(s+3)}$$

故特征方程为

$$D(s) = s(s+3) + K(Ts+1) = s^2 + (3+KT)s + K = 0$$

今已知闭环极点为 $2 \pm j\sqrt{10}$，即

$$D(s) = (s-2-j\sqrt{10})(s-2+j\sqrt{10}) = s^2 - 4s + 14 = 0$$

比较上述两式的系数，可得 $K = 14, T = -0.5$。

(2) 将 $T = -0.5$ 代入 $G(s)H(s)$ 得

$$G(s)H(s) = \frac{K(-0.5s+1)}{s(s+3)} = \frac{-0.5K(s-2)}{s(s+3)}$$

当 K 由 $0 \to \infty$ 变化时,应绘制 $0°$ 的根轨迹。

开环零点为 $-z_1 = 2$;开环极点为 $-p_1 = 0, -p_2 = -3$;零极点数为 $n = 2, m = 1$。

实轴上的根轨迹区间为 $[-3, 0], [2, \infty)$。

渐近线:$\varphi_a = \dfrac{2l\pi}{n-m} = 0$(取 $l = 0$)。

分离点:由 $\dfrac{1}{d-2} = \dfrac{1}{d} + \dfrac{1}{d+3}$ 整理得 $d^2 - 4d - 6 = 0$,解得

$$d_1 = -1.16, \quad d_2 = 5.16$$

即为根轨迹的分离点和会合点,由图 4-25 可知,d_2 为会合点,d_1 为分离点。

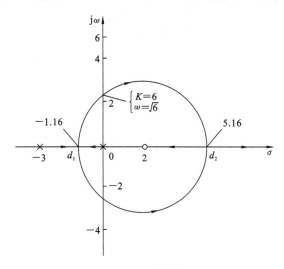

图 4-25 系统根轨迹图

与虚轴的交点:特征方程为

$$D(s) = s(s+3) - 0.5K(s-2)$$
$$= s^2 + (3-0.5K)s + K = 0$$

将 $s = j\omega$ 代入上式

$$(j\omega)^2 + (3-0.5K)j\omega + K = 0$$

令实部、虚部均为零,可得

$$\begin{cases} -\omega^2 + K = 0 \\ (3-0.5K)\omega = 0 \end{cases} \Rightarrow \begin{cases} \omega = \sqrt{6} \\ K = 6 \end{cases}$$

根轨迹如图 4-25 所示。

(3) 闭环系统稳定的 K 值范围为 $0 < K < 6$。

4-16 某单位负反馈系统开环传递函数为 $G(s) = \dfrac{10}{s(s+1)(Ks+1)}$。

(1) 绘制以 K 为变量的参数根轨迹的大致图形;
(2) 求出使系统稳定的 K 值范围。

解 (1) 系统的开环传递函数

$$G(s) = \frac{10}{s+1} \cdot \frac{1}{Ks+1} \cdot \frac{1}{s}$$

特征方程是 $s(s+1)(Ks+1)+10=0$，则

$$Ks^3+(K+1)s^2+s+10=0 \Rightarrow 1+\frac{Ks^2(s+1)}{s^2+s+10}=0$$

等效开环传递函数

$$G_1(s) = \frac{Ks^2(s+1)}{s^2+s+10}$$

特征方程为 $s^2+s+10=0$，解得

$$s=-0.5\pm j\sqrt{9.75}=-0.5\pm j3.12$$

3条根轨迹起始于 $-0.5\pm j3.12$ 和无穷远，终止于 $0,0,$ -1。实轴根轨迹位于区间 $(-\infty,-1]$。出射角为

$$\theta_{p_1}=180°+\angle(p_1-z_1)+\angle(p_1-z_2)+\angle(p_1-z_3)$$
$$-\angle(p_1-p_2)-360°$$
$$=180°+99.2°+99.2°+80.8°-90°-360°=9.2°$$
$$\theta_{p_2}=-9.2°$$

由劳斯判据知，根轨迹交虚轴于 $\pm j3$，对应的 $K=1/9$。根轨迹如图4-26所示。

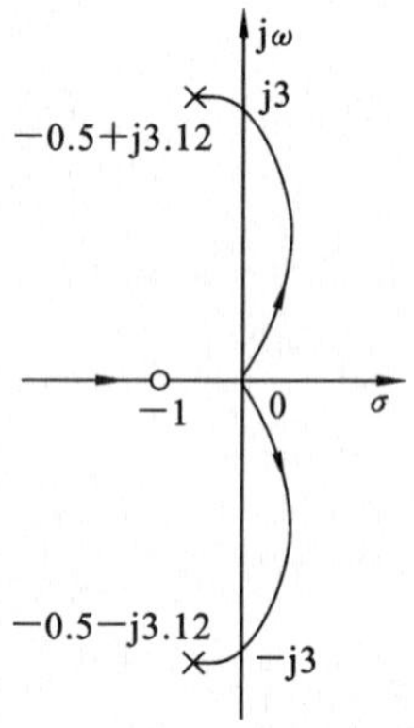

图4-26 系统根轨迹图

(2) 当 $0<K<\dfrac{1}{9}$ 时，系统稳定。

4-17 已知单位负反馈控制系统的开环传递函数为

$$G(s)H(s) = \frac{K}{(s^2+2s+2)(s^2+2s+5)}, \quad K>0$$

欲保证闭环系统稳定，试确定根轨迹增益 K 的取值范围。

解 由题意知：

极点为 $-p_{1,2}=-1\pm j2, -p_{3,4}=-1\pm j$；无零点。实轴上无根轨迹。

渐近线：

$$-\sigma_a = \frac{-1-1-1-1}{4-0}=-1, \quad \varphi_a=\frac{\pm(2k+1)\pi}{4-0}=\begin{cases}\pm 45°, & k=0 \\ \pm 135°, & k=1\end{cases}$$

根轨迹的起始角：

$$-p_{1,2}=-1\pm j2, \quad \theta_{p_1,p_2}=\pm 270°$$
$$-p_{3,4}=-1\pm j, \quad \theta_{p_3,p_4}=\pm 90°$$

根轨迹的分离点方程为

$$\frac{2(s+1)}{s^2+2s+2}+\frac{2(s+1)}{s^2+2s+5}=0$$

将 $s=d$ 代入解得

$$d_1=-1, \quad d_{2,3}=-1\pm j1.581$$

由根轨迹方程得 $K|_{s=d_1}=-4, K|_{s=d_{2,3}}=2.25$，故 $d_{2,3}$ 为分离点（复数分离点）。

令 $s=j\omega$ 代入特征方程
$$D(s)=(s^2+2s+2)(s^2+2s+5)+K=0$$
并令实部、虚部为零,可得根轨迹与虚轴的交点为 $K=16.25,\omega=1.871$。

根轨迹如图 4-27 所示。由图可知,反馈极性为负时,闭环系统稳定的 K 值范围为 $0<K<16.25$。

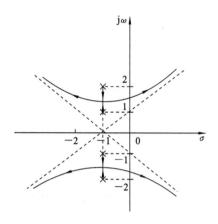

图 4-27 反馈控制系统根轨迹图

4-18 已知单位反馈系统的特征方程为 $3s(s+3)(s^2+2s+2)+9k(s+2)=0$。

(1) 绘制系统的 k 由 $0\to\infty$ 变化的根轨迹图;

(2) 确定使系统稳定的 k 的取值范围。

解 将特征方程化成等效开环传递函数,即
$$3s(s+3)(s^2+2s+2)+9k(s+2)=0 \Rightarrow 1+\frac{3k(s+2)}{s(s+3)(s^2+2s+2)}=0$$

等效开环传递函数为
$$G_0^*(s)=\frac{3k(s+2)}{s(s+3)(s^2+2s+2)}=\frac{K(s+2)}{s(s+3)(s^2+2s+2)}$$

其中 $K=3k$。

(1) 绘制系统的 k 由 $0\to\infty$ 的根轨迹图。

开环极点为 $-p_1=0,-p_2=-3,-p_{3,4}=-1\pm j$;开环零点为 $z_1=-2$。

实轴上根轨迹为 $(-\infty,-3],[-2,0]$。

渐近线:
$$-\sigma_a=\frac{0-3-1-1+2}{4-1}=-1\ (n=4,m=1)$$

$$\varphi_a=\frac{\pm(2l+1)}{4-1}\pi=\begin{cases}\pm\dfrac{\pi}{3},l=0\\ \pm\pi,l=1\end{cases}$$

与虚轴交点:$\begin{cases}\omega=\pm 1.614\\ k=2.34\end{cases}$,无分离点和会合点。

出射角:

$$\varphi_{p_3} = 180° - 90° - 135° + 45° - 26.56° = -26.56°$$
$$\varphi_{p_4} = 26.56°$$

系统的根轨迹如图 4-28 所示。

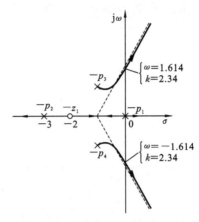

图 4-28 单位反馈系统根轨迹图

(2) 使系统稳定的 k 的取值范围为 $0 < k < 2.34$。

4-19 已知反馈系统的特征方程为 $s^3 + 3s^2 + ks + k = 0$，绘制以 k 为参变量的系统的根轨迹。

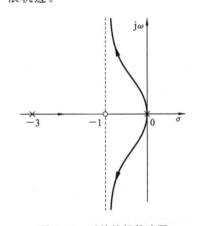

图 4-29 系统的根轨迹图

解 系统的开环传递函数为
$$G(s)H(s) = \frac{k(s+1)}{s^2(s+3)}$$

开环极点为 $-p_1 = 0, -p_2 = 0, -p_3 = -3$；
开环零点为 $-z_1 = -1 (n=3, m=1)$。
实轴上根轨迹为 $[0, 0]$，$[-3, -1]$。
渐近线：
$$-\sigma_a = \frac{-3+1}{3-1} = -1, \quad \varphi_a = \pm\frac{(2l+1)\pi}{3-1} = \pm 90° \ (l=0)$$

分离点：由 $\dfrac{1}{d+1} = \dfrac{1}{d} + \dfrac{1}{d} + \dfrac{1}{d+3}$ 得
$$d^2 + 3d + 3 = 0$$

解得 $d_{1,2} = -1.5 \pm j\dfrac{\sqrt{3}}{2}$，为复数，故根轨迹在实轴上无分离点。

根轨迹如图 4-29 所示。

4-20 设单位反馈系统的开环传递函数为
$$G(s)H(s) = \frac{-\dfrac{20}{T}(s-1)}{(s+2)\left(s+\dfrac{1}{T}\right)}$$

(1) 画出以 T 从 $0 \to \infty$ 变化时闭环系统的根轨迹；

(2) 当 $T = 20$ 时，求闭环系统的单位阶跃响应。

解 闭环系统的特征方程为

$(0.5s+1)(Ts+1)+10(1-s)=0 \Rightarrow (0.5s+1)+10(1-s)+Ts(0.5s+1)=0$

$\Rightarrow (11-9.5s)+Ts(0.5s+1)=0 \Rightarrow 1+\dfrac{Ts(0.5s+1)}{11-9.5s}=0$

进一步改写成根轨迹方程的标准形式为

$$1-\dfrac{T's(s+2)}{s-11/9.5}=0 \Rightarrow 1-\dfrac{T's(s+2)}{s-1.16}=0 \left(其中\ T'=\dfrac{T}{2\times 9.5}\right)$$

系统的等效开环传递函数为 $G_1(s)H_1(s)=\dfrac{T's(s+2)}{s-1.16}$。

可以画出以 T' 或 T 为参变量的广义根轨迹。

又因根轨迹方程 $1-\dfrac{T's(s+2)}{s-1.16}=0 \Rightarrow \dfrac{T's(s+2)}{s-1.16}=+1$ 为正反馈系统，故应以 0°的根轨迹规则进行绘制。

(1) 绘制 0°的根轨迹。

实轴上的轨迹为 $[-2,0]$，$[1.16,+\infty)$；开环零点为 $-z_1=0$，$-z_2=-2$；开环极点为 $-p_1=1.16$。

零极点数：$n=1$，$m=2$，$n-m=-1$。

渐近线：$\varphi_a=\dfrac{2l\pi}{n-m}=0$（取 $l=0$）。

分离点：由 $\dfrac{1}{d-1.16}=\dfrac{1}{d}+\dfrac{1}{d+2}$ 整理得

$$d^2-2.32d-2.26=0 \Rightarrow d_1=-0.74,\quad d_2=3.06$$

d_2 为分离点，d_1 为会合点。

与虚轴的交点：特征方程为 $D(s)=T's^2+(2T'-1)s+1.16=0$，将 $s=j\omega$ 代入，令实部、虚部均为零，可得

$$\begin{cases}-T'\omega^2+1.16=0\\(2T'-1)\omega=0\end{cases} \Rightarrow \begin{cases}\omega=1.52\\T'=0.5\end{cases}$$

由 $T'=\dfrac{T}{2\times 9.5}$ 得 $T=19T'=19\times 0.5=9.5$。

根轨迹如图 4-30 所示。

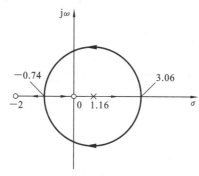

图 4-30 系统的根轨迹图

(2) 当 $T=20$ 时,系统的闭环传递函数为

$$\Phi(s) = \frac{10(1-s)}{(0.5s+1)(20s+1)+10(1-s)}$$

$$C(s) = \Phi(s)R(s) = \frac{1}{s} \cdot \frac{10(1-s)}{(0.5s+1)(20s+1)+10(1-s)} = \frac{1}{s} \cdot \frac{1-s}{s^2+1.05s+1.1}$$

$$= \frac{10}{11s} + \frac{-0.454-j0.812}{s+0.525+j0.908} + \frac{-0.454+j0.812}{s+0.525-j0.908}$$

所以系统的单位阶跃响应为

$$c(t) = \mathscr{L}^{-1}[C(s)] = \frac{10}{11} + 1.86e^{-0.525t}\cos(0.908t-240°)$$

4-21 设系统的等效开环传递函数为

$$G(s) = \frac{K(s^2+2s+2)}{s^3}$$

试分析 K 值变化对系统在阶跃信号作用下输出信号的影响。

解 由题意知

$$G(s) = \frac{K(s^2+2s+2)}{s^3} = \frac{K(s+1+j)(s+1-j)}{s^3}$$

根据绘制根轨迹的法则可得根轨迹的分支、起点与终点。由于

$$n=3, \quad m=2, \quad n-m=1$$

故根轨迹有 3 条分支,其起点分别为 $p_{1,2,3}=0$,其终点分别为 $z_{1,2}=-1\pm j$ 和无穷远处。

实轴上的根轨迹:实轴上的根轨迹分布区为 $[0,-\infty)$。

求根轨迹与虚轴的交点。系统的闭环特征方程式为

$$D(s) = s^3+K(s^2+2s+2) = 0$$

令 $s=j\omega$,代入上式可得

$$(j\omega)^3+K[(j\omega)^2+2(j\omega)+2] = 0$$

即

$$\begin{cases} -\omega^3+2K\omega = 0 \\ -K\omega^2+2K = 0 \end{cases}$$

因 $\omega \neq 0$,故可解得交点坐标为

$$\omega = \pm\sqrt{2} = \pm 1.414, \quad K = 1$$

根据以上分析,画出系统的闭环概略参数根轨迹,如图 4-31 所示。由系统的根轨迹可知:

当 $0<K<1$ 时,系统不稳定,$c_n(t)$ 发散;

当 $K>1$ 时,系统稳定,阶跃响应信号收敛;

当 K 值在 $K>1$ 的基础上继续增大时,系统的稳定性变好,阶跃响应信号收敛加快;

当 $K\to\infty$ 时,系统的阻尼比趋近于 0.707,阶跃响应信号的振荡性减弱,系统的调节时间减小,快速性得到改善。

4-22 已知某单位负反馈系统的开环传递函数为

$$G(s) = \frac{K}{s(0.1s+1)(0.2s+1)}$$

要求调整放大器增益 K,使系统在斜坡输入 $r(t)=t$ 时系统稳态误差 $e_{ss} \leq 0.1$。

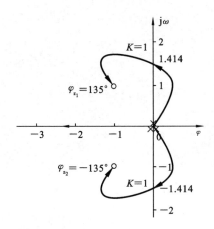

图 4-31 $1+\dfrac{K(s+1+\mathrm{j})(s+1-\mathrm{j})}{s^3}=0$ 概略参数根轨迹图

解 由系统开环传递函数知,系统为Ⅰ型系统,静态速度误差系数
$$K_\mathrm{v}=K$$

闭环传递函数
$$\Phi(s)=\dfrac{K}{s(0.1s+1)(0.2s+1)+K}=\dfrac{50K}{s^3+15s^2+50s+50K}$$

K 的选取,应首先保证闭环系统稳定。列劳斯表如下:

$$\begin{array}{ccc} s^3 & 1 & 50 \\ s^2 & 15 & 50K \\ s^1 & \dfrac{750-50K}{15} & 0 \\ s^0 & 50K & \end{array}$$

为确保系统稳定,应有 $0<K<15$。

根据系统在斜坡作用下的稳态误差要求,当 $r(t)=At(A=1\text{ mm/s})$,$R(s)=\dfrac{A}{s^2}$ 时,稳态误差
$$e_\mathrm{ss}(\infty)=\dfrac{A}{K_\mathrm{v}}=\dfrac{1}{K}\leqslant 0.1$$

故应取 $K\geqslant 10$。

现取 $K=10$,可同时满足系统稳定性及稳态误差要求。

第5章

线性系统的频域分析法

一、知识要点

(一) 频率特性的基本概念

1. 频率特性的定义

对于线性系统,若其输入信号为正弦量,则其稳态输出响应也将是同频率的正弦量,但是其幅值和相位一般都不同于输入量。

若设输入量为 $r(t)=A_r\sin\omega t$,则输出量为
$$c(t)=A_c\sin(\omega t+\varphi)=AA_r\sin(\omega t+\varphi)$$

式中:输出量与输入量的幅值之比用 A 表示 $\left(A=\dfrac{A_c}{A_r}\right)$,输出量与输入量的相位移用 φ 表示。

一个稳定的线性系统,幅值之比 A 和相位移 φ 都是频率 ω 的函数(随 ω 的变化而改变),所以通常写成 $A(\omega)$ 和 $\varphi(\omega)$。这意味着,它们的值对不同的频率可能是不同的。

因此,频率特性定义为:线性定常系统在正弦输入信号作用下,输出的稳态分量与输入量的复数比,其定义式为
$$G(j\omega)=A(\omega)e^{j\varphi(\omega)}$$

式中:$G(j\omega)$ 表示频率特性;$A(\omega)$ 表示幅频特性;$\varphi(\omega)$ 表示相频特性。

2. 典型环节频率特性

(1) 比例环节。

① 传递函数:$G(s)=K$。

② 幅相频率特性:

频率特性为 $G(j\omega)=K$,幅频特性为 $A(\omega)=K$,相频特性为 $\varphi(\omega)=0°$。

比例环节的幅频特性和相频特性均为常数,与频率无关。

③ 对数频率特性:对数幅频特性为
$$L(\omega)=20\lg A(\omega)=20\lg K$$

对数幅频特性为截距是 $20\lg K$ (dB)、平行于横轴的直线。若 $K>1$,则 $20\lg K>0$;若 $K=1$,则 $20\lg K=0$;若 $0<K<1$,则 $20\lg K<0$。

(2) 积分环节。

① 传递函数:$G(s)=\dfrac{1}{s}$。

② 幅相频率特性:

频率特性为 $G(j\omega)=\dfrac{1}{j\omega}=-j\dfrac{1}{\omega}$,幅频特性为 $A(\omega)=\dfrac{1}{\omega}$,相频特性为 $\varphi(\omega)=-90°$。

③ 对数频率特性:对数幅频特性为
$$L(\omega)=20\lg A(\omega)=20\lg\dfrac{1}{\omega}=-20\lg\omega$$

积分环节的对数幅频特性 $L(\omega)$ 与变量 $\lg\omega$ 是直线关系,其斜率为 -20 dB/dec,特殊点为 $\omega=1$ 时, $A(\omega)=1$,并且 $L(\omega)=20\lg A(\omega)=0$ (dB)。对数幅频特性曲线 $L(\omega)$ 是通过 $\omega=1$, $L(\omega)=0$ dB 的点,斜率为 -20 dB/dec 的一条直线。相频特性曲线则是平行于横轴、相频值为 $-90°$ 的直线。

(3) 理想微分环节。

① 传递函数:$G(s)=s$。

② 幅相频率特性:频率特性为 $G(j\omega)=j\omega$,幅频特性为 $A(\omega)=\omega$,相频特性为 $\varphi(\omega)=90°$。

③ 对数频率特性:对数幅频特性为
$$L(\omega)=20\lg A(\omega)=20\lg\omega$$

对数幅频线 $L(\omega)$ 为过 $\omega=1$、$L(\omega)=0$dB 的特殊点,斜率为 20 dB/dec 的一条直线,$\varphi(\omega)=90°$,相频特性曲线 $\varphi(\omega)$ 是平行于横轴、相频值为 $90°$ 的直线。

积分环节 $\dfrac{1}{s}$ 与微分环节 s 两个环节的传递函数互为倒数,则它们的对数频率特性曲线是以横轴为对称的。

(4) 惯性环节。

① 传递函数:$G(s)=\dfrac{1}{Ts+1}$。

② 幅相频率特性:频率特性为 $G(j\omega)=\dfrac{1}{j\omega T+1}$,幅频特性为 $A(\omega)=\dfrac{1}{\sqrt{1+(T\omega)^2}}$,相频特性为 $\varphi(\omega)=-\arctan\omega T$,实频特性为 $P(\omega)=\dfrac{1}{1+\omega^2 T^2}$,虚频特性为 $Q(\omega)=-\dfrac{\omega T}{1+\omega^2 T^2}$。

经过推导得 $P^2(\omega)+Q^2(\omega)-P(\omega)=0$。幅相特性曲线是以点 $(0.5,j0)$ 为圆心、半径为 0.5 的一个半圆。

③ 对数频率特性:对数幅频特性为

$$L(\omega)=20\lg A(\omega)=20\left[\lg 1-\lg\sqrt{1+(T\omega)^2}\right]=-20\lg\sqrt{1+(T\omega)^2}$$

绘制对数幅频特性,因逐点绘制很烦琐,通常采用近似的画法。先作出 $L(\omega)$ 的渐近线,再计算修正值,最后精确绘制实际曲线。惯性环节的对数幅频特性在高频段的近似对数幅频曲线,是一条过 $\omega=\dfrac{1}{T}$、$L(\omega)=0$ dB 的特殊点,斜率为 -20 dB/dec 的直线,称它为高频渐近线。

对数相频特性 $\varphi(\omega)=-\arctan\omega T$,相频曲线的特点为:当 $\omega=\dfrac{1}{T}$(交接频率)时,相频值为 $-45°$,并且整条曲线对 $\omega=\dfrac{1}{T}$、$\varphi(\omega)=-45°$ 是奇对称的,以及低频时趋于 $0°$ 的线(即横坐标轴),高频时则趋于 $-90°$ 的水平线。

(5)一阶微分环节。

① 传递函数:$G(s)=Ts+1$。

② 幅相频率特性:频率特性为 $G(j\omega)=jT\omega+1$;幅频特性为 $A(\omega)=\sqrt{1+(T\omega)^2}$;相频特性为 $\varphi(\omega)=\arctan T\omega$;实频特性为 $P(\omega)=1$;虚频特性为 $Q(\omega)=T\omega$。

③ 对数频率特性:对数幅频特性为 $L(\omega)=20\lg\sqrt{1+(T\omega)^2}$;相频特性为 $\varphi(\omega)=\arctan T\omega$。

(6)振荡环节。

① 传递函数:$G(s)=\dfrac{\omega_n^2}{s^2+2\zeta\omega_n s+\omega_n^2}$ 或 $G(s)=\dfrac{1}{T^2s^2+2\zeta Ts+1}$。

② 幅相频率特性:频率特性为

$$G(j\omega)=\dfrac{\omega_n}{(\omega_n^2-\omega^2)+j2\zeta\omega_n}=\dfrac{1}{\left[1-\left(\dfrac{\omega}{\omega_n}\right)^2\right]+j2\zeta\left(\dfrac{\omega}{\omega_n}\right)}$$

幅频特性为

$$A(\omega)=\dfrac{1}{\sqrt{\left[1-\left(\dfrac{\omega}{\omega_n}\right)^2\right]^2+\left(2\zeta\dfrac{\omega}{\omega_n}\right)^2}}$$

相频特性为

$$\varphi(\omega)=-\arctan\dfrac{2\zeta\cdot\dfrac{\omega}{\omega_n}}{1-\left(\dfrac{\omega}{\omega_n}\right)^2}$$

③ 对数频率特性:振荡环节的对数幅频特性为

$$L(\omega)=20\lg A(\omega)=-20\lg\sqrt{\left[1-\left(\dfrac{\omega}{\omega_n}\right)^2\right]^2+\left(2\zeta\dfrac{\omega}{\omega_n}\right)^2}$$

(a)振荡环节的对数幅频特性在低频段近似为 0 dB 的水平线,为低频渐近线。

(b)高频段。当 $\omega=\dfrac{1}{T}$ 或 $\omega<\omega_n$ 时,则对数幅频特性为

$$L(\omega)=20\lg A(\omega)\approx 40\lg\omega_n-40\lg\omega$$

其斜率为 -40 dB/dec。特别地,当 $\omega=\omega_n=\dfrac{1}{T}$ 时,$L(\omega)=0$(dB),则该直线为通过特殊点 $\omega=\omega_n=\dfrac{1}{T}$、$L(\omega)=0$ dB,斜率为 -40 dB/dec 的直线,为振荡环节的高频渐近线。

(c) 交接频率。高频渐近线与低频渐近线在 0 dB 线(横轴)上相交于 $\omega=\omega_n=\dfrac{1}{T}$ 处,所以振荡环节的交接频率是无阻尼自然振荡频率 $\omega_n=\dfrac{1}{T}$。

(d) 修正。用渐近线近似表示对数幅频特性曲线,在交接频率处误差最大。

对数相频特性,相频特性 $\varphi(\omega)$,低频时趋于 $0°$,高频时趋于 $-180°$;$\omega=\omega_n=\dfrac{1}{T}$ 时为 $-90°$,与 ζ 无关。

(二)稳定性的频域判据

在频域中只需根据系统的开环频率特性曲线(奈奎斯特图或伯德图)就可以分析、判断闭环系统的稳定性,并且还可得到系统的稳定裕度。

1. 奈奎斯特稳定性判据

奈奎斯特稳定性判据是根据系统开环幅相频率特性曲线来判断闭环系统的稳定性。当 ω 由 $0\to\infty$ 变化时,若系统开环幅相频率特性曲线 $G_k(j\omega)$ 包围点 $(-1,j0)$ 的圈数为 N(逆时针方向包围时,N 为正;顺时针方向包围时,N 为负),以及系统开环传递函数的右极点个数为 p。若 $N=\dfrac{p}{2}$,则闭环系统稳定;否则闭环系统不稳定。

当系统开环幅相频率特性曲线形状比较复杂时,$G_k(j\omega)$ 包围点 $(-1,j0)$ 的圈数不易找准时,为了快速、准确地判断闭环系统的稳定性,引入"穿越"的概念。$G_k(j\omega)$ 曲线穿过点 $(-1,j0)$ 以左的负实轴时,称为穿越。若 $G_k(j\omega)$ 曲线由上而下穿过点 $(-1,j0)$ 以左的负实轴时,称为正穿越(相位增加);若 $G_k(j\omega)$ 曲线由下而上穿过点 $(-1,j0)$ 以左的负实轴时,称为负穿越(相位减少)。在 ω 由 $0\to\infty$ 变化时,若 $G_k(j\omega)$ 曲线在 ω 增加时,是从点 $(-1,j0)$ 以左的负实轴上某一点开始往上(或往下)变化,则称为**半次负(或正)穿越**。

2. 对数频率稳定性判据

对数频率稳定性判据实质上为奈奎斯特稳定性判据在系统的开环伯德图上的反映,因为系统开环频率特性 $G_k(j\omega)$ 的奈奎斯特图与伯德图之间有一定的对应关系。在系统的开环对数频率特性曲线上,对数频率稳定性判据为:当 ω 由 $0\to\infty$ 变化时,在系统开环对数幅频曲线 $L(\omega)>0$ dB 的所有频段内,相频曲线 $\varphi(\omega)$ 对 $-180°$ 线的正穿越与负穿越次数之差为 $\dfrac{p}{2}$(p 为开环不稳定根数目)时,闭环系统稳定;否则系统不稳定。

用数学式表示为

$$N_+ - N_- = \dfrac{p}{2}$$

式中:N_+、N_- 分别为正穿越次数和负穿越次数。系统满足上式,闭环是稳定的;否则闭环系统不稳定。

二、典型例题

5-1 设单位负反馈控制系统的闭环传递函数 $\Phi(s)=\dfrac{10}{s+11}$，当把下列输入信号作用在闭环系统上时，试求系统的稳态输出。

(1) $r(t)=2\sin(t+30°)$；

(2) $r(t)=4\cos(2t-45°)$；

(3) $r(t)=2\sin(t+30°)-4\cos(2t-45°)$。

解 (1) 闭环传递函数为 $\Phi(s)=\dfrac{10}{s+11}$，由输入信号的表达式可知 $\omega=1$ rad/s。

当 $\omega=1$ rad/s 时，幅值及相角分别为

$$|\Phi(j1)|=\frac{20}{\sqrt{1+11^2}}=1.82, \quad \angle\Phi(j1)=-\arctan\frac{1}{11}=-5.19°$$

系统的稳态输出为

$$c_{ss}(t)=|\Phi(j1)|\sin(t+30°+\angle\Phi(j1))=1.82\sin(t+24.81°)$$

(2) 由输入信号的表达式可知 $\omega=2$ rad/s。当 $\omega=2$ rad/s 时，幅值及相角分别为

$$|\Phi(j2)|=\frac{20}{\sqrt{2^2+11^2}}=1.79, \quad \angle\Phi(j2)=-\arctan\frac{2}{11}=-10.3°$$

系统的稳态输出为

$$c_{ss}(t)=4|\Phi(j2)|\cos(2t-45°+\angle\Phi(j2))=7.16\cos(2t-55.3°)$$

(3) 根据线性系统叠加原理得

$$c_{ss}(t)=1.82\sin(t+24.81°)-7.16\cos(2t-55.3°)$$

5-2 若系统的单位阶跃响应 $h(t)=1-e^{-4t}+e^{-9t}(t\geqslant 0)$，试求系统的频率特性。

解 对单位阶跃响应进行拉普拉斯变换得

$$\mathscr{L}[h(t)]=\frac{1}{s}-\frac{1}{s+4}+\frac{1}{s+9}=\frac{s^2+8s+36}{s(s+4)(s+9)}$$

则系统的闭环传递函数为 $\Phi(s)=\dfrac{s^2+8s+36}{(s+4)(s+9)}$，系统的频率特性为

$$\Phi(j\omega)=\frac{-\omega^2+8j\omega+36}{(j\omega+4)(j\omega+9)}$$

5-3 已知单位负反馈系统的开环传递函数为 $G(s)=\dfrac{\omega_n^2}{s^2+2\zeta\omega_n s}$，当输入 $r(t)=3\sin t$ 时，测得输出 $c_{ss}(t)=6\sin(t-45°)$，试确定系统的参数 ζ,ω_n。

解 根据已知的开环传递函数，可得系统闭环传递函数、闭环幅频及相频特性为

$$\Phi(s)=\frac{\omega_n^2}{s^2+2\zeta\omega_n s+\omega_n^2}$$

$$|\Phi(j\omega)|=\frac{\omega_n^2}{\sqrt{4\zeta^2\omega_n^2\omega^2+(\omega_n^2-\omega^2)^2}}$$

$$\varphi(\omega) = -\arctan\frac{2\zeta_n\omega}{\omega_n^2-\omega^2}$$

又由正弦输入下的稳态响应与频率特性的关系可知

$$c_{ss}(t) = 6\sin(t-45°) = 2A(1)\sin[t+\varphi(1)]$$

即

$$A(1) = \frac{\omega_n^2}{\sqrt{4\zeta^2\omega_n^2+(\omega_n^2-1^2)^2}} = 2, \quad \varphi(\omega) = -\arctan\frac{2\zeta_n}{\omega_n^2-1} = -45°$$

求解得 $\omega_n = 1.24, \zeta = 0.22$。

5-4 设系统结构图如图 5-1 所示，试根据频率特性的物理意义，求在下列输入信号作用下，系统的稳态输出 $c_{ss}(t)$ 和稳态误差 $e_{ss}(t)$。

(1) $r(t) = 2\sin 2t$；

(2) $r(t) = 3\sin(t+30°)+4\cos(2t-45°)$。

解 由图 5-1 可得，系统的闭环传递函数和误差传递函数分别为

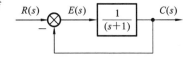

图 5-1 系统结构图

$$\frac{C(s)}{R(s)} = \frac{1}{s+2}, \quad \frac{E(s)}{R(s)} = \frac{s+1}{s+2}$$

则相应的频率特性为

$$\frac{C(j\omega)}{R(j\omega)} = \frac{1}{2+j\omega} = \frac{1}{\sqrt{4+\omega^2}}\angle\left(-\arctan\frac{\omega}{2}\right)$$

$$\frac{E(j\omega)}{R(j\omega)} = \frac{1+j\omega}{2+j\omega} = \frac{\sqrt{1+\omega^2}}{\sqrt{4+\omega^2}}\angle\left(\arctan\omega-\arctan\frac{\omega}{2}\right)$$

由频率特性的定义可知：

(1) 当 $r(t) = 2\sin 2t$ 时

$$c_{ss}(t) = 2\sqrt{\frac{1}{4+\omega^2}}\bigg|_{\omega=2}\sin\left(2t-\arctan\frac{\omega}{2}\bigg|_{\omega=2}\right) = 0.707\sin(2t-45°)$$

$$e_{ss}(t) = 2\sqrt{\frac{1+\omega^2}{4+\omega^2}}\bigg|_{\omega=2}\sin\left[2t+\left(\arctan\omega-\arctan\frac{\omega}{2}\right)\bigg|_{\omega=2}\right] = 1.582\sin(2t+18.43°)$$

(2) 当 $r(t) = 3\sin(t+30°)+4\cos(2t-45°)$ 时

$$c_{ss}(t) = 3\sqrt{\frac{1}{4+\omega^2}}\bigg|_{\omega=1}\sin\left(t+30°-\arctan\frac{\omega}{2}\bigg|_{\omega=1}\right)$$

$$+ 4\sqrt{\frac{1}{4+\omega^2}}\bigg|_{\omega=2}\cos\left(2t-45°+\arctan\frac{\omega}{2}\bigg|_{\omega=2}\right)$$

$$= 1.341\sin(t+3.43°)+1.414\cos 2t$$

$$e_{ss}(t) = 3\sqrt{\frac{1+\omega^2}{4+\omega^2}}\bigg|_{\omega=1}\sin\left[t+30°+\left(\arctan\omega-\arctan\frac{\omega}{2}\right)\bigg|_{\omega=1}\right]$$

$$+ 4\sqrt{\frac{1+\omega^2}{4+\omega^2}}\bigg|_{\omega=2}\cos\left[2t-45°+\left(\arctan\omega-\arctan\frac{\omega}{2}\right)\bigg|_{\omega=2}\right]$$

$$= 1.897\sin(t+48.43°)+3.162\cos(2t-26.57°)$$

5-5 系统结构图如图 5-2 所示。(1) 当输入 $r(t) = 3\sin t$ 时，测得输出 $c(t) = 6\sin(t$

$-45°$),试确定系统的参数 ζ,ω_n;(2) 当取 $r(t)=4\sin t$ 时,系统的稳态输出 $c_{ss}(t)=4\sin(t-45°)$,试确定系统参数 ζ,ω_n。

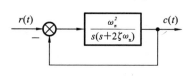

图 5-2 系统结构图

解 系统闭环传递函数为

$$\Phi(s)=\frac{\omega_n^2}{s^2+2\zeta\omega_n s+\omega_n^2}$$

闭环系统幅频特性

$$|\Phi(j\omega)|=\frac{\omega_n^2}{\sqrt{(\omega_n^2-\omega^2)^2+4\zeta^2\omega_n^2\omega^2}}$$

相频特性

$$\varphi(\omega)=-\arctan\frac{2\zeta\omega_n\omega}{\omega_n^2-\omega^2}$$

(1) 由题设条件知

$$c_{ss}(t)=6\sin(t-45°)=2A(1)\sin(t-\varphi(1))$$

即

$$A(1)=\frac{\omega_n^2}{\sqrt{(\omega_n^2-\omega^2)^2+4\zeta^2\omega_n^2\omega^2}}\bigg|_{\omega=1}=\frac{\omega_n^2}{\sqrt{(\omega_n^2-1)^2+4\zeta^2\omega_n^2}}=2$$

$$\varphi(1)=-\arctan\frac{2\zeta\omega_n\omega}{\omega_n^2-\omega^2}\bigg|_{\omega=1}=-\arctan\frac{2\zeta\omega_n}{\omega_n^2-1}=-45°$$

则

$$\begin{cases}\omega_n^4=4[(\omega_n^2-1)^2+4\zeta^2\omega_n^2]\\ 2\zeta\omega_n=\omega_n^2-1\end{cases}\Rightarrow \omega_n=1.244,\quad \zeta=0.22$$

(2) 由题设条件知,系统稳态输出

$$c_{ss}(t)=4\sin(t-45°)=2M(1)\sin(t+\alpha(1))$$

其中,

$$M(1)=\frac{\omega_n^2}{\sqrt{(\omega_n^2-\omega^2)^2+4\zeta^2\omega_n^2\omega^2}}\bigg|_{\omega=1}=\frac{\omega_n^2}{\sqrt{(\omega_n^2-1)^2+4\zeta^2\omega_n^2}}=1$$

$$\alpha(1)=-\arctan\frac{2\zeta\omega_n\omega}{\omega_n^2-\omega^2}\bigg|_{\omega=1}=-\arctan\frac{2\zeta\omega_n}{\omega_n^2-1}=-45°$$

故有

$$\begin{cases}\omega_n^4=(\omega_n^2-1)^2+4\zeta^2\omega_n^2\\ 2\zeta\omega_n=(\omega_n^2-1)\end{cases}\Rightarrow \omega_n=1.847,\quad \zeta=0.653$$

5-6 粗略绘制下列传递函数的幅相特性曲线。

(1) $G(s)=\dfrac{10}{s(s+1)(s+2)}$;

(2) $G(s)=\dfrac{10(0.1s+1)}{s^2(s+1)}$;

(3) $G(s)=\dfrac{K}{s(16s^2+6.4s+1)}$;

(4) $G(s)=\dfrac{Ks^3}{(s+0.31)(s+5.06)(s+0.64)}$;

(5) $G(s)=\dfrac{K(s+1)}{s(s^2+8s+100)}$;

(6) $G(s)=\dfrac{K(\tau_1 s+1)(\tau_2 s+1)}{s^3}$, $\tau_1,\tau_2>0$;

(7) $G(s)=\dfrac{K}{s(Ts-1)}$, $T>0$;

(8) $G(s)=\dfrac{K(1+s)}{s^2}$。

解 (1) $G(j\omega)=\dfrac{10}{\omega\sqrt{(\omega^2+1)(\omega^2+4)}}e^{-j(90°+\arctan\omega+\arctan\frac{\omega}{2})}$,其幅相特性曲线如图 5-3 所示。

(2) $G(j\omega)=\dfrac{10}{\omega^2}\sqrt{\dfrac{(0.1\omega)^2+1}{\omega^2+1}}\mathrm{e}^{\mathrm{j}(-180°-\arctan\omega+\arctan 0.1\omega)}$,其幅相特性曲线如图 5-4 所示。

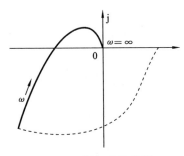

图 5-3　幅相特性曲线

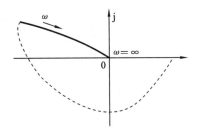

图 5-4　幅相特性曲线

(3) 系统的频率特性为

$$G(j\omega)=\dfrac{K}{j\omega(-16\omega^2+j6.4\omega+1)}$$

$$=-\dfrac{6.4K}{(1-16\omega^2)^2+(6.4\omega)^2}-\mathrm{j}\dfrac{(1-16\omega^2)K}{\omega[(1-16\omega^2)^2+(6.4\omega)^2]}$$

开环幅相特性曲线的起点为 $G(j0^+)=-6.4K-j\infty$,终点为 $G(j\infty)=0$。
与实轴的交点:令 $\mathrm{Im}[G(j\omega)]=0$,解得

$$\omega_x=0.25,\quad G(j\omega_x)=\mathrm{Re}[G(j\omega)]=-2.5K$$

其中,ω_x 为 $G(j\omega)$ 与实轴交点处的频率。

绘制开环幅相特性曲线在第Ⅱ和第Ⅲ象限间的变化,如图 5-5 所示。

(4) 系统的频率特性为

$$G(j\omega)=\dfrac{-j\omega^3 K}{(j\omega+0.31)(j\omega+5.06)(j\omega+0.64)}$$

$$=\dfrac{K\omega^4(\omega^2-5)}{(1-6\omega^2)^2+\omega^2(5-\omega^2)^2}-\mathrm{j}\dfrac{K\omega^3(1-6\omega^2)}{(1-6\omega^2)^2+\omega^2(5-\omega^2)^2}$$

开环幅相特性曲线的起点为 $G(j0^+)=0$,终点为 $G(j\infty)=K$。

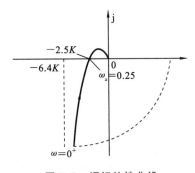

图 5-5　幅相特性曲线

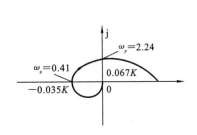

图 5-6　幅相特性曲线

与实轴的交点:令 $\mathrm{Im}[G(j\omega)]=0$,解得

$$\omega_x=0.41,\quad G(j\omega_x)=\mathrm{Re}[G(j\omega)]=-0.035K$$

其中,ω_x 为 $G(j\omega)$ 与实轴交点处的频率。

与虚轴的交点:令 $\text{Re}[G(j\omega)]=0$,解得

$$\omega_y = 2.24, \quad G(j\omega_y) = \text{Im}[G(j\omega)] = 0.067K$$

其中,ω_y 为 $G(j\omega)$ 与负虚轴交点处的频率。

绘制开环幅相特性曲线在第Ⅰ、第Ⅱ和第Ⅲ象限间的变化,如图 5-6 所示。

(5) 系统的频率特性为

$$G(j\omega) = \frac{K(j\omega+1)}{j\omega(100+j8\omega-\omega^2)} = \frac{K(92-\omega^2)}{(100-\omega^2)^2+64\omega^2} - j\frac{K(100+7\omega^2)}{\omega[(100-\omega^2)^2+64\omega^2]}$$

开环幅相特性曲线的起点为 $G(j0^+)=0.0092K-j\infty$,终点为 $G(j\infty)=0$。

与虚轴的交点:令 $\text{Re}[G(j\omega)]=0$,解得

$$\omega_y = 9.59, \quad G(j\omega_y) = \text{Im}[G(j\omega)] = -0.013K$$

其中,ω_y 为 $G(j\omega)$ 与负虚轴交点处的频率。

绘制开环幅相特性曲线在第Ⅲ和第Ⅳ象限间的变化,如图 5-7 所示。

(6) 系统的频率特性为

$$G(j\omega) = \frac{K(1+j\tau_1\omega)(1+j\tau_2\omega)}{-j\omega^3} = -\frac{K(\tau_1+\tau_2)}{\omega^2} + j\frac{K(1-\tau_1\tau_2\omega^2)}{\omega^3}$$

开环幅相特性曲线的起点为 $G(j0^+)=-\infty+j\infty$,终点为 $G(j\infty)=0$。

与实轴的交点:令 $\text{Im}[G(j\omega)]=0$,解得

$$\omega_x = 1/\sqrt{\tau_1\tau_2}, \quad G(j\omega_x) = \text{Re}[G(j\omega)] = -K(\tau_1+\tau_2)\tau_1\tau_2$$

其中,ω_x 为 $G(j\omega)$ 与实轴交点处的频率。

绘制开环幅相特性曲线在第Ⅱ和第Ⅲ象限间的变化,如图 5-8 所示。

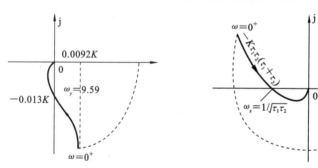

图 5-7 幅相特性曲线　　　　图 5-8 幅相特性曲线

(7) 系统的频率特性为

$$G(j\omega) = \frac{K}{j\omega(jT\omega-1)} = -\frac{KT}{1+T^2\omega^2} + j\frac{K}{\omega(1+T^2\omega^2)}$$

开环幅相曲线的起点为 $G(j0^+)=-KT+j\infty$,终点为 $G(j\infty)=0$。

与实轴和虚轴均无交点,绘制开环幅相特性曲线在第Ⅱ象限内的变化,如图 5-9 所示。

(8) 系统的频率特性为

$$G(j\omega) = \frac{K(1+j\omega)}{-\omega^2} = -\frac{K}{\omega^2} - j\frac{K}{\omega}$$

开环幅相特性曲线的起点为 $G(j0^+)=-\infty-j\infty$,终点为 $G(j\infty)=0$。与实轴和虚轴均无交点,绘制开环幅相特性曲线在第Ⅲ象限内的变化,如图 5-10 所示。

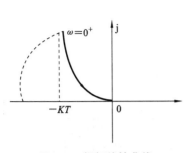

图 5-9 幅相特性曲线

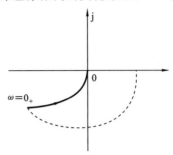

图 5-10 幅相特性曲线

5-7 已知 $G_1(s),G_2(s)$ 和 $G_3(s)$ 均为最小相位的,它们的对数幅频渐近特性曲线如图 5-11 所示,试绘制传递函数

$$G_4(s)=\frac{G_1(s)G_2(s)}{1+G_2(s)G_3(s)}$$

的对数幅频、对数相频曲线和幅相特性曲线。

解 由 $G_1(s),G_2(s)$ 和 $G_3(s)$ 的对数幅频渐近特性曲线可知

$$G_1(s)=10^{\frac{45.11}{20}}=180,\quad G_2(s)=\frac{1}{s(s+1)},\quad G_3(s)=\frac{s}{0.111}=9s$$

则

$$G_4(s)=\frac{G_1(s)G_2(s)}{1+G_2(s)G_3(s)}=\frac{180}{s(s+10)}$$

其频率特性为

$$G_4(j\omega)=\frac{180}{j\omega(10+j\omega)}=-\frac{180}{100+\omega^2}-j\frac{1800}{\omega(100+\omega^2)}$$

幅相特性曲线的起点为 $G_4(j0^+)=-1.8-j\infty$,终点为 $G_4(j\infty)=0$。

幅相特性曲线在第Ⅲ象限内变化,且与实轴和虚轴都无交点,如图 5-12 所示。

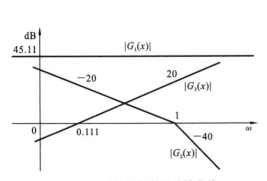

图 5-11 对数幅频渐近特性曲线

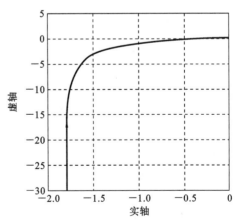

图 5-12 幅相特性曲线

$G_4(s)$ 的传递函数为

$$G_4(s) = \frac{18}{s(s/10+1)}$$

其对数频率特性为

$$\begin{cases} L(\omega) = 20\lg 18 - 20\lg\omega - 20\lg\sqrt{1+\frac{\omega^2}{100}} \\ \varphi(\omega) = -90° - \arctan\frac{\omega}{10} \end{cases}$$

对数幅频和相频特性曲线如图 5-13 所示。

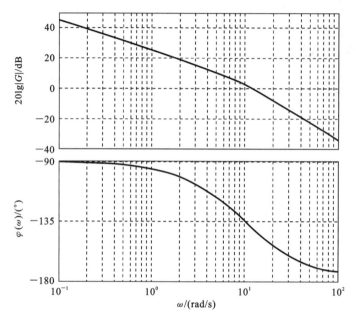

图 5-13 对数频率特性曲线

5-8 已知单位负反馈系统的闭环传递函数为 $\dfrac{10(s^2-2s+5)}{11s^2-18.5s+49}$，试绘制系统的概略开环幅相特性曲线。

解 由题意可知，系统开环传递函数为

$$G(s) = \frac{50(0.2s^2-0.4s+1)}{(0.5s+1)(2s-1)}$$

（1）传递函数按典型环节分解为

$$G(s) = \frac{-50\left[\dfrac{s^2}{5} - 2 \cdot \dfrac{1}{\sqrt{5}}\left(\dfrac{s}{\sqrt{5}}\right) + 1\right]}{\left(\dfrac{s}{2}+1\right)\left(-\dfrac{s}{0.5}+1\right)}$$

（2）计算起点和终点：

$$G(j\omega) = \frac{-50\left[\left(1-\dfrac{\omega^2}{5}\right) - \dfrac{2}{5}j\omega\right]\left(1-\dfrac{j\omega}{2}\right)\left(1+\dfrac{j\omega}{0.5}\right)}{\left(1+\dfrac{\omega^2}{2^2}\right)\left(1+\dfrac{\omega^2}{0.5^2}\right)}$$

$$\lim_{\omega \to 0} G(j\omega) = -50$$

$$\lim_{\omega \to +\infty} |G(j\omega)| = \lim_{\omega \to +\infty} \frac{-50 \cdot \frac{-\omega^2}{5}}{\omega^2} = 10$$

相角变化范围如下：

不稳定比例环节 -10：　　　　　　　　　　　　　　$180°$

惯性环节 $\dfrac{1}{s/2+1}$：　　　　　　　　　　　　　　$0° \to 90°$

不稳定惯性环节 $\dfrac{1}{-2s+1}$：　　　　　　　　　$0° \to 90°$

不稳定二阶微分环节 $\left(\dfrac{s}{\sqrt{5}}\right)^2 - 2\dfrac{1}{\sqrt{5}}\left(\dfrac{s}{\sqrt{5}}\right)+1$：　$0° \to 180°$

因此，$\varphi(\omega)$ 变化范围为 $-360° \to -180°$。

(3) 计算与实轴的交点：

$$G(j\omega) = \frac{10(5-\omega^2-2j\omega)(-\omega^2-1-1.5j\omega)}{(\omega^2+1)^2+(1.5\omega)^2}$$

$$= \frac{10[-(5-\omega^2)(\omega^2+1)-3\omega^2+j\omega(-7.5+1.5\omega^2+2\omega^2+2)]}{(\omega^2+1)^2+(1.5\omega)^2}$$

令 $\text{Im}[G(j\omega)] = 0$，得

$$\omega_x = \left(\frac{5.5}{3.5}\right)^{1/2} = 1.254$$

$$G(j\omega_x) = -13.3$$

(4) 确定变化趋势：根据 $G(j\omega)$ 的表达式知，当 $\omega < \omega_x$ 时，$\text{Im}[G(j\omega)] < 0$；当 $\omega > \omega_x$ 时，$\text{Im}[G(j\omega)] > 0$。

绘制系统开环幅相特性曲线，如图 5-14 所示。

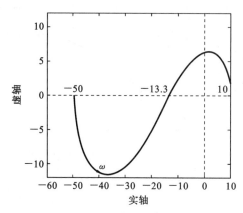

图 5-14　系统开环幅相特性曲线

5-9 分别作出下列传递函数的幅相特性曲线和对数频率特性曲线（$T_1 > T_2 > 0$）：

(1) $G(s) = \dfrac{T_1 s + 1}{T_2 s + 1}$；　(2) $G(s) = \dfrac{T_1 s - 1}{T_2 s + 1}$。

解 (1) 系统的频率特性为

$$G(j\omega)=\frac{1+jT_1\omega}{1+jT_2\omega}=\frac{1+T_1T_2\omega^2}{1+T_2^2\omega^2}+j\frac{(T_1-T_2)\omega}{1+T_2^2\omega^2}$$

开环幅相特性曲线的起点为 $G(j0_+)=1$,终点为 $G(j\infty)=T_1/T_2$。显然

$$\left(\mathrm{Re}[G(j\omega)]-\frac{T_1+T_2}{2T_2}\right)^2+(\mathrm{Im}[G(j\omega)])^2=\left(\frac{T_1-T_2}{2T_2}\right)^2$$

开环幅相特性曲线为圆心在 $\left(\frac{T_1+T_2}{2T_2},j0\right)$,半径为 $\frac{T_1-T_2}{2T_2}$ 的圆,且在第Ⅰ象限内变化,如图 5-15 中曲线①所示。

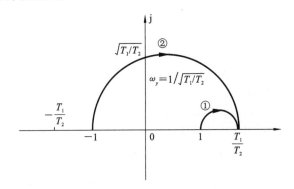

图 5-15 传递函数的幅相特性曲线

系统的对数幅频和相频特性为

$$L(\omega)=20\lg\sqrt{1+T_1^2\omega^2}-20\lg\sqrt{1+T_2^2\omega^2}$$

$$\varphi(\omega)=\arctan(T_1\omega)-\arctan(T_2\omega)$$

其对数频率特性曲线如图 5-16 中曲线①所示。

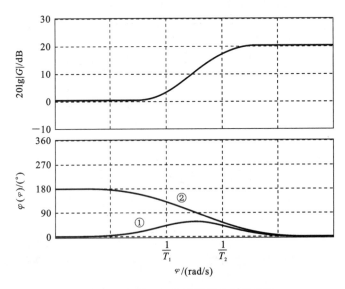

图 5-16 传递函数的对数频率特性曲线

(2) 系统的频率特性为

$$G(j\omega) = \frac{-1+jT_1\omega}{1+jT_2\omega} = \frac{T_1T_2\omega^2-1}{1+T_2^2\omega^2} + j\frac{(T_1+T_2)\omega}{1+T_2^2\omega^2}$$

开环幅相特性曲线的起点为 $G(j0^+) = -1$,终点为 $G(j\infty) = T_1/T_2$。

与虚轴的交点:令 $\text{Re}[G(j\omega)] = 0$,解得

$$\omega_y = 1/\sqrt{T_1T_2}, \quad G(j\omega_y) = \text{Im}[G(j\omega)] = \sqrt{T_1/T_2}$$

其中,ω_y 为 $G(j\omega)$ 与负虚轴交点处的频率。显然

$$\left(\text{Re}[G(j\omega)] - \frac{T_1-T_2}{2T_2}\right)^2 + (\text{Im}[G(j\omega)])^2 = \left(\frac{T_1+T_2}{2T_2}\right)^2$$

开环幅相特性曲线为圆心在 $\left(\frac{T_1-T_2}{2T_2}, j0\right)$,半径为 $\frac{T_1+T_2}{2T_2}$ 的圆,且开环幅相特性曲线在第Ⅰ和第Ⅱ象限间变化,如图 5-15 中曲线②所示。

系统的对数幅频和相频特性为

$$L(\omega) = 20\lg\sqrt{1+T_1^2\omega^2} - 20\lg\sqrt{1+T_2^2\omega^2}$$
$$\varphi(\omega) = 180° - \arctan(T_1\omega) - \arctan(T_2\omega)$$

其对数频率特性曲线如图 5-16 中曲线②所示。

5-10 试求如图 5-17 所示网络的频率特性,并画出其对数幅频曲线。

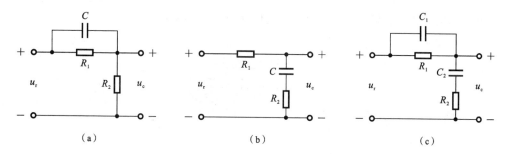

图 5-17 电路网络图

解 (a) 网络的传递函数为

$$\frac{U_c(s)}{U_r(s)} = \frac{R_2}{R_1+R_2} \cdot \frac{R_1Cs+1}{\frac{R_2}{R_1+R_2}R_1Cs+1}$$

令 $\alpha = \dfrac{R_2}{R_2+R_1}$,$T = R_1C$,则

$$\frac{U_c(j\omega)}{U_r(j\omega)} = \alpha\frac{Tj\omega+1}{\alpha Tj\omega+1}$$

其对数幅频特性曲线如图 5-18 所示。

(b) 网络的传递函数为

$$\frac{U_c(s)}{U_r(s)} = \frac{R_2Cs+1}{(R_1+R_2)Cs+1}$$

令 $T = R_2C$,$\beta = \dfrac{R_1+R_2}{R_2}$,则

$$\frac{U_c(j\omega)}{U_r(j\omega)} = \frac{Tj\omega+1}{\beta Tj\omega+1}$$

其对数幅频特性曲线如图 5-19 所示。

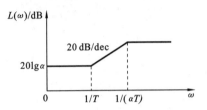

图 5-18 对数幅频特性曲线   图 5-19 对数幅频特性曲线

（c）网络的传递函数为

$$\frac{U_c(s)}{U_r(s)} = \frac{(R_1C_1s+1)(R_2C_2s+1)}{(R_1C_1s+1)(R_2C_2s+1)+R_1C_2s}$$

令 $T_1 = R_1C_1$，$T_2 = R_2C_2$，且 $T_1 > T_2$，为简化问题的分析，设 R_1、R_2、C_1、C_2 满足

$$(R_1C_1s+1)(R_2C_2s+1) + R_1C_2s = T_1T_2s^2 + \left(T_1+T_2+T_2\frac{R_1}{R_2}\right)s + 1$$
$$= (T'_1s+1)(T'_2s+1)$$

且 $T'_1 > T_1$，$T'_2 < T_2$。

由 $T'_1 T'_2 = T_1 T_2$，则一定存在 $\beta < 1$，使得 $T'_1 = T_1/\beta$，$T'_2 = \beta T_2$。

综上所述，

$$\frac{U_c(j\omega)}{U_r(j\omega)} = \frac{(T_1 j\omega+1)(T_2 j\omega+1)}{\left(\frac{T_1}{\beta}j\omega+1\right)(\beta T_2 j\omega+1)}$$

其对数幅频特性曲线如图 5-20 所示。

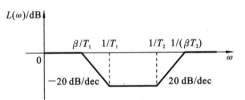

图 5-20 对数幅频特性曲线

5-11 画出下列传递函数对数幅频特性的曲线。

(1) $G(s) = \dfrac{2}{(2s+1)(8s+1)}$；

(2) $G(s) = \dfrac{50}{s^2(s^2+s+1)(6s+1)}$；

(3) $G(s) = \dfrac{10(s+0.2)}{s^2(s+0.1)}$；

(4) $G(s) = \dfrac{8(s+0.1)}{s^2(s^2+s+1)(s^2+4s+25)}$；

(5) $G(s) = \dfrac{10\left(\dfrac{s^2}{400}+\dfrac{s}{10}+1\right)}{s(s+1)\left(\dfrac{s}{0.1}+1\right)}$；

(6) $G(s) = \dfrac{20(3s+1)}{s^2(6s+1)(s^2+4s+25)(10s+1)}$。

解 （1）系统由下列环节组成：

$$G(s)=2\,\frac{1}{2s+1}\frac{1}{8s+1}=G_1(s)G_2(s)G_3(s)$$

$$G_1(s)=2,\quad L_1(\omega)=20\lg 2\ \text{dB}=6.02\ \text{dB}$$

$$G_2(s)=\frac{1}{2s+1},\quad 转折频率\ \omega_2=0.5\ \text{rad/s}$$

$$G_3(s)=\frac{1}{8s+1},\quad 转折频率\ \omega_3=0.125\ \text{rad/s}$$

$$G(\text{j}\omega)=-\arctan(2\omega)-\arctan(8\omega)$$

其对数幅频特性曲线如图 5-21 所示。

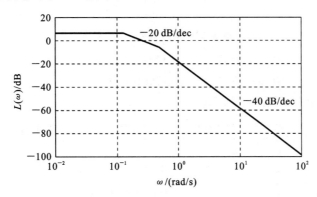

图 5-21 对数幅频特性曲线

(2) 系统由下列环节组成：

$$G(s)=50\,\frac{1}{s^2}\frac{1}{6s+1}\frac{1}{s^2+s+1}=G_1(s)G_2(s)G_3(s)G_4(s)$$

$$G_1(s)=50,\quad L_1(\omega)=20\lg 50\ \text{dB}=33.98\ \text{dB}$$

$$G_2(s)=\frac{1}{s^2},\quad 低频段的斜率为-40\ \text{dB/dec}$$

$$G_3(s)=\frac{1}{6s+1},\quad 转折频率\ \omega_3=0.17\ \text{rad/s}$$

$$G_4(s)=\frac{1}{s^2+s+1},\quad 转折频率\ \omega_4=1\ \text{rad/s}$$

$$G(\text{j}\omega)=-180°-\arctan(6\omega)-\arctan\frac{\omega}{1-\omega^2}$$

其对数幅频特性曲线如图 5-22 所示。

(3) 系统由下列环节组成：

$$G(s)=20\,\frac{1}{s^2}\frac{1}{10s+1}(5s+1)=G_1(s)G_2(s)G_3(s)G_4(s)$$

$$G_1(s)=20,\quad L_1(\omega)=20\lg 20\ \text{dB}=26.02\ \text{dB}$$

$$G_2(s)=\frac{1}{s^2},\quad 低频段的斜率为-40\ \text{dB/dec}$$

$$G_3(s)=\frac{1}{10s+1},\quad 转折频率\ \omega_3=0.1\ \text{rad/s}$$

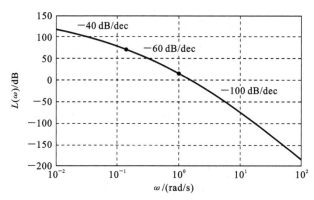

图 5-22 对数幅频特性曲线

$G_4(s) = 5s+1$，转折频率 $\omega_4 = 0.2$ rad/s

$G(j\omega) = -180° - \arctan(10\omega) + \arctan(5\omega)$

其对数幅频特性曲线如图 5-23 所示。

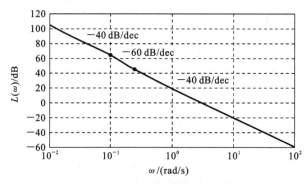

图 5-23 对数幅频特性曲线

（4）系统由下列环节组成：

$$G(s) = \frac{0.8}{25} \frac{1}{s^2}(10s+1)\frac{1}{s^2+s+1}\frac{25}{s^2+4s+25} = G_1(s)G_2(s)G_3(s)G_4(s)G_5(s)$$

$G_1(s) = \frac{0.8}{25} = 0.032$，$L_1(\omega) = 20\lg 0.032$ dB $= -30$ dB

$G_2(s) = \frac{1}{s^2}$，低频段的斜率为 -40 dB/dec

$G_3(s) = 10s+1$，转折频率 $\omega_3 = 0.1$ rad/s

$G_4(s) = \frac{1}{s^2+s+1}$，转折频率 $\omega_4 = 1$ rad/s

$G_5(s) = \frac{25}{s^2+4s+25}$，转折频率 $\omega_5 = 5$ rad/s

$$G(j\omega) = -180° + \arctan(10\omega) - \arctan\frac{\omega}{1-\omega^2} - \arctan\frac{4\omega}{25-\omega^2}$$

其对数幅频特性曲线如图 5-24 所示。

（5）下面确定各交接频率 $\omega_i(i=1,2,3)$ 及斜率变化值。

最小相位惯性环节：$\omega_1 = 0.1$，斜率减小 20 dB/dec。

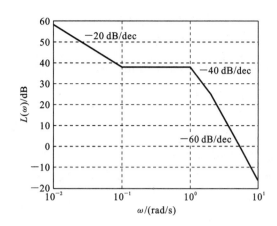

图 5-24 对数幅频特性曲线

最小相位惯性环节:$\omega_2=1$,斜率减小 20 dB/dec。

最小相位二阶微分环节:$\omega_3=20$,斜率增加 40 dB/dec。

最小交接频率:$\omega_{\min}=\omega_1=0.1$。

绘制低频段($\omega<\omega_{\min}$)特性曲线。因为系统积分环节数为 1,$20\lg K=20\lg 10$ dB$=20$ dB,则低频段渐近线斜率 $k=-20$ dB/dec,并且通过点$(1,20\lg 10)=(1,20)$。

绘制频段 $\omega\geqslant\omega_{\min}$ 的特性曲线。

$$\omega_{\min}\leqslant\omega<\omega_2,\quad k=-40\text{ dB/dec}$$
$$\omega_2\leqslant\omega<\omega_3,\quad k=-60\text{ dB/dec}$$
$$\omega\geqslant\omega_3,\quad k=-20\text{ dB/dec}$$

系统开环对数幅频特性曲线如图 5-25 所示。

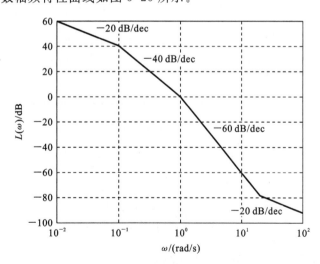

图 5-25 对数幅频特性曲线

(6) $G(s)=\dfrac{20(3s+1)}{s^2(6s+1)(s^2+4s+25)(10s+1)}=\dfrac{0.8(3s+1)}{s^2(6s+1)\left(\dfrac{s^2}{25}+\dfrac{4s}{25}+1\right)(10s+1)}$

下面确定各交接频率 $\omega_i (i=1,2,3,4)$ 及斜率变化值。

最小相位惯性环节：$\omega_1 = 0.1$，斜率减小 20 dB/dec。

最小相位惯性环节：$\omega_2 = \dfrac{1}{6}$，斜率减小 20 dB/dec。

最小相位一阶微分环节：$\omega_3 = \dfrac{1}{3}$，斜率增大 20 dB/dec。

最小相位振荡环节：$\omega_4 = 5$，斜率减小 40 dB/dec。

最小交接频率：$\omega_{\min} = \omega_1 = 0.1$。绘制低频段（$\omega < \omega_{\min}$）的特性曲线。因为系统积分环节数为 2，$20\lg K = 20\lg 0.8 = -1.94$ (dB)，则低频段渐近线斜率 $k = -40$ dB/dec，并且通过点 $(1, 20\lg 0.8) = (1, -1.94)$。

绘制频段 $\omega \geqslant \omega_{\min}$ 的特性曲线。

$$\omega_{\min} \leqslant \omega < \omega_2, \quad k = -60 \text{ dB/dec}$$
$$\omega_2 \leqslant \omega < \omega_3, \quad k = -80 \text{ dB/dec}$$
$$\omega_3 \leqslant \omega < \omega_4, \quad k = -60 \text{ dB/dec}$$
$$\omega \geqslant \omega_4, \quad k = -100 \text{ dB/dec}$$

系统开环对数幅频特性曲线如图 5-26 所示。

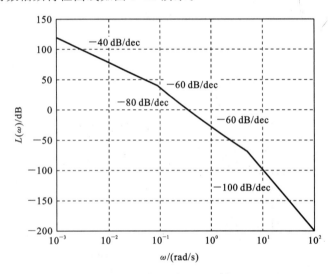

图 5-26 对数幅频特性曲线

5-12 已知系统开环传递函数

$$G(s) = \dfrac{400(10s+1)}{s(s^2+s+1)\left(\dfrac{s^2}{25}+\dfrac{4s}{25}+1\right)}$$

试计算对数幅频特性曲线与零分贝线的交点。

解 系统的对数幅频特性曲线按如下步骤绘制。

确定各交接频率 $\omega_i (i=1,2,3)$ 及斜率变化值。

最小相位一阶微分环节：$\omega_1 = 0.1$，斜率增大 20 dB/dec。

最小相位振荡环节：$\omega_2 = 1$，斜率减小 40 dB/dec。

最小相位振荡环节：$\omega_3 = 5$，斜率减小 40 dB/dec。
最小交接频率：$\omega_{\min} = \omega_1 = 0.1$。
绘制低频段（$\omega < \omega_{\min}$）特性曲线。因为系统积分环节数为 1，则
$$20\lg K = 20\lg 400 = 52.04 \text{ (dB)}$$
于是低频段曲线斜率 $k = -20$ dB/dec，且通过点 $(1, 20\lg 400) = (1, 52.04)$。
绘制频段 $\omega \geq \omega_{\min}$ 特性曲线。
$$\omega_{\min} \leq \omega < \omega_2, \quad k = 0 \text{ dB/dec}$$
$$\omega_2 \leq \omega < \omega_3, \quad k = -40 \text{ dB/dec}$$
$$\omega \geq \omega_3, \quad k = -80 \text{ dB/dec}$$
系统开环对数幅频特性曲线如图 5-27 所示。

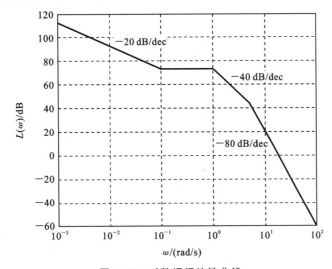

图 5-27 对数幅频特性曲线

由图 5-27 的几何性质可得
$$20\lg \frac{400}{0.1} = 40\lg 5 + 80\lg \frac{\omega_c}{5} \Rightarrow \omega_c = 17.78$$

5-13 已知最小相位系统的对数幅频特性曲线如图 5-28 所示，试写出它们的传递函数 $G(s)$，并计算出各参数值。

解 (a) $G(s) = \dfrac{K}{s/\omega + 1} = \dfrac{K}{s/10 + 1}$

由 $20\lg K = 20$ 得 $K = 10$，则 $G(s) = \dfrac{K}{s/10 + 1} = \dfrac{10}{0.1s + 1}$。

(b) $G(s) = K(s/\omega + 1) = K(s/10 + 1)$

由 $20\lg K = 0$ 得 $K = 1$，则 $G(s) = K(s/10 + 1) = 0.1s + 1$。

(c) $G(s) = Ks \dfrac{1}{s/\omega + 1} = Ks \dfrac{1}{s/50 + 1}$

当 $\omega = 10$ rad/s 时，$20\lg 10K = 0$，$K = 0.1$，则
$$G(s) = Ks \dfrac{1}{s/50 + 1} = \dfrac{0.1s}{s/50 + 1}$$

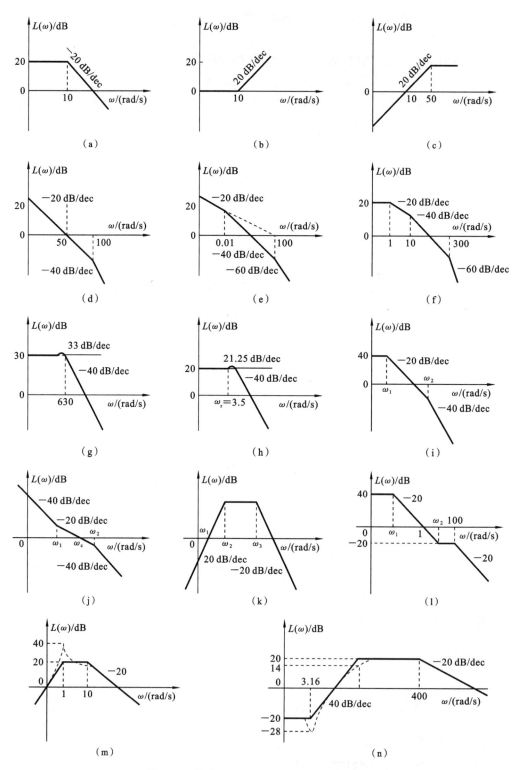

图 5-28 最小相位系统的对数幅频特性曲线

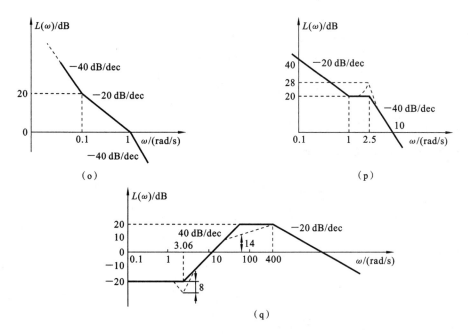

续图 5-28

(d) $G(s) = K\dfrac{1}{s}\dfrac{1}{s/\omega+1} = K\dfrac{1}{s}\dfrac{1}{s/100+1}$

由 $20\lg\dfrac{K}{50} = 0$ 得 $K=50$,则

$$G(s) = K\dfrac{1}{s}\dfrac{1}{s/100+1} = \dfrac{50}{s(0.01s+1)}$$

(e) $G(s) = K\dfrac{1}{s}\dfrac{1}{s/\omega_1+1}\dfrac{1}{s/\omega_2+1} = K\dfrac{1}{s}\dfrac{1}{s/0.01+1}\dfrac{1}{s/100+1}$

由 $20\lg\dfrac{K}{100} = 0$ 得 $K=100$,则

$$G(s) = K\dfrac{1}{s}\dfrac{1}{s/0.01+1}\dfrac{1}{s/100+1} = \dfrac{100}{s(100s+1)(0.01s+1)}$$

(f) $G(s) = K\dfrac{1}{s/\omega_1+1}\dfrac{1}{s/\omega_2+1}\dfrac{1}{s/\omega_3+1} = K\dfrac{1}{s+1}\dfrac{1}{s/10+1}\dfrac{1}{s/300+1}$

由 $20\lg K = 20$ 得 $K=10$,则

$$G(s) = K\dfrac{1}{s+1}\dfrac{1}{s/10+1}\dfrac{1}{s/300+1} = \dfrac{10}{(s+1)(0.1s+1)(0.0033s+1)}$$

(g) $G(s) = K\dfrac{\omega_n^2}{s^2+2\zeta\omega_n s+\omega_n^2} = K\dfrac{630^2}{s^2+2\zeta\times 630s+630^2}$

由 $20\lg K = 30, 20\lg\dfrac{1}{2\zeta} = 3$ 得 $K=31.6, \zeta=0.35$,则

$$G(s) = \dfrac{1.25\times 10^7}{s^2+441s+396900}$$

(h) $G(s) = K\dfrac{\omega_n^2}{s^2+2\zeta\omega_n s+\omega_n^2}$

由 $20\lg K = 20, 20\lg \dfrac{1}{2\zeta\sqrt{1-\zeta^2}} = 21.25 - 20 = 1.25, \omega_r = \omega_n\sqrt{1-2\zeta^2} = 3.5$ 得

$$K = 10, \quad \zeta = 0.5, \quad \omega_n = 4.95$$

故
$$G(s) = K\dfrac{\omega_n^2}{s^2 + 2\zeta\omega_n s + \omega_n^2} = \dfrac{245}{s^2 + 4.95s + 24.5}$$

(i) $G(s) = K\dfrac{1}{s/\omega_1 + 1}\dfrac{1}{s/\omega_2 + 1}$

由 $20\lg K = 40$ 得 $K = 100$，则

$$G(s) = K\dfrac{1}{s/\omega_1 + 1}\dfrac{1}{s/\omega_2 + 1} = \dfrac{100}{(s/\omega_1 + 1)(s/\omega_2 + 1)}$$

(j) $G(s) = K\dfrac{1}{s^2}\left(\dfrac{s}{\omega_1} + 1\right)\dfrac{1}{s/\omega_2 + 1}$

由 $20\lg\left(\dfrac{K}{\omega_c^2} \cdot \dfrac{\omega_c}{\omega_1}\right) = 0$ 得 $K = \omega_1\omega_c$，则

$$G(s) = \dfrac{\omega_1\omega_c(s/\omega_1 + 1)}{s^2(s/\omega_2 + 1)}$$

(k) $G(s) = Ks\dfrac{1}{s/\omega_2 + 1}\dfrac{1}{s/\omega_3 + 1} = \dfrac{s/\omega_1}{(s/\omega_2 + 1)(s/\omega_3 + 1)}$

(l) 首先确定系统积分环节或微分环节的个数。因为对数幅频渐近特性曲线的低频渐近线的斜率为 0 dB/dec，故 $v = 0$。

再确定系统传递函数结构形式。

$\omega = \omega_1$ 处，斜率变化 -20 dB/dec，对应惯性环节；

$\omega = \omega_2$ 处，斜率变化 $+20$ dB/dec，对应一阶微分环节；

$\omega = 100$ 处，斜率变化 -20 dB/dec，对应惯性环节。

因此，系统应具有的传递函数为

$$G(s) = \dfrac{K(1 + s/\omega_2)}{(1 + s/\omega_1)(1 + s/100)}$$

最后由给定条件确定传递函数参数。由于低频渐近线通过点 $(1, 20\lg K)$，故

$$20\lg K = 40$$

解得 $K = 100$，于是系统的传递函数为

$$G(s) = \dfrac{100(1 + s/\omega_2)}{(1 + s/\omega_1)(1 + s/100)}$$

由 $40 = 20\lg\dfrac{1}{\omega_1} \Rightarrow \omega_1 = 0.01$，由 $20 = 20\lg\dfrac{\omega_2}{1} \Rightarrow \omega_2 = 10$。

于是，系统的传递函数为

$$G(s) = \dfrac{100(1 + s/10)}{(1 + s/0.01)(1 + s/100)}$$

(m) 首先确定系统积分环节或微分环节的个数。因为对数幅频渐近特性曲线的低频渐近线的斜率为 40 dB/dec，故有 $v = -2$。

再确定系统传递函数结构形式。

$\omega = 1$ 处，斜率变化 -40 dB/dec，对应振荡环节；

$\omega=10$ 处,斜率变化-20 dB/dec,对应惯性环节。

因此,系统应具有的传递函数为

$$G(s)=\frac{Ks^2}{(s^2+2\zeta+1)\left(1+\dfrac{s}{10}\right)}$$

最后由给定条件确定传递函数参数。由于低频渐近线通过点$(1,20\lg K)$,故由 $20\lg K=20$ 解得 $K=10$。再由

$$20\lg M_r=20\lg\frac{1}{2\zeta\sqrt{1-\zeta^2}}=40-20=20$$

解得 $\zeta=0.05$,$\zeta=0.9987$(不符合题意,舍去)。

于是,系统的传递函数为

$$G(s)=\frac{10s^2}{(s^2+0.1s+1)\left(1+\dfrac{s}{10}\right)}$$

(n) 第2个转折频率 $\omega_2=10\omega_1=31.6$ rad/s

$$G(s)=\frac{K\left[\left(\dfrac{1}{3.16}\right)^2 s^2+2\zeta_1\dfrac{1}{3.16}s+1\right]}{\left[\left(\dfrac{1}{3.16}\right)^2 s^2+2\zeta_2\dfrac{1}{3.16}s+1\right]\left(\dfrac{1}{400}s+1\right)}$$

$$20\lg(2\zeta_1)=-28-(-20)=-8\Rightarrow 2\zeta_1=0.4,\quad \zeta_1=0.2$$
$$-20\lg(2\zeta_2)=14-20=-6\Rightarrow 2\zeta_2=2,\quad \zeta_2=1$$
$$20\lg K=-20\Rightarrow K=0.1$$

于是,系统的传递函数为

$$G(s)=\frac{0.1\left[\left(\dfrac{1}{3.16}\right)^2 s^2+\dfrac{0.4}{3.16}s+1\right]}{\left[\left(\dfrac{1}{3.16}\right)^2 s^2+\dfrac{2}{3.16}s+1\right]\left(\dfrac{1}{400}s+1\right)}$$

(o) $G(s)=\dfrac{K\left(\dfrac{s}{0.1}+1\right)}{s^2(s+1)}$

由 $20\lg\dfrac{K}{0.1^2}=20$ 得 $K=0.1$,所以 $G(s)=\dfrac{0.1(10s+1)}{s^2(s+1)}$。

(p) $G(s)=\dfrac{K(s+1)\times 2.5^2}{s(s^2+2\zeta\times 2.5s+2.5^2)}=\dfrac{6.25K(s+1)}{s(s^2+5\zeta s+6.25)}$

当 $\omega=\omega_n=2.5$ rad/s 时,由 $20\lg\dfrac{1}{2\zeta}=8$ 得 $\zeta=0.2$,又由 $20\lg K=20$ 得 $K=10$,所以 $G(s)=\dfrac{62.5(s+1)}{s(s^2+s+6.25)}$。

(q) $G(s)=\dfrac{K\left(\dfrac{s^2}{3.06^2}+2\zeta\dfrac{s}{3.06}+1\right)}{\left(\dfrac{s}{100}+1\right)^2\left(\dfrac{s}{400}+1\right)}$

由 $20\lg K=-20$,$20\lg 2\zeta=-8$,解得 $K=0.1$,$\zeta=0.2$。于是有

$$G(s) = \frac{0.1\left(\dfrac{s^2}{3.06^2}+0.13s+1\right)}{\left(\dfrac{s}{100}+1\right)^2\left(\dfrac{s}{400}+1\right)}$$

5-14 设系统开环频率特性如图 5-29 所示,试判别系统的稳定性,其中 P 为开环不稳定极点的个数,v 为开环积分环节的个数。

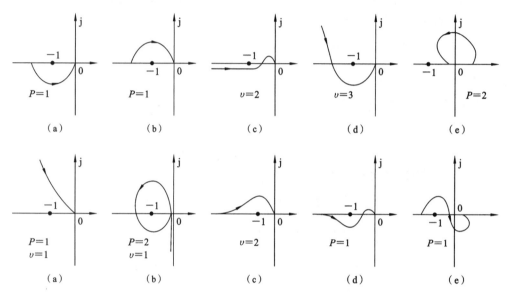

图 5-29 系统开环频率特性图

解 (a) $N=\dfrac{1}{2}, P=1, Z=P-2N=0$,系统稳定。

(b) $N=-\dfrac{1}{2}, P=1, Z=P-2N=2$,系统不稳定。

(c) $N=0, P=0, Z=P-2N=0$,系统稳定。

(d) $N=0, P=0, Z=P-2N=0$,系统稳定。

(e) $N=0, P=2, Z=P-2N=2$,系统不稳定。

(f) $N=-\dfrac{1}{2}, P=1, Z=P-2N=2$,系统不稳定。

(g) $N=1, P=2, Z=P-2N=0$,系统稳定。

(h) $N=-1, P=0, Z=P-2N=2$,系统不稳定。

(i) $N=\dfrac{1}{2}, P=1, Z=P-2N=0$,系统稳定。

(j) $N=-\dfrac{1}{2}, P=1, Z=P-2N=2$,系统不稳定。

5-15 已知下列系统开环传递函数(参数 $K, T, T_i > 0; i=1,2,\cdots,6$):

(1) $G(s)=\dfrac{K}{(T_1s+1)(T_2s+1)(T_3s+1)}$;

(2) $G(s)=\dfrac{K}{s(T_1s+1)(T_2s+1)}$;

(3) $G(s)=\dfrac{K}{s^2(Ts+1)}$;

(4) $G(s)=\dfrac{K(T_1s+1)}{s^2(T_2s+1)}$;

(5) $G(s) = \dfrac{K}{s^3}$; (6) $G(s) = \dfrac{K(T_1s+1)(T_2s+1)}{s^3}$;

(7) $G(s) = \dfrac{K(T_5s+1)(T_6s+1)}{s(T_1s+1)(T_2s+1)(T_3s+1)(T_4s+1)}$;

(8) $G(s) = \dfrac{K}{Ts-1}$; (9) $G(s) = \dfrac{-K}{-Ts+1}$;

(10) $G(s) = \dfrac{K}{s(Ts-1)}$; (11) $G(s) = \dfrac{K}{(T_1s-1)(T_2s-1)}$;

(12) $G(s) = \dfrac{K}{(T_1s-1)(T_2s+1)(T_3s+1)}$;

(13) $G(s) = \dfrac{K}{s(T_1s+1)(T_2s+1)(s^2-2\zeta\omega_n s+\omega_n^2)}$;

(14) $G(s) = \dfrac{K(T_4s+1)}{(T_1s-1)(T_2s+1)(T_3s+1)}$;

(15) $G(s) = \dfrac{K(T_4s+1)(T_5s+1)(T_6s+1)}{(T_1s-1)(T_2s+1)(T_3s+1)}$。

它们的系统开环幅相特性曲线分别如图 5-30(a)～(o)所示,试根据奈奎斯特判据判定各系统的闭环稳定性,若系统闭环不稳定,确定其 s 右半平面的闭环极点数。

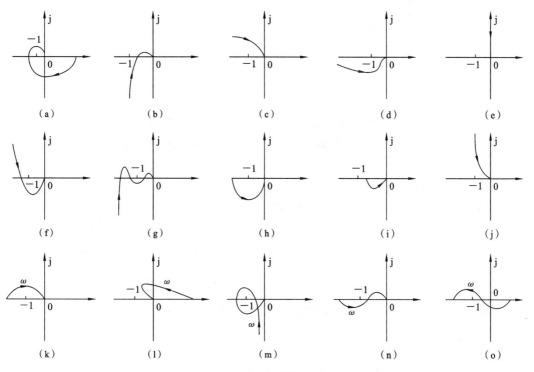

图 5-30 系统开环幅相特性曲线

解 (1) $G(s) = \dfrac{K}{(T_1s+1)(T_2s+1)(T_3s+1)}$

$G(s)$在 s 右半平面的极点数 $P=0$,由奈奎斯特曲线知 $N_-=1,N_+=0$,故

$$N = N_+ - N_- = -1$$

应用奈奎斯特判据,算得 s 右半平面的闭环极点数为

$$Z = P - 2N = 2$$

所以系统闭环不稳定,有两个正实部闭环极点。

(2) $G(s) = \dfrac{K}{s(T_1 s+1)(T_2 s+1)}$

因为 $v=1$,从奈奎斯特曲线上 $\omega=0^+$ 的对应点起逆时针补作 $90°$ 且半径为无穷大的虚圆弧。由于 $G(s)$ 在 s 右半平面的极点数 $P=0$,由奈奎斯特曲线知 $N_-=0, N_+=0$,故 $N = N_+ - N_- = 0$。

应用奈奎斯特判据,算得 s 右半平面的闭环极点数为

$$Z = P - 2N = 0$$

所以系统闭环稳定。

(3) $G(s) = \dfrac{K}{s^2(Ts+1)}$

因为 $v=2$,从奈奎斯特曲线上 $\omega=0^+$ 的对应点起逆时针补作 $180°$ 且半径为无穷大的虚圆弧。由于 $G(s)$ 在 s 右半平面的极点数 $P=0$,由奈奎斯特曲线知 $N_-=1, N_+=0$,故 $N = N_+ - N_- = -1$。

应用奈奎斯特判据,算得 s 右半平面的闭环极点数为

$$Z = P - 2N = 0 - 2 \times (-1) = 2$$

所以系统闭环不稳定,有两个正实部闭环极点。

(4) $G(s) = \dfrac{K(T_1 s+1)}{s^2(T_2 s+1)}$

因为 $v=2$,从奈奎斯特曲线上 $\omega=0^+$ 的对应点起逆时针补作 $180°$ 且半径为无穷大的虚圆弧。由于 $G(s)$ 在 s 右半平面的极点数 $P=0$,由奈奎斯特曲线知 $N_-=0, N_+=0$,故 $N = N_+ - N_- = 0$。

应用奈奎斯特判据,算得 s 右半平面的闭环极点数为

$$Z = P - 2N = 0$$

所以系统闭环稳定。

(5) $G(s) = \dfrac{K}{s^3}$

因为 $v=3$,从奈奎斯特曲线上 $\omega=0^+$ 的对应点起逆时针补作 $270°$ 且半径为无穷大的虚圆弧。由于 $G(s)$ 在 s 右半平面的极点数 $P=0$,由奈奎斯特曲线知 $N_-=1, N_+=0$,故 $N = N_+ - N_- = -1$。

应用奈奎斯特判据,算得 s 右半平面的闭环极点数为

$$Z = P - 2N = 2$$

所以系统闭环不稳定,有两个正实部闭环极点。

(6) $G(s) = \dfrac{K(T_1 s+1)(T_2 s+1)}{s^3}$

因为 $v=3$,从奈奎斯特曲线上 $\omega=0^+$ 的对应点起逆时针补作 $270°$ 且半径为无穷大的

虚圆弧。由于 $G(s)$ 在 s 右半平面的极点数 $P=0$，由奈奎斯特曲线知 $N_-=1, N_+=1$，故 $N=N_+-N_-=0$。

应用奈奎斯特判据，算得 s 右半平面的闭环极点数为
$$Z=P-2N=0$$
所以系统闭环稳定。

(7) $G(s)=\dfrac{K(T_5 s+1)(T_6 s+1)}{s(T_1 s+1)(T_2 s+1)(T_3 s+1)(T_4 s+1)}$

因为 $v=1$，从奈奎斯特曲线上 $\omega=0^+$ 的对应点起逆时针补作 $90°$ 且半径为无穷大的虚圆弧。由于 $G(s)$ 在 s 右半平面的极点数 $P=0$，由奈奎斯特曲线知 $N_-=1, N_+=1$，故 $N=N_+-N_-=0$。

应用奈奎斯特判据，算得 s 右半平面的闭环极点数为
$$Z=P-2N=0$$
所以系统闭环稳定。

(8) $G(s)=\dfrac{K}{Ts-1}$

$G(s)$ 在 s 右半平面的极点数 $P=1$，由奈奎斯特曲线知 $N_-=0, N_+=\dfrac{1}{2}$，故
$$N=N_+-N_-=\dfrac{1}{2}$$

应用奈奎斯特判据，算得 s 右半平面的闭环极点数为
$$Z=P-2N=1-2\times\dfrac{1}{2}=0$$
所以系统闭环稳定。

(9) $G(s)=\dfrac{-K}{-Ts+1}$

$G(s)$ 在 s 右半平面的极点数 $P=1$，由奈奎斯特曲线知 $N_-=0, N_+=0$，故
$$N=N_+-N_-=0$$

应用奈奎斯特判据，算得 s 右半平面的闭环极点数为
$$Z=P-2N=1-2\times 0=1$$
所以系统闭环不稳定，有一个正实部闭环极点。

(10) $G(s)=\dfrac{K}{s(Ts-1)}$

因为 $v=1$，从奈奎斯特曲线上 $\omega=0^+$ 的对应点起逆时针补作 $90°$ 且半径为无穷大的虚圆弧。由于 $G(s)$ 在 s 右半平面的极点数 $P=1$，由奈奎斯特曲线知 $N_-=\dfrac{1}{2}, N_+=0$，故 $N=N_+-N_-=-\dfrac{1}{2}$。

应用奈奎斯特判据，算得 s 右半平面的闭环极点数为
$$Z=P-2N=1-2\times\left(-\dfrac{1}{2}\right)=2$$
所以系统闭环不稳定，有两个正实部闭环极点。

(11) $G(s)$ 在 s 右半平面的极点数 $P=2$,由奈奎斯特曲线知 $N_-=0$, $N_+=0$,故
$$N=N_+-N_-=0$$
应用奈奎斯特判据,算得 s 右半平面的闭环极点数为
$$Z=P-2N=2-0=2$$
所以系统闭环不稳定,有两个正实部闭环极点。

(12) $G(s)$ 在 s 右半平面的极点数 $P=1$,由奈奎斯特曲线知 $N_+=0$, $N_-=\dfrac{1}{2}$,故
$$N=N_+-N_-=-\dfrac{1}{2}$$
应用奈奎斯特判据,算得 s 右半平面的闭环极点数为
$$Z=P-2N=1+2\times\dfrac{1}{2}=2$$
所以系统闭环不稳定,有两个正实部闭环极点。

(13) 因为 $v=1$,从奈奎斯特曲线上 $\omega=0^+$ 的对应点起逆时针补作 $90°$ 且半径为无穷大的虚圆弧。$G(s)$ 在 s 右半平面的极点数 $P=2$,由奈奎斯特曲线知 $N_-=0$, $N_+=1$,故 $N=N_+-N_-=1$。

应用奈奎斯特判据,算得 s 右半平面的闭环极点数为
$$Z=P-2N=2-2\times 1=0$$
所以系统闭环稳定。

(14) $G(s)$ 在 s 右半平面的极点数 $P=1$,由奈奎斯特曲线知 $N_-=0$, $N_+=\dfrac{1}{2}$,故
$$N=N_+-N_-=\dfrac{1}{2}$$
应用奈奎斯特判据,算得 s 右半平面的闭环极点数为
$$Z=P-2N=1-2\times\dfrac{1}{2}=0$$
所以系统闭环稳定。

(15) $G(s)$ 在 s 右半平面的极点数 $P=1$,由奈奎斯特曲线知 $N_+=\dfrac{1}{2}$, $N_-=0$,故
$$N=N_+-N_-=\dfrac{1}{2}$$
应用奈奎斯特判据,算得 s 右半平面的闭环极点数为
$$Z=P-2N=1-2\times\dfrac{1}{2}=0$$
所以系统闭环稳定。

5-16 图 5-31 是单位负反馈系统的开环传递函数 $G(s)$ 的奈奎斯特图,确定在下述条件下开环和闭环的右半平面极点个数,并确定闭环系统稳定性。

(1) $G(s)$ 在右半平面有一个零点,$(-1,j0)$ 位于 A 点;
(2) $G(s)$ 在右半平面有一个零点,$(-1,j0)$ 位于 B 点;
(3) $G(s)$ 在右半平面没有零点,$(-1,j0)$ 位于 A 点;

(4) $G(s)$在右半平面没有零点,$(-1,j0)$位于B点。

解 设开环右半平面极点数和零点数分别为P和Z_0,闭环右半平面极点数是Z,开环奈奎斯特图绕原点和点$(-1,j0)$的圈数分别为R_0和R(逆时针为正)。

由幅角原理知$Z_0=P-R_0$,由奈奎斯特稳定判据知$Z=P-R$。

(1) $Z_0=1,R_0=2,P=Z_0+R_0=3;R=0,Z=P-R=3$。

开环和闭环右半极点数都是3,闭环不稳定。

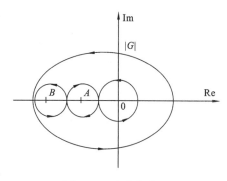

图 5-31 奈奎斯特图

(2) $Z_0=1,R_0=2,P=3;R=2,Z=P-R=1$。

开环右半极点数是3,闭环右半极点数是1,闭环不稳定。

(3) $Z_0=0,R_0=2,P=Z_0+R_0=2;R=0,Z=P-R=2$。

开环和闭环右半极点各2个,闭环不稳定。

(4) $Z_0=0,R_0=2,P=2;R=2,Z=P-R=0$。

开环右半极点数是2,闭环没有右半极点,闭环稳定。

5-17 若单位负反馈系统的开环传递函数分别是

(1) $G(s)=\dfrac{100}{s(0.2s+1)}$;

(2) $G(s)=\dfrac{50}{(0.2s+1)(s+2)(s+0.5)}$;

(3) $G(s)=\dfrac{100}{s(0.8s+1)(0.25s+1)}$;

(4) $G(s)=\dfrac{10}{s(0.1s+1)(0.25s+1)}$;

(5) $G(s)=\dfrac{10}{s(0.2s+1)(s-1)}$;

(6) $G(s)=\dfrac{100(0.2s+1)}{s^2(0.02s+1)}$。

试用奈奎斯特判据或对数稳定判据判别闭环系统的稳定性。

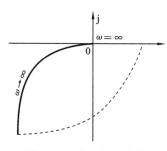

图 5-32 奈奎斯特曲线

解 (1) 系统频率特性为

$$G(j\omega)=\dfrac{100}{j\omega(0.2j\omega+1)}$$

其奈奎斯特曲线如图 5-32 所示,曲线对点$(-1,j0)$没有包围,闭环系统是稳定的。

(2) 系统频率特性为

$$G(j\omega)=\dfrac{50}{(0.2j\omega+1)(j\omega+2)(j\omega+0.5)}$$

转折频率分别为$\omega_1=0.5,\omega_2=2,\omega_3=5$,系统的对数幅频渐近曲线和相频曲线如图 5-33 所示。

$\omega_c=5.6$ rad/s,相位裕度$\gamma=-23.3°$。即在幅值大于零分贝的区域内相频曲线对$-\pi$线有一次负穿越,且系统开环无右半复平面极点,因此闭环系统不稳定。

(3) 系统频率特性为

$$G(j\omega)=\dfrac{100}{j\omega(0.8j\omega+1)(0.25j\omega+1)}$$

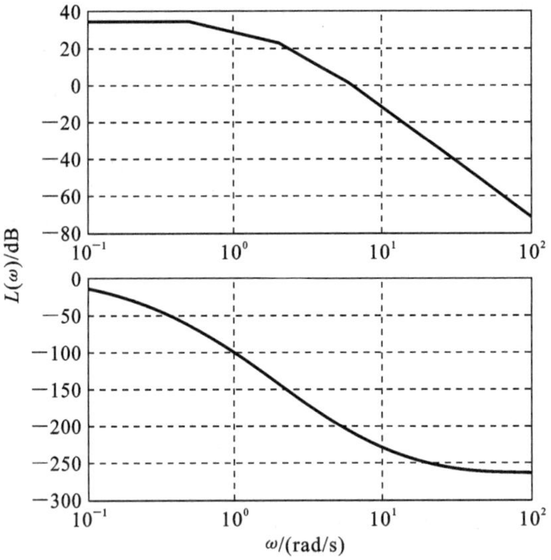

图 5-33 对数幅频渐近曲线及相频曲线

转折频率分别为 $\omega_1=1.25,\omega_2=4$,系统的对数幅频渐近曲线和相频曲线如图 5-34 所示。

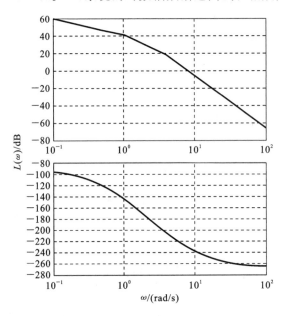

图 5-34 对数幅频渐近曲线及相频曲线

$\omega_c=7.6$ rad/s,相位裕度 $\gamma=-52.3°$。即在幅值大于零分贝的区域内相频曲线对 $-\pi$ 线有一次负穿越,且系统开环无右半复平面极点,因此闭环系统不稳定。

(4) 系统频率特性为

$$G(j\omega)=\frac{10}{j\omega(0.1j\omega+1)(0.25j\omega+1)}$$

转折频率分别为 $\omega_1=4,\omega_2=10$,系统的对数幅频渐近曲线和相频曲线如图 5-35 所示。

$\omega_c=5.3$ rad/s,相位裕度 $\gamma=9°$。即在幅值大于零分贝的区域内相频曲线对 $-\pi$ 线无

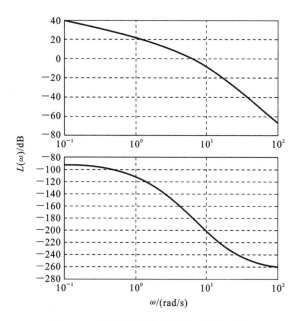

图 5-35 对数幅频渐近曲线及相频曲线

穿越,且系统开环无右半复平面极点,因此闭环系统稳定。

(5) 系统频率特性为

$$G(j\omega) = \frac{10}{j\omega(0.2j\omega+1)(j\omega-1)}$$

转折频率分别为 $\omega_1 = 1, \omega_2 = 5$,系统的对数幅频渐近曲线和相频曲线如图 5-36 所示。

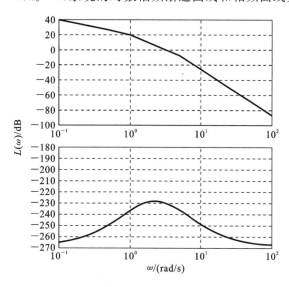

图 5-36 对数幅频渐近曲线及相频曲线

$\omega_c = 2.9 \text{ rad/s}$,相位裕度 $\gamma = -49°$。在幅值大于零分贝的区域内相频曲线对 $-\pi$ 线有 $-\frac{1}{2}$ 穿越,系统开环有一个右半复平面极点。由 $Z = P - 2N = 2$ 知,闭环系统不稳定。

(6) 系统频率特性为

$$G(j\omega) = \frac{100(0.2j\omega+1)}{(j\omega)^2(0.02j\omega+1)}$$

$$\varphi(\omega) = \angle G(j\omega) = -180° + \arctan(0.2\omega) - \arctan(0.02\omega), \quad \omega > 0$$

显然，$\lim\limits_{\omega \to 0^+}\varphi(\omega) = -180°$，$\lim\limits_{\omega \to +\infty}\varphi(\omega) = -180°$，而当 $0 < \omega < +\infty$ 时，

$$\arctan(0.2\omega) - \arctan(0.02\omega) > 0$$

所以，系统的开环奈奎斯特曲线如图 5-37 所示，且曲线不包围临界点 $(-1, j0)$，$N=0$，开环没有实部为正的极点，又 $P=0$，所以闭环系统稳定。

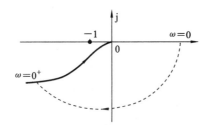

图 5-37 开环奈奎斯特曲线

5-18 试由下述幅角计算公式确定最小相位系统的开环传递函数：

(1) $\varphi(\omega) = -90° - \arctan\omega + \arctan\dfrac{\omega}{3} - \arctan(10\omega)$，$A(5) = 2$；

(2) $\varphi(\omega) = -180° + \arctan\dfrac{\omega}{5} - \arctan\dfrac{\omega}{1-\omega^2} + \arctan\dfrac{\omega}{1-3\omega^2} - \arctan\dfrac{\omega}{10}$，$A(10) = 1$。

解 (1) 由系统的相频特性可知，开环传递函数形式应为

$$G(s) = \frac{K(s/3+1)}{s(s+1)(10s+1)}$$

由 $A(5) = 2$，即

$$\left.\frac{K}{\omega}\frac{\sqrt{1+\omega^2/9}}{\sqrt{1+\omega^2}\sqrt{1+100\omega^2}}\right|_{\omega=5} = 2$$

解得 $K = 1312$，故系统的开环传递函数为

$$G(s) = \frac{1312(s/3+1)}{s(s+1)(10s+1)}$$

(2) 由系统的相频特性可知，开环传递函数形式应为

$$G(s) = \frac{K(s/5+1)(3s^2+s+1)}{s^2(s^2+s+1)(s/10+1)}$$

由 $A(10) = 1$，即

$$\left.\frac{K}{\omega^2}\frac{\sqrt{1+\omega^2/25}\sqrt{(1-3\omega^2)^2+\omega^2}}{\sqrt{(1-\omega^2)^2+\omega^2}\sqrt{1+\omega^2/100}}\right|_{\omega=10} = 1$$

则 $K = 21.04$，故系统(2)的开环传递函数为

$$G(s) = \frac{21.04(s/5+1)(3s^2+s+1)}{s^2(s^2+s+1)(s/10+1)}$$

5-19 单位负反馈最小相位系统的开环对数幅频特性分别如图 5-38(a)~(d)所示，求开环传递函数及相位裕度 γ。

解 （1）由对数幅频特性知

$$G(s)=\frac{K\left(\frac{1}{20}s+1\right)}{s\left(\frac{1}{10}s+1\right)\left(\frac{1}{\omega_3}s+1\right)}$$

$$20\lg\frac{K}{20}=20\Rightarrow K=100$$

$$-12=-20(\lg\omega_3-\lg 50)=-20\lg\frac{\omega_3}{50}\Rightarrow\frac{\omega_3}{50}=4\Rightarrow\omega_3=200$$

$$G(s)=\frac{100(0.05s+1)}{s(0.1s+1)(0.005s+1)}$$

$$\gamma=180°+\arctan(0.05\times 50)-90°-\arctan(0.1\times 50)-\arctan(0.005\times 50)=65.5°$$

（2）由对数幅频特性知

$$G(s)=\frac{K\left(\frac{1}{5}s+1\right)}{s^2\left(\frac{1}{\omega_3}s+1\right)}$$

ω_c 处斜率为 -20，故有

$$20\lg\frac{K}{5^2}-0=-20(\lg 5-\lg 10)=20\lg 2\Rightarrow K=50$$

$$-6-0=-20(\lg\omega_3-\lg 10)\Rightarrow\omega_3=20$$

$$G(s)=\frac{50\left(\frac{1}{5}s+1\right)}{s^2\left(\frac{1}{20}s+1\right)}=\frac{50(0.2s+1)}{s^2(0.05s+1)}$$

$\angle G(j\omega)=-180°+\arctan(0.2\omega)-\arctan(0.05\omega)>-180°$，$G(j\omega)$ 仅在原点与实轴相交，$h=\infty$。

$$\gamma=180°+\angle G(j\omega_c)=\arctan(0.2\times 10)-\arctan(0.05\times 10)=36.9°$$

（3）由对数幅频特性知 $G(s)=\dfrac{K}{s(T^2s^2+2\zeta Ts+1)}$，当 $\omega<100$ 时，$20\lg|G|=20\lg\dfrac{K}{\omega}$。

由图 5-38(c)知，当 $\omega=1$ 时，

$$20\lg|G|=20\lg K=20\Rightarrow K=10,\quad 20\lg\frac{K}{\omega_c}=0\Rightarrow\omega_c=K=10$$

由图 5-38(c)知

$$T=\frac{1}{100},\quad G(s)=\frac{10}{s(0.1s^2+0.002s+1)}$$

当 $\omega=\dfrac{1}{T}=100$ 时，$\angle G=-180°$，故 $\omega_g=100$。

$$\angle G=-90°-\arctan\frac{0.002\omega}{1-10^{-4}\omega^2},\quad \omega\leqslant 100$$

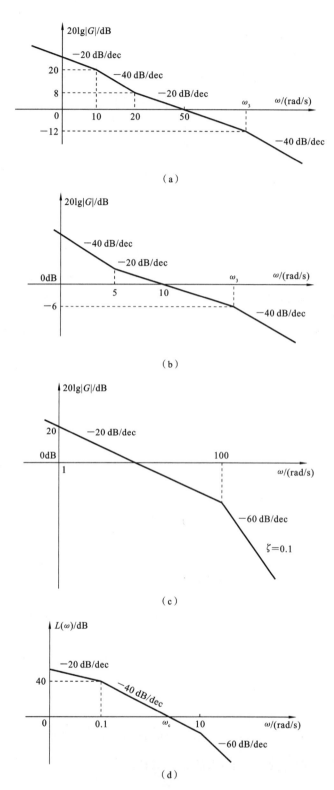

图 5-38 开环对数幅频特性曲线

$$\gamma = 180° - 90° - \arctan \frac{0.002 \times 10}{1 - 10^{-4} \times 10^2} = 88.8°$$

(4) 从对数幅频特性图 5-38(d)可知，系统为 I 型系统，开环传递函数为

$$G(s)H(s) = \frac{k}{s\left(\frac{1}{0.1}s+1\right)\left(\frac{1}{10}s+1\right)} = \frac{k}{s(10s+1)(0.1s+1)}$$

低频段为 $20\lg k - 20\lg 0.1 = 40 \Rightarrow k = 10$。

求 γ，需先求截止频率 ω_c。

$$\sqrt{1+(10\omega_c)^2} \approx 10\omega_c, \quad \sqrt{1+(0.1\omega_c)^2} \approx 1$$

即由 $\omega_c \times 10\omega_c \times 1 = 10$ 可得 $\omega_c^2 = 1 \Rightarrow \omega_c = 1 \text{ rad/s}$。

再代入相角公式，得

$$\angle G(\mathrm{j}\omega)H(\mathrm{j}\omega) = -90° - \arctan\frac{\omega_c}{0.1} - \arctan\frac{\omega_c}{10} = -180°$$

相位裕度为

$$\gamma = 180° + \angle[G(\mathrm{j}\omega)H(\mathrm{j}\omega)]|_{\omega=\omega_c} = 0°$$

5-20 系统传递函数 $G(s) = \dfrac{\mathrm{e}^{-0.5s}}{2s+1}$，绘制对数频率特性，并求出单位阶跃响应的表达式。

解 $G(\mathrm{j}\omega) = \dfrac{\mathrm{e}^{-0.5\mathrm{j}\omega}}{\mathrm{j}2\omega+1}$, $\angle G = -0.5 \times 57\omega - \arctan(2\omega)$, $|G(\mathrm{j}\omega)| = \dfrac{1}{|\mathrm{j}2\omega+1|}$

对数频率特性如图 5-39 所示。

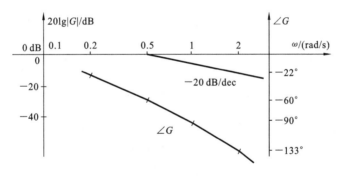

图 5-39 对数频率特性

$$C(s) = \frac{\mathrm{e}^{-0.5s}}{s(2s+1)}, \quad \mathscr{L}^{-1}\left(\frac{1}{s(2s+1)}\right) = 1 - \mathrm{e}^{-0.5t}$$

$$c(t) = 1(t-0.5)(1-\mathrm{e}^{-0.5(t-0.5)}) = \begin{cases} 0, & t < 0.5 \\ 1-\mathrm{e}^{-0.5(t-0.5)}, & t \geqslant 0.5 \end{cases}$$

5-21 最小相位单位负反馈系统开环对数幅频特性如图 5-40 所示。

(1) 分析判断闭环系统是否稳定；
(2) 求使闭环系统稳定的开环放大系数 K 的取值范围。

解 (1) $G(s) = \dfrac{K(s+1)}{s^2\left(\dfrac{1}{4}s+1\right)\left(\dfrac{1}{40}s+1\right)}$, $\omega_c = 20$

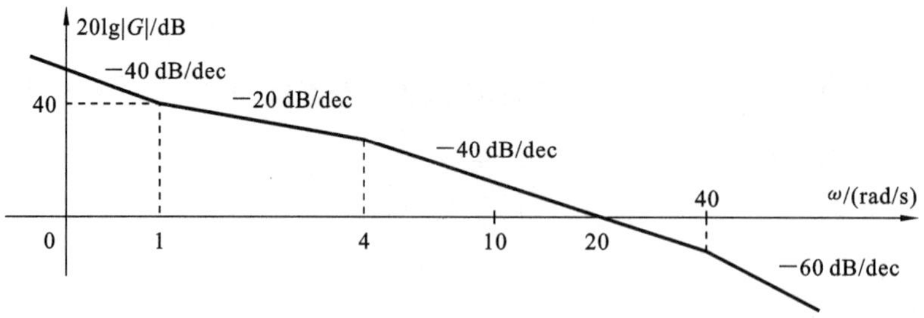

图 5-40 开环对数频率特性

$$\angle G(j\omega_c) = \arctan 20 - 180° - \arctan\frac{20}{4} - \arctan\frac{20}{40} = -180° - 18°$$

当 $\gamma = -18°$ 时，闭环不稳定。

(2) 特征方程 $s^4 + 44s^3 + 160s^2 + 160Ks + 160K = 0$。列劳斯表可知，当 $0 < K < 31.9$ 时，闭环稳定。

5-22 某典型二阶系统，分别满足下列条件，试分别求出系统相位裕度 γ。

(1) $\omega_n = 3, \zeta = 0.7$；

(2) $\sigma_p = 15\%, t_s = 3 \text{ s}(\Delta = 2\%)$；

解 典型二阶系统的开环传递函数为

$$G(s) = \frac{\omega_n^2}{s(s + 2\zeta\omega_n)}$$

(1) 已知 $\omega_n = 3, \zeta = 0.7$，得

$$G(s) = \frac{9}{s(s + 4.2)}$$

二阶系统的开环频率特性

$$G(j\omega) = \frac{9}{j\omega(4.2 + j\omega)} = \frac{9}{\omega\sqrt{17.64 + \omega^2}} e^{-j\left(\frac{\pi}{2} + \arctan\frac{\omega}{4.2}\right)}$$

由 $|G(j\omega_c)| = 1$，即

$$\frac{9}{\omega_c\sqrt{17.64 + \omega_c^2}} = 1 \quad \Rightarrow \quad \omega_c = 1.94 \text{ (rad/s)}$$

再由 $\gamma = 180° + \varphi(\omega_c) = 180° - 90° - \arctan(\omega_c/4.2)$ 解得 $\gamma = 65.21°$。

(2) 由 $\sigma_p = 15\%, t_s = 3 \text{ s}(\Delta = 2\%)$，即

$$100 e^{-\pi\zeta/\sqrt{1-\zeta^2}} \times 100\% = 15\%, \quad \frac{4.4}{\zeta\omega_n} = 3 \; (\Delta = 2\%)$$

则有

$$\zeta = \frac{1}{\sqrt{1 + \left(\frac{\pi}{\ln 0.15}\right)^2}}, \quad \omega_n = \frac{4.4}{3\zeta}$$

解得 $\zeta = 0.517, \omega_n = 2.837$，则二阶系统的开环频率特性为

$$G(j\omega) = \frac{8.049}{j\omega(2.933 + j\omega)} = \frac{8.049}{\omega\sqrt{8.602 + \omega^2}} e^{-j\left(\frac{\pi}{2} + \arctan\frac{\omega}{2.933}\right)}$$

由 $|G(j\omega_c)|=1$,即
$$\frac{8.049}{\omega_c\sqrt{8.602+\omega_c^2}}=1$$
解得 $\omega_c=2.2$ (rad/s)。再由
$$\gamma=180°+\varphi(\omega_c)=180°-90°-\arctan(\omega_c/2.933)$$
解得 $\gamma=53.1°$。

第6章

线性系统的校正方法

一、知识要点

（一）基本校正规律

确定校正装置的具体形式时，应先了解校正装置所需提供的控制规律，以便选择相应的元件。包含校正装置在内的控制器，常常采用比例、微分、积分等基本控制规律，或者采用这些基本控制规律的某些组合，例如比例-微分、比例-积分、比例-积分-微分等组合控制规律，以实现对被控对象的有效控制。

1. 比例(P)控制规律

具有比例控制规律的控制器，称为 P 控制器，如图 6-1 所示，其中 K_p 称为 P 控制器增益。

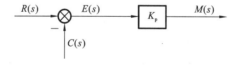

图 6-1　P 控制器

P 控制器实质上是一个具有可调增益的放大器。在信号变换过程中，P 控制器只改变信号的增益而不影响其相角。在串联校正中，加大控制器增益，可以提高系统的开环增益，减小系统的稳态误差，从而提高系统的控制精度，但会降低系统的相对稳定性，甚至可能造成闭环系统不稳定。因此，在系统校正设计中，很少单独使用比例控制规律。

2. 比例-微分(PD)控制规律

具有比例-微分控制规律的控制器，称为 PD 控制器，其输出 $m(t)$ 与输入 $e(t)$ 的关系如下：

$$m(t) = K_p e(t) + K_p T \frac{de(t)}{dt}$$

式中：K_p 为比例系数；T 为微分时间常数。K_p 与 T 都是可调的参数。对上述微分方程取拉氏变换，可得 PD 控制器的传递函数为

$$G_c(s) = \frac{M(s)}{E(s)} = K_p (1 + Ts)$$

PD 控制器如图 6-2 所示。

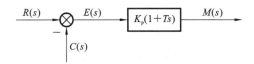

图 6-2　PD 控制器

PD 控制相当于系统开环传递函数增加了一个 $-\frac{1}{T}$ 的开环零点，使系统的相位裕度提高，因而有助于系统动态性能的改善。

3. 积分(I)控制规律

具有积分控制规律的控制器，称为 I 控制器。I 控制器的输出信号 $m(t)$ 与其输入信号 $e(t)$ 的积分成正比，即

$$m(t) = K_i \int_0^t e(t) dt$$

式中：K_i 为可调比例系数。

由于 I 控制器的积分作用，当其输入信号 $e(t)$ 消失后，输出信号 $m(t)$ 有可能是一个不为零的常数。对上述方程取拉氏变换，可得 I 控制器的传递函数为

$$G_c(s) = \frac{M(s)}{E(s)} = \frac{K_i}{s}$$

在控制系统的校正设计中，通常不宜采用单一的 I 控制器。

4. 比例-积分(PI)控制规律

具有比例-积分控制规律的控制器，称为 PI 控制器。其输出信号 $m(t)$ 同时成比例地反映输入信号 $e(t)$ 及其积分，即

$$m(t) = K_p e(t) + \frac{K_p}{T_i} \int_0^t e(t) dt$$

式中：K_p 为可调比例系数；T_i 为可调积分时间常数。

在串联校正时，PI 控制器相当于在系统中增加了一个位于原点的开环极点，同时也增加了一个位于 s 左半平面的开环零点。位于原点的极点可以提高系统的型别，以消除或减小系统的稳态误差，改善系统的稳态性能；而增加的负实数零点则用来减小系统的阻尼程度，缓和 PI 控制器极点对系统稳定性及动态过程产生的不利影响。只要积分时间常数 T_i 足够大，PI 控制器对系统稳定性的不利影响可大为减弱。在控制工程实践中，PI 控制器主要用来改善控制系统的稳态性能。

5. 比例-积分-微分(PID)控制规律

具有比例-积分-微分控制规律的控制器,称为 PID 控制器。它兼有三种基本规律的特点,其输出信号 $m(t)$ 与输入信号 $e(t)$ 满足

$$m(t) = K_p e(t) + \frac{K_p}{T_i} \int_0^t e(t) \mathrm{d}t + K_p \tau \frac{\mathrm{d}e(t)}{\mathrm{d}t}$$

对上述方程取拉氏变换,可得 PID 控制器的传递函数为

$$G_c(s) = \frac{M(s)}{E(s)} = K_p \left(1 + \frac{1}{T_i s} + \tau s \right)$$

当利用 PID 控制器进行串联校正时,除可使系统的型别提高一级外,还将提供两个负实数零点。与 PI 控制器相比,PID 控制器除了同样具有提高系统的稳态性能的优点外,还多提供一个负实数零点,从而在提供系统动态性能方面,具有更大的优越性。因此,在工业过程控制系统中,广泛使用 PID 控制器。

PID 控制器各部分参数的选择,在系统现场调试中最后确定。通常,应使 I 部分发生在系统频率特性的低频段,以提高系统的稳态性能;而使 D 部分发生在系统频率特性的中频段,以改善系统的动态性能。

(二) 校正方法

常见的系统校正方法有以下两种。

1. 频率法

频率法的基本做法是利用适当的校正装置的伯德图,配合开环增益的调整,来修改原有的开环系统的伯德图,使得开环系统经校正与增益调整后的伯德图符合性能指标的要求。

2. 根轨迹法

根轨迹法是在系统中加入校正装置,即加入新的开环零点、极点,以改变原有系统的闭环根轨迹,即改变闭环极点,从而改善系统的性能,这样通过增加开环零点、极点使闭环零点、极点重新布置,从而满足闭环系统的性能要求。

显然,频率法和根轨迹法都是建立在系统性能定性分析与定量估算的基础上的,而近似分析与估算的基础又是一、二阶系统,因此前几章的概念与分析方法是进行校正设计的必要基础。

系统校正设计的一个特点就是设计方案不是唯一的,即达到给定性能指标,所采取校正方式和校正装置的具体形式可以不止一种,具有较大的灵活性,这也给设计工作带来了困难。因此在设计过程中,往往是运用基本概念,在粗略估算的基础上,经过若干次试凑来达到预期的目的。

(三) 校正装置

常用的校正网络有无源网络和有源网络。无源网络由电阻、电容、电感器件构成;有源网络主要由直流运算放大器构成。下面主要以无源网络为例来说明校正装置及其特性。

1. 超前校正装置

超前校正装置如图 6-3 所示,设输入信号源的内阻为零,输出端负载为无穷大,利用复阻抗的方法,可求得该校正装置的传递函数为

$$G_c(s) = \frac{1}{a}\frac{1+aTs}{1+Ts} \quad (a>1)$$

式中,$a = \frac{R_1+R_2}{R_2} > 1$,$T = \frac{R_1 R_2}{R_1+R_2}C$。

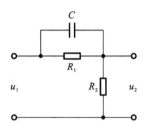

图 6-3 超前校正装置

若将该网络串入系统,会使系统的开环放大系数下降,即幅值衰减,但可通过提高系统其他环节的放大系数或加一放大系数为 a 的比例放大器加以补偿。

如果采用有源微分网络就没有上述放大系数的补偿问题。补偿了放大系数 a 后,校正装置的传递函数为

$$G_c(s) = \frac{1+aTs}{1+Ts} \quad (a>1)$$

可以看出无源超前校正装置是一种带惯性的 PD 控制器,其超前相角为

$$\varphi_c(\omega) = \arctan(aT\omega) - \arctan(T\omega) = \arctan\frac{(a-1)T\omega}{1+aT^2\omega^2}$$

最大超前相角发生在 $\frac{1}{aT}$ 和 $\frac{1}{T}$ 之间,其值 φ_m 的大小取决于 a 值的大小。求出最大超前频率 ω_m 为 $\frac{1}{T\sqrt{a}}$。当 $\omega = \omega_m = \frac{1}{T\sqrt{a}}$($\omega_m$ 是 $\frac{1}{aT}$ 和 $\frac{1}{T}$ 的几何中点)时,最大超前相角为

$$\varphi_c(\omega) = \arcsin\frac{a-1}{a+1}$$

此时,无源超前校正装置的幅值为 $20\lg|G_c(j\omega)| = 10\lg a$。

无源超前校正装置的伯德图如图 6-4 所示。

由图 6-4 能清楚地看到无源超前装置的高通特性,其最大的幅值增益为

$$|G_c(j\omega)| = 20\lg\sqrt{1+(a\omega_m T_c)^2} - 20\lg\sqrt{1+(\omega_m T_c)^2} = 20\lg\sqrt{a} = 10\lg a$$

在采用无源超前校正装置时,需要确定 a 和 T 两个参数。如选定了 a,就容易确定参数 T 了。

2. 滞后校正装置

典型的无源滞后校正装置如图 6-5 所示。滞后校正装置的传递函数为

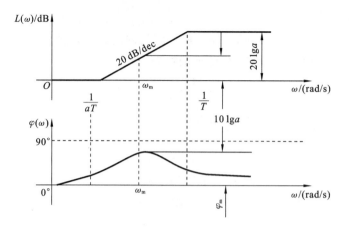

图 6-4 无源超前校正装置的伯德图

$$G_c(s) = \frac{1+bTs}{1+Ts} \quad (b<1)$$

式中：$b = \dfrac{R_2}{R_1+R_2} < 1, T = (R_1+R_2)C$。

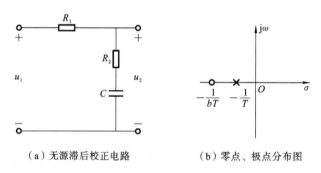

（a）无源滞后校正电路　　　（b）零点、极点分布图

图 6-5 无源滞后校正装置及其零点、极点分布图

滞后网络的相角为

$$\varphi_c(\omega) = \arctan(bT\omega) - \arctan(T\omega) = \arctan\frac{(b-1)T\omega}{1+bT^2\omega^2} < 0$$

当 $\omega = \omega_m = \dfrac{1}{T\sqrt{b}}$（$\omega_m$ 是 $\dfrac{1}{bT}$ 和 $\dfrac{1}{T}$ 的几何中点）时，最大超前相角为 $\varphi_m = \arcsin\dfrac{1-b}{1+b}$。

滞后校正高频段的幅值为 $20\lg|G_c(j\omega)| = 20\lg b$，无源滞后校正装置的伯德图如图 6-6 所示。

对于滞后校正装置而言，当频率 $\omega > \omega_2 = \dfrac{1}{bT}$ 时，校正电路的对数幅频特性的增益将等于 $20\lg b$ dB，并保持不变。当 b 值增大时，最大相角位移 $\varphi_{\max}$ 也增大，而且 $\varphi_{\max}$ 出现在特性 $-20\lg b$ dB 线段的几何中点。在校正时，如果选择交接频率 $\dfrac{1}{bT}$ 远小于系统要求的穿越频率 ω_c 时，则这一滞后校正将对穿越频率 ω_c 附近的相角位移无太大影响。因此，为了改善稳态特性，应尽可能使 b 和 T 取得大一些，以利于提高低频段的增益。但实际上，这

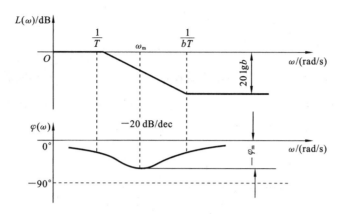

图 6-6 无源滞后校正装置的伯德图

种校正电路受到具体条件的限制,b 和 T 总是难以选得过大。

串联滞后校正装置的特点是:

(1) 在相对稳定性不变的情况下,增大速度误差系数,提高稳态精度;

(2) 使系统的穿越频率下降,从而使系统获得足够的相位裕度;

(3) 滞后校正网络使系统的频带宽度减小,使系统的高频抗干扰能力增强;

(4) 适用于在响应速度要求不高而抑制噪声电平性能要求较高的情况下,或适用于系统动态性能已满足要求,仅稳态性能不满足指标要求的情况下。

3. 滞后-超前校正装置

利用相角超前校正,可增加频带宽度,提高系统的快速性,并能加大稳定裕度,提高系统稳定性;利用滞后校正则可解决提高稳态精度与减少系统振荡的矛盾,但会使频带变宽。若希望全面提高系统的动态品质,使稳态精度、系统的快速性和振荡性均有所改善,可将滞后校正与超前校正装置结合起来,组成无源滞后-超前校正装置。

超前校正装置的转折频率一般选在系统的中频段,而滞后校正的转折频率应选在系统的低频段。滞后-超前校正装置的传递函数一般形式为

$$G_c(s) = \frac{(1+bT_1 s)(1+aT_2 s)}{(1+T_1 s)(1+T_2 s)}$$

式中:$a>1, b<1,$ 且 $bT_1 > aT_2$。

典型的无源滞后-超前校正装置如图 6-7 所示,利用复阻抗方法可求得

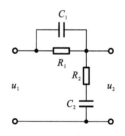

图 6-7 无源滞后-超前校正装置

$$G_c(s) = \frac{U_2(s)}{U_1(s)} = \frac{(R_1 C_1 s+1)(R_2 C_2 s+1)}{(T_a s+1)(T_b s+1) + T_{ab} s} = \frac{(T_a s+1)(T_b s+1)}{(T_1 s+1)(T_2 s+1)}$$

式中:$T_a = R_1 C_1, T_b = R_2 C_2, T_{ab} = R_1 C_2,$ 且 $T_1 T_2 = T_a T_b, T_1 + T_2 = T_a + T_b + T_{ab}$。

取 $T_1 > T_a$ 和 $\dfrac{T_a}{T_1} = \dfrac{T_2}{T_b} = \dfrac{1}{a}$,则满足上述关系的 T_1, T_2 应符合关系

$$T_1 = aT_a, \quad T_2 = \frac{1}{a} T_b, \quad a>1$$

则
$$G_c(s) = \frac{(1+T_a s)(1+T_b s)}{(1+aT_a s)\left(1+\dfrac{T_b}{a}s\right)} \quad (a>1, T_a>T_b)$$

式中：$(1+T_a s)/(1+aT_a s)$ 完成相角滞后校正；$(1+T_b s)\Big/\left(1+\dfrac{T_b}{a}s\right)$ 完成相角超前校正。$G_c(s)$ 对应的伯德图如图 6-8 所示，由图可以看出，低频段起始于 0 dB 线，高频段终止于 0 dB 线，在不同的频段内分别呈现出滞后、超前校正作用。

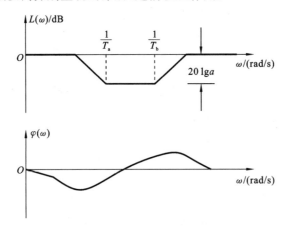

图 6-8　无源滞后-超前校正装置的伯德图

滞后-超前校正装置的特点是：利用其超前网络的超前部分来增大系统的相位裕度，利用滞后部分来改善系统的稳态性能，因而兼有超前和滞后的特点，使已校正系统响应速度加快，超调量减小，抑制高频噪声的性能也好，适用于当待校正系统不稳定，且要求校正后系统的响应速度、相位裕度和稳态精度较高的情况。

二、典型例题

6-1 设有单位反馈系统,其开环传递函数为
$$G_0(s) = \frac{K}{s(s+5)(s+2)}$$
若要求系统最大输出速度为 $12°/s$,输出位置的容许误差小于 $2°$。

(1) 确定满足上述指标的最小 K 值,计算该 K 值下系统的相位裕度和幅值裕度;

(2) 在前向通道中串接超前校正网络 $G_c(s) = \dfrac{0.4s+1}{0.08s+1}$,计算已校正系统的相位裕度和幅值裕度,说明超前校正对系统性能的影响。

解 (1) 确定开环增益 K^*。由题设知 $G_0(s) = \dfrac{K^*}{s(0.2s+1)(0.5s+1)}$,则 $K^* = \dfrac{K}{10}$。

因 $c_{\max} = 12°/s, e_{ss}(\infty) < 2°, K^* = K_v = \dfrac{c_{\max}}{e_{ss}(\infty)} \geq 6$,故取 $K^* = 6$,则 $K \geq 60$。令

$$|G_0(j\omega_c)| = \frac{60}{\omega_c\sqrt{(\omega_c^2+25)(\omega_c^2+4)}} = 1$$

求得待校正系统的截止频率为 $\omega_c = 2.92 \text{ rad/s}$,故相位裕度为

$$\gamma = 180° + \varphi(\omega_c) = [90° - \arctan(0.2\omega_c) - \arctan(0.5\omega_c)]_{\omega_c=2.92} = 4.12°$$

再由 $\angle G_0(j\omega_x) = -180°$,可求得待校正系统的穿越频率 ω_x。因为

$$G_0(j\omega) = \frac{6}{j\omega(1+j0.2\omega)(1+j0.5\omega)}$$

$$= -\frac{4.2\omega^2}{(0.7\omega^2)^2 + \omega^2(1-0.1\omega^2)^2} - j\frac{6\omega(1-0.1\omega^2)}{(0.7\omega^2)^2 + \omega^2(1-0.1\omega^2)^2}$$

令 $\text{Im}G_0(j\omega) = 0$,得 $\omega_x^2 = 10$,故穿越频率 $\omega_x = 3.16 \text{ rad/s}$。

将 $\omega_x = 3.16 \text{ rad/s}$ 代入 $\text{Re}G_0(j\omega)$,得 $G_0(j\omega_x) = -0.859$,故增益裕度为

$$h = \frac{1}{|G_0(j\omega_x)|} = 1.165, \quad h = -20\lg|G_0(j\omega_x)| = 1.33 \text{ (dB)}$$

(2) 开环传递函数为

$$G(s) = \frac{6(0.4s+1)}{s(0.2s+1)(0.5s+1)(0.08s+1)} = \frac{300(s+2.5)}{s(s+5)(s+2)(s+12.5)}$$

由

$$|G(j\omega_c')| = \frac{300\sqrt{\omega_c'^2 + 6.25}}{\omega_c'\sqrt{(\omega_c'^2+25)(\omega_c'^2+4)(\omega_c'^2+156.25)}} = 1$$

求得已校正系统的截止频率 $\omega_c' = 3.85 \text{ rad/s}$,故相位裕度为

$\gamma' = 180° + \varphi(\omega_c')$
$= 90° + [\arctan(0.4\omega_c') - \arctan(0.2\omega_c') - \arctan(0.5\omega_c') - \arctan(0.08\omega_c')]_{\omega_c'=3.85}$
$= 29.74°$

再由 $\angle G(j\omega_x') = -180°$,求得已校正系统的穿越频率 $\omega_x' = 7.38 \text{ rad/s}$,故增益裕度为

$$h' = -20\lg|G(\mathrm{j}\omega'_x)| = 9.9 \text{ dB}$$

从上述结果可以看出:采用超前校正可使系统的相位裕度增加,从而减少超调量,提高稳定性;同时也使截止频率增大,从而减小调节时间,提高系统的快速性。

6-2 图 6-9 所示的系统中,要求闭环幅频特性的相对谐振峰值 $M_r=1.3$,求放大器增益 K。

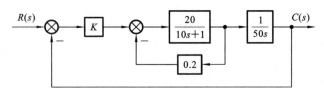

图 6-9 系统框图

解 开环传递函数

$$G(s) = K\frac{20}{10s+5} \cdot \frac{1}{50s} = \frac{K}{25} \cdot \frac{1}{s(s+0.5)}$$

$$\Rightarrow \omega_n = \frac{\sqrt{K}}{5}, \quad 2\zeta\frac{\sqrt{K}}{5} = 0.5 \Rightarrow K = \frac{25}{16} \cdot \frac{1}{\zeta^2}$$

$$M_r = \frac{1}{2\zeta\sqrt{1-\zeta^2}} = 1.3 \Rightarrow \zeta_1 = 0.906, \quad \zeta_2 = 0.424$$

因 $\zeta<0.707$ 才能出现谐振现象,故舍去 0.906,得

$$\zeta^2 = 0.18, \quad K = \frac{25}{16} \times \frac{1}{0.18} = 8.68$$

6-3 已知单位负反馈系统的开环传递函数如下。

(a) $G_0(s) = \dfrac{2160}{s(s+2)(s+6)}$; (b) $G_0(s) = \dfrac{200000}{s(s+1)(s+200)}$;

(c) $G_0(s) = \dfrac{87500}{3s(s+25/3)(s+50)}$; (d) $G_0(s) = \dfrac{10000}{s(s+10)}$;

(e) $G_0(s) = \dfrac{100000\mathrm{e}^{-0.01s}}{s(s+10)(s+100)}$; (f) $G_0(s) = \dfrac{K}{s(s+1)}$;

(g) $G_0(s) = \dfrac{50}{s(s+2)}$; (h) $G_0(s) = \dfrac{20K}{s(s+2)(s+10)}$;

(i) $G_0(s) = \dfrac{50K}{s(s+10)(s+5)}$; (j) $G_0(s) = \dfrac{100K}{s(s+20)(s+5)}$;

(k) $G_0(s) = \dfrac{9600}{s(s+20)(s+4)(s+10)}$; (l) $G_0(s) = \dfrac{K}{s(s+4)(s+5)}$。

试分别设计补偿网络,以满足:

(1) 对于系统(a),采用期望频率特性法实现截止频率 $\omega_c=3.5$ rad/s,相位裕度 $\gamma\geqslant 45°$。

(2) 对于系统(b),实现截止频率 $\omega_c\geqslant 10$ rad/s,相位裕度 $\gamma>40°$。

(3) 对于系统(c),确定串联校正装置以实现 $t_s\leqslant 1$ s,$\sigma_p\leqslant 10\%$。

(4) 对于系统(d),确定串联校正装置以实现截止频率 $\omega_c\geqslant 120$ rad/s,相位裕度 $\gamma\geqslant 30°$。

(5) 对于系统(e),确定串联校正装置以实现相位裕度 $\gamma(\omega_c) \geqslant 45°$。

(6) 对于系统(f),若 $K=1$ 时,试确定超前校正装置以实现单位斜坡输入 $r(t)=t$ 时,输出误差为 $e_{ss} \leqslant 0.1$,开环系统截止频率 $\omega_c \geqslant 4.4$ rad/s,相位裕度 $\gamma \geqslant 45°$,幅值裕度 $h \geqslant 4.4$ dB;设计一个串联装置并确定 K 值,以实现使校正后系统的阻尼比 $\zeta=0.7$,调节时间 $t_s=1.4$ s($\Delta=5\%$),速度误差系数 $K_v \geqslant 2$。

(7) 对于系统(g),设计串联超前校正环节使系统的谐振峰值 $M_r \leqslant 1.4$,谐振频率 $\omega_r \geqslant 10$ rad/s。

(8) 对于系统(h),设计 PID 校正装置,使系统 $K_v \geqslant 10$,$\gamma \geqslant 50°$ 且 $\omega_c \geqslant 4$ rad/s。

(9) 对于系统(i),若 $K=1$ 时,设计校正环节使 $K_v \geqslant 30$,$\gamma \geqslant 40°$,$\omega_c \geqslant 2.5$ rad/s,$GM \geqslant 8$ dB;设计校正环节并确定 K 值,使静态速度误差系数 $K_v=30$,相位裕度 $\gamma \geqslant 40°$;对于频率 $\omega=0.1$ rad/s,振幅为 $3°$ 的正弦输入信号,稳态误差的振幅不大于 $0.1°$。

(10) 对于系统(j),使 $K_v \geqslant 5$,$t_s \leqslant 1$ s,$\sigma_p \leqslant 25\%$。

(11) 对于系统(k),确定串联滞后校正装置以实现 $t_s \leqslant 6$ s,$\sigma_p \leqslant 30\%$。

(12) 对于系统(l),利用根轨迹法,使得静态速度误差系数 $K_v=30$,$\zeta=0.707$,并保证原主导极点位置基本不变。

解 (1) 由题意知

$$G_0(s) = \frac{180}{s(0.5s+1)\left(\frac{1}{6}s+1\right)}$$

补偿前系统的幅值截止频率为

$$\omega_c = 12.9 \text{ rad/s}$$

$$M_r = \frac{1}{\sin\gamma} = \frac{1}{\sin 45°} = 1.4, \quad h \geqslant \frac{M_r+1}{M_r-1} = \frac{2.4}{0.4} = 6$$

取 $\omega_c=3.5$,$\omega_2 \leqslant \frac{M_r-1}{M_r}\omega_c = \frac{0.4}{1.4} \times 3.5 = 1$。取 $\omega_2=0.8$,

$$\omega_3 \geqslant \frac{M_r+1}{M_r}\omega_c = \frac{2.4}{1.4} \times 3.5 = 6$$

作 $20\lg|G_c|$ 的折线,如图 6-10 中的 ADC 线。由图知第 1 个转折频率为

$$\omega_1 = 0.016$$

$$G_e(s) = \frac{180\left(\frac{1}{0.8}s+1\right)}{s\left(\frac{1}{0.016}s+1\right)\left(\frac{1}{6}s+1\right)\left(\frac{1}{100}s+1\right)}$$

$$G_c(s) = \frac{G_e(s)}{G_0(s)} = \frac{\left(\frac{1}{0.8}s+1\right)(0.5s+1)}{\left(\frac{1}{0.016}s+1\right)\left(\frac{1}{100}s+1\right)} = \frac{(1.25s+1)(0.5s+1)}{(62.5s+1)(0.01s+1)}$$

$$\gamma = 180° - 90° + \arctan\frac{3.5}{0.8} - \arctan\frac{3.5}{0.016} - \arctan\frac{3.5}{6} - \arctan\frac{3.5}{100} = 45.1°$$

(2) 由题意知

$$G_0(s) = \frac{100}{s(0.1s+1)(0.005s+1)}$$

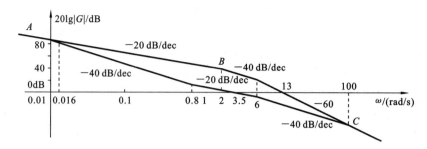

图 6-10 系统幅频特性

作 $20\lg|G_0|$ 的折线,如图 6-11 中的 ABC 线,转折频率为 10 rad/s、200 rad/s,截止频率为 31.6 rad/s。

过 $\omega_c=10$ 作 -20 dB/dec 直线交 $20\lg|G_0|$ 于 $\omega_1=100$。低频段转折频率取为 4。过 $\omega_2=4$ 作 -40 dB/dec 交 $20\lg|G_0|$ 于 $\omega_3=0.4$。

$$G_e(s)=\frac{100\left(\dfrac{1}{4}s+1\right)}{s\left(\dfrac{1}{0.4}s+1\right)\left(\dfrac{1}{100}s+1\right)\left(\dfrac{1}{200}s+1\right)}$$

$$\gamma=180°-90°+\arctan\frac{10}{4}-\arctan\frac{10}{0.4}-\arctan\frac{10}{100}-\arctan\frac{10}{200}=62°$$

在 $0.4<\omega<100$ 内,取

$$G_1(s)=\frac{100\left(\dfrac{1}{4}s+1\right)}{s\dfrac{1}{0.4}s}=\frac{40\left(\dfrac{1}{4}s+1\right)}{s^2}$$

$$H_c(s)=\frac{1}{G_1(s)}=\frac{s^2}{40(0.25s+1)}=\frac{0.025s^2}{0.25s+1}$$

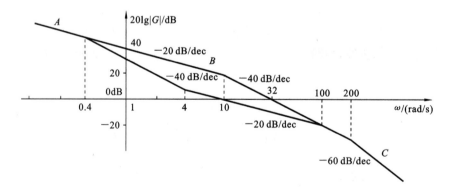

图 6-11 系统幅频特性

(3) $G_0(s)=\dfrac{70}{s(0.12s+1)(0.02s+1)}$,作 $20\lg|G_0|$ 的折线如图 6-12 所示。

$$\sigma_p=0.16+0.4(M_r-1)=40\%\Rightarrow M_r=1.6$$

$$t_s=\frac{\pi}{\omega_c}[2+1.5(M_r-1)+2.5(M_r-1)^2]\leqslant 1\Rightarrow\omega_c=13$$

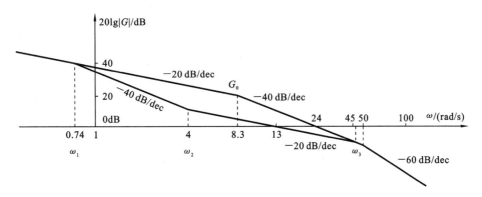

图 6-12 系统幅频特性

估算期望特性中的频段如下：

$$\omega_2 \leqslant \frac{M_r - 1}{M_r}\omega_c = 4.87, \quad \omega_3 \geqslant \frac{M_r + 1}{M_r}\omega_c = 21.13$$

$$h = \frac{\omega_3}{\omega_2} \geqslant \frac{M_r + 1}{M_r - 1} = 4.34$$

过 $\omega_c = 13$ 作 $-20\ \text{dB/dec}$ 直线交 $20\lg|G_0|$ 于 $\omega = 45$。取

$$\omega_3 = 45, \quad \omega_2 = 4, \quad \omega_3/\omega_2 = 11.25 > 1.34$$

由作图知 $\omega_1 = 0.74$，则

$$G_e(s) = \frac{70\left(\frac{1}{4}s+1\right)}{s\left(\frac{1}{0.74}s+1\right)\left(\frac{1}{45}s+1\right)\left(\frac{1}{50}s+1\right)}$$

$$= \frac{70(0.25s+1)}{s(1.35s+1)(0.022s+1)(0.02s+1)}$$

$$G_c(s) = \frac{G_e(s)}{G_0(s)} = \frac{(0.25s+1)(0.12s+1)}{(1.35s+1)(0.022s+1)}$$

（4）先求未加动态校正装置前的动态性能指标。

$$G_0(s) = \frac{1000}{s(0.1s+1)} \Rightarrow L(\omega_c) = 20\lg 1000 - 20\lg \omega_c - 20\lg(0.1\omega_c) = 0$$

可求得截止频率 $\omega_c = 100$。相位裕度 $\gamma = 180° - 90° - \arctan 10 = 5.71°$。

截止频率和相位裕度均不满足要求，故选择超前校正网络。为便于计算，且对高频段无具体要求，故取

$$G_c(s) = \tau s + 1$$

校正后系统的开环传递函数为

$$G_k(s) = G_c(s) G_0(s) = \frac{1000(\tau s+1)}{s(0.1s+1)}$$

由题意，令 $\omega_c = 120$，由计算幅值公式得

$$L(\omega_c) = 20\lg \frac{1000 \times \tau \omega_c}{\omega_c \times 0.1\omega_c} = 0 \Rightarrow \tau = \frac{0.1\omega_c}{1000} = 0.012$$

校验相位裕度为

$$\gamma = 180° - 90° + \arctan\tau\omega_c - \arctan(0.1\omega_c) = 90° + 55.22° - 85.24° \approx 60°$$

满足要求。

(5) 绘制待校正系统的对数幅频特性曲线,如图 6-13 中 $L'(\omega)$ 所示。由图 6-13 得待校正系统的截止频率 $\omega'_c = 31.62$ rad/s,算出待校正系统的相位裕度为

$$\gamma' = [90° - 0.01 \times 57.3°\omega'_c - \arctan(0.1\omega'_c) - \arctan(0.01\omega'_c)]_{\omega'_c = 31.62} = -18.12°$$

表明待校正系统不稳定,考虑采用滞后校正。

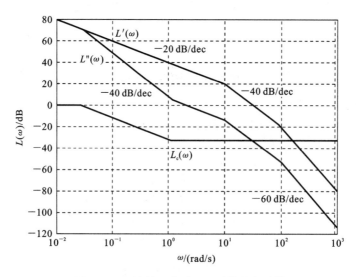

图 6-13 系统校正前后开环对数幅频特性

设滞后校正网络传递函数为

$$G_c(s) = \frac{1 + bTs}{1 + Ts}$$

确定滞后网络参数 T。选取 $\omega''_c = 2$ rad/s 时,可以测得 $L'(\omega''_c) = 33.98$ dB,再由 $20\lg b = -L'(\omega''_c)$,解得 $b = 0.02$。

校正后系统的相位裕度为

$$\gamma'' = [90° + \arctan(0.02T\omega''_c) - 0.01 \times 57.3°\omega''_c - \arctan(0.1\omega''_c)$$
$$- \arctan(0.01\omega''_c) - \arctan T\omega''_c]_{\omega''_c = 2}$$
$$= 45°$$

解得 $T = 39.86$ 或 $T = 0.312$。

若 $T = 0.312$,由图 6-13 可知 $\omega''_c > 2$ rad/s(舍去),故取 $T = 39.86$。于是,串联滞后校正网络的对数幅频特性曲线 $L_c(\omega)$ 如图 6-13 所示,其传递函数为

$$G_c(s) = \frac{1 + bTs}{1 + Ts} = \frac{1 + 0.8s}{1 + 39.86s}$$

校正后系统的开环传递函数为

$$G_c(s)G_0(s) = \frac{100(0.8s + 1)e^{-0.01s}}{s(0.1s + 1)(0.01s + 1)(39.86s + 1)}$$

验算性能指标:

$$\gamma'' = 180° + \angle[G_c(j\omega_c'')G_0(j\omega_c'')]$$
$$= 90° + [\arctan(0.8\omega_c'') - 0.01 \times 57.3°\omega_c'' - \arctan(0.1\omega_c'') - \arctan(0.01\omega_c'')$$
$$- \arctan(39.86\omega_c'')]_{\omega_c''=2}$$
$$= 45.1°$$

(6) ① $K=1$ 时,首先根据 e_{ss} 的要求,确定开环增益。今已知系统为 I 型系统,$r(t) = t$,所以 $e_{ss} = \dfrac{1}{K_v} = 0.1 \Rightarrow k_v = 10$,取 $K_c = K_v = 10$。

计算未校正系统 $k_c G_0(s)$ 的相位裕度:

$$L(\omega) = \begin{cases} 20\lg \dfrac{10}{\omega}, & \omega < 1 \\ 20\lg \dfrac{10}{\omega^2}, & \omega > 1 \end{cases} \quad \text{(可从典型环节的频率特性图来理解)}$$

截止频率 ω_c 在 $\omega > 1$ 的范围内,一般可令 $L(\omega) = 20\lg \dfrac{10}{\omega^2} = 0$ 来求 ω_c,即

$$\omega_c = \sqrt{10} = 3.16$$
$$\gamma = 180° + \varphi(\omega_c) = 180° - 90° - \arctan\omega_c = 17.6° < 45°$$

求得的截止频率和相位裕度不符合题目要求,需加校正装置。由 $\omega_c \geqslant \omega_c$(原),选用串联超前校正。

根据要求,取截止频率 $\omega_c' = 4.4$ rad/s。在新的截止频率处,$L_0(\omega_c')$ 应与校正装置 $L_c(\omega_c')$ 相抵消,即

$$L_0(\omega_c') + L_c(\omega_c') = 0 \quad (\omega_c' \text{ 应是校正装置的 } \omega_m)$$

而

$$L_0(\omega_c') = 20\lg 10 - 20\lg 4.4 - 20\lg\sqrt{1+4.4^2} = -6 \text{ (dB)}$$
$$L_c(\omega_c') = L_c(\omega_m) = 10\lg a$$
$$\Rightarrow -6 + 10\lg a = 0, \quad 10\lg a = 6, \quad \lg a = 0.6 \Rightarrow a \approx 4$$

又 $\omega_m = \dfrac{1}{T\sqrt{a}} \Rightarrow T = \dfrac{1}{\omega_m \sqrt{a}} = \dfrac{1}{4.4\sqrt{4}} = 0.114$,因此

$$G_c(s) = \dfrac{10(1+0.456s)}{1+0.114s}$$

验证校正后的相位裕度。校正后系统的开环传递函数为

$$G_c(s)G_0(s) = \dfrac{10(1+0.456s)}{s(s+1)(1+0.114s)}$$

校正后的相位裕度为

$$\gamma' = 180° - 90° + \arctan(0.456 \times 4.4) - \arctan 4.4 - \arctan(0.114 \times 4.4)$$
$$= 49.7° > 45°$$

满足要求。

② 令串联校正装置传递函数为

$$G_c(s) = \dfrac{p(s+1)}{s+p}$$

校正后系统的开环传递函数为

$$G(s)=G_c(s)G_0(s)=\frac{pK}{s(s+p)}$$

校正后系统的闭环传递函数为

$$\Phi(s)=\frac{Kp}{s^2+ps+Kp}$$

则 $\omega_n=\sqrt{Kp}, 2\zeta\omega_n=p$。

由校正后系统的调节时间 $t_s\leqslant 1.4$，即 $\frac{3.5}{\zeta\omega_n}=1.4$；再由校正后系统的阻尼比 $\zeta=0.7$，解得 $\omega_n=3.57$。

由 $\omega_n=\sqrt{Kp}$ 和 $2\zeta\omega_n=p$，解得 $p=5.0, K=2.55$。

由已校正系统的开环传递函数，可知 $K_v=K=2.55>2$，满足设计要求。所以，串联校正装置传递函数为

$$G_c(s)=\frac{5(s+1)}{s+5}$$

(7) 系统为二阶系统，于是有

$$M_r=\frac{1}{2\zeta\sqrt{1-\zeta^2}}, \quad \gamma=\arctan\frac{2\zeta}{\sqrt{\sqrt{1+4\zeta^4}-2\zeta^2}}, \quad \begin{cases}\omega_r=\omega_n\sqrt{1-2\zeta^2}\\ \omega_c=\omega_n\sqrt{\sqrt{1+4\zeta^4}-2\zeta^2}\end{cases}$$

由 $M_r=\frac{1}{2\zeta\sqrt{1-\zeta^2}}$，可根据要求的 $M_r=1.4$，求出 $\zeta=0.39$，代入式

$$\gamma=\arctan\frac{2\zeta}{\sqrt{\sqrt{1+4\zeta^4}-2\zeta^2}}$$

可得要求的相位裕度 $\gamma=42.2°$。

将 $\zeta=0.39$ 代入

$$\begin{cases}\omega_r=\omega_n\sqrt{1-2\zeta^2}\\ \omega_c=\omega_n\sqrt{\sqrt{1+4\zeta^4}-2\zeta^2}\end{cases}$$

可得要求的截止频率 ω_c'，即

$$\omega_c'=\frac{\omega_r}{\sqrt{1-2\zeta^2}}\sqrt{\sqrt{1+4\zeta^4}-2\zeta^2}=\frac{10}{0.834}\times 0.861=10.32(\text{rad/s})$$

取 $\omega_c'=11\ \text{rad/s}$。

因 $G_0(s)=\frac{25}{s(0.5s+1)}$，则

$$L(\omega)=\begin{cases}20\lg\frac{25}{\omega}, & \omega<2\\ 20\lg\frac{50}{\omega^2}, & \omega>2\end{cases}$$

由上式可求出 $\omega=7.07\ \text{rad/s}$。具体求解如下：

令 $20\lg\frac{50}{\omega^2}=0$，即 $\frac{50}{\omega^2}=1\Rightarrow \omega^2=50, \omega=7.07$。

未校正前的相位裕度为

$$\gamma = 180° - 90° - \arctan(0.5 \times 7.07) = 90° - 74.2°$$
$$= 15.8° < 42.2° \text{（不满足要求）}$$

选择超前校正装置
$$\varphi_e = 42.2° - 15.8° = 26.4°,$$

取 $\varphi_m = 35°$，故
$$a = \frac{1+\sin\varphi_m}{1-\sin\varphi_m} = \frac{1+0.5736}{1-0.5736} = 3.69$$

$$T = \frac{1}{\omega_m \sqrt{a}} = \frac{1}{11\sqrt{3.69}} = 0.0473 \text{（令 } \omega_m = \omega'_c\text{）}$$

$$G_c(s) = \frac{1+0.1746s}{1+0.0473s}$$

$$G_c(s)G_0(s) = \frac{25(1+0.1746s)}{s(0.5s+1)(1+0.0473s)}$$

验证校正后系统的相位裕度：
$$\gamma = 180° - 90° + \arctan(0.1746 \times 11) - \arctan(0.5 \times 11) - \arctan(0.0473 \times 11)$$
$$= 90° + 62.49° - 79.70° - 27.49°$$
$$= 45.3° \text{（满足要求）}$$

（8）令 $K = K_v = 10$，作待校正系统 $L'(\omega)$ 的对数幅频特性曲线，如图 6-14(a)所示，由图知 $\omega'_c = 4.47 \text{ rad/s}, \gamma(\omega'_c) \approx 0°$。

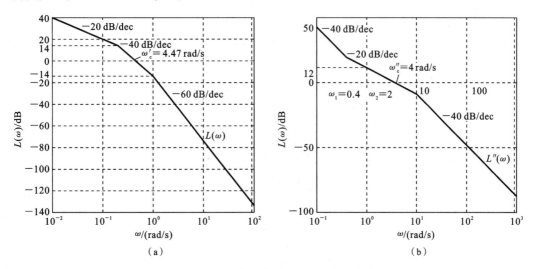

图 6-14 系统校正前后开环对数幅频特性

设 PID 校正装置传递函数为
$$G_c(s) = \frac{(1+\tau_1 s)(1+\tau_2 s)}{\tau_1 s} = \frac{(1+s/\omega_1)(1+s/\omega_2)}{s/\omega_1}$$

则校正后系统频率特性为
$$G(j\omega)G_c(j\omega) = \frac{K_1(1+j\omega/\omega_1)(1+j\omega/\omega_2)}{(j\omega)^2(1+j\omega/2)(1+j\omega/10)}, \quad K_1 = K\omega_1$$

由于校正后为Ⅱ型系统，故 K_v 的要求肯定满足，系统开环增益可任选，由其他条件

而定。

初选 $\omega_c''=4$。为降低系统阶次,选 $\omega_2=2$,并选 $\omega_1=0.4$,此时

$$G(j\omega)G_c(j\omega)=\frac{K_1(1+j\omega/0.4)}{(j\omega)^2(1+j\omega/10)}$$

其对数幅频特性应通过截止频率 $\omega_c''=4$,故由近似式

$$\frac{K_1\omega_c''/0.4}{(\omega_c'')^2}=1$$

得 $K_1=1.6$,从而 $K=4$。由此画出校正后系统开环对数幅频特性,如图 6-14(b)所示。

不难验算

$$\gamma(\omega_c'')=\frac{\arctan\omega_c''}{0.4}-\frac{\arctan\omega_c''}{10}=62.5°$$

全部满足设计指标要求。

(9) ① 已知 $K=1$,由题设要求 $K_v\geqslant 30,\upsilon=1,k_c=30$,则

$$L(\omega)=\begin{cases}20\lg\dfrac{30}{\omega}, & \omega<5\\[6pt] 20\lg\dfrac{30}{\omega\cdot 0.2\omega}, & 5<\omega<10\\[6pt] 20\lg\dfrac{30}{\omega\cdot 0.2\omega\cdot 0.1\omega}, & \omega>10\end{cases}$$

令上式中 $L(\omega)=0$,可求得 $\omega_c=11.4$ rad/s。

未校正前的相位裕度为

$$\gamma=180°-90°-\arctan(0.1\omega_c)-\arctan(0.2\omega_c)=-25°<40°$$

选用滞后校正装置 $\left(G_c(s)=k_c\dfrac{1+aTs}{1+Ts}\right)$。取 $\varphi_m=-6°$,一般 $\varphi_m=-12°\sim-5°$,故应补偿的相角为 $40°+6°=46°$,于是

$$\gamma=180°-90°-\arctan(0.1\omega_c')-\arctan(0.2\omega_c')=46°$$
$$\Rightarrow\omega_c'=2.7\ (\omega_c'\text{ 也满足要求})$$

根据滞后校正原理,$20\lg a+L'(\omega_c')=0$,其中

$$L'(\omega_c')=20\lg30-20\lg\omega_c'-20\lg\sqrt{1+(0.1\omega_c')^2}-20\lg\sqrt{1+(0.2\omega_c')^2}$$

将 $\omega_c'=2.7$ 代入上式,可得

$$L'(2.7)=19.5\Rightarrow20\lg a+19.5=0$$

$$\lg a=-\frac{19.5}{20}\Rightarrow a=0.106$$

取 $\omega_2=\dfrac{1}{aT}=0.1\omega_c'=0.27\Rightarrow T=34.9$。

滞后校正装置为

$$G_c(s)=k_c\frac{1+aTs}{1+Ts}=\frac{30(1+3.7s)}{1+34.9s}$$

校正后的相位裕度为

$$G_c(s)G_0(s)=\frac{30(1+3.7s)}{s(0.1s+1)(0.2s+1)(1+34.9s)}$$

$$\gamma'' = \gamma(\omega'_c) + \varphi_c(\omega'_c)$$

式中：$\gamma(2.7) = 46°$，$\varphi_c(\omega'_c) = \arctan(3.7 \times 2.7) - \arctan(34.9 \times 2.7) = -5.1°$。

$$\gamma'' = 46° - 5.1° = 40.9° > 40°（满足要求）$$

令

$$\angle[G_c(s)G_0(s)] = -90° + \arctan(3.7\omega'_g) - \arctan(0.1\omega'_g) - \arctan(0.2\omega'_g)$$
$$- \arctan(34.9\omega'_g)$$
$$= -180°$$

得 $\omega'_g = 6.8 (\mathrm{rad/s})$（相位穿越频率）。将 $\omega'_g = 6.8$ 代入下式求得

$$GM = 20\lg\left|\frac{1}{G_c(j\omega_g)G_0(j\omega_g)}\right|$$

$$= 20\lg\left|\frac{\dfrac{1}{30\sqrt{1+(3.7\omega'_g)^2}}}{\omega'_g\sqrt{1+(0.1\omega'_g)^2} \times \sqrt{1+(0.2\omega'_g)^2} \times \sqrt{1+(34.9\omega'_g)^2}}\right|$$

$$= 12.73 \,(\mathrm{dB}) > 8 \,(\mathrm{dB})$$

所以满足设计要求。

② 由题意，取 $K = K_v = 30$，则待校正系统的传递函数为

$$G_0(s) = \frac{30}{s(0.1s+1)(0.2s+1)}$$

绘制出待校正系统的对数幅频特性曲线如图 6-15 中 $L'(\omega)$ 所示。由图 6-15 得待校正系统的截止频率 $\omega'_c = 12.25 \,\mathrm{rad/s}$，算出待校正系统的相位裕度为

$$\gamma' = [180° - 90° - \arctan(0.1\omega'_c) - \arctan(0.2\omega'_c)]_{\omega'_c=12.25} = -28.57°$$

表明待校正系统不稳定，考虑采用滞后校正。

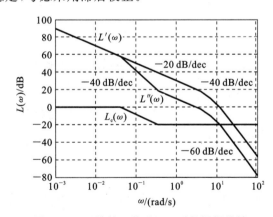

图 6-15 系统校正前后开环对数幅频特性

由要求的 γ'' 选择 ω''_c。选取 $\varphi(\omega''_c) = -6°$，而要求 $\gamma'' = 40°$，于是

$$\gamma'(\omega''_c) = \gamma'' - \varphi(\omega''_c) = 46°$$

由

$$\gamma'' = 90° - \arctan(0.1\omega''_c) - \arctan(0.2\omega''_c)$$

解得校正后系统的截止频率 $\omega''_c = 2.74 \,\mathrm{rad/s}$。

确定滞后网络参数 b 和 T。当 $\omega''_c = 2.74 \,\mathrm{rad/s}$ 时，由图 6-15 可以测得 $L'(\omega''_c) =$

20.79 dB；再由 $20\lg b = -L'(\omega_c'')$，解得 $b=0.913$，取 $b=0.1$。令 $\dfrac{1}{bT}=0.14\omega_c''$，求得 $T=26.07$，于是串联滞后校正网络的对数幅频特性曲线 $L_c(\omega)$ 如图 6-15 所示，其传递函数为

$$G_c(s)=\dfrac{1+bTs}{1+Ts}=\dfrac{1+2.61s}{1+26.07s}$$

已校正系统的对数幅频特性曲线 $L''(\omega)$ 如图 6-15 所示，其传递函数为

$$G_c(s)G_0(s)=\dfrac{30(2.61s+1)}{s(0.1s+1)(0.2s+1)(26.07s+1)}$$

（10）由题意，取 $K=K_v=5$，则待校正系统的传递函数为

$$G_0(s)=\dfrac{5}{s(0.05s+1)(0.2s+1)}$$

绘制出待校正系统的对数幅频特性曲线，如图 6-16 中 $L'(\omega)$ 所示。由图 6-16 得待校正系统的截止频率 $\omega_c'=5$ rad/s，算出待校正系统的相位裕度为

$$\gamma''=[180°-90°-\arctan(0.05\omega_c')-\arctan(0.2\omega_c')]_{\omega_c'=5}=30.96°$$

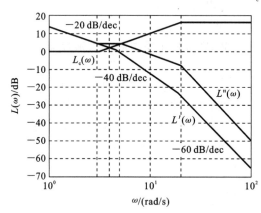

图 6-16　系统校正前后开环对数幅频特性

将 σ_p 及 t_s 转换为相应的频域指标。由

$$\sigma_p=[0.16+0.4(M_r-1)]\times100\%\leqslant25\%$$

$$t_s=\dfrac{K_0\pi}{\omega_c}\leqslant1, \quad K_0=2+1.5(M_r-1)+2.5(M_r-1)^2$$

可求得 $M_r\leqslant1.225$，$\omega_c\geqslant7.74$ rad/s。

再由 $M_r=\dfrac{1}{\sin\gamma}$，解得 $\gamma\geqslant54.72°$。由于 $\omega_c>\omega_c'$，故考虑采用超前校正。

确定超前网络参数 a 和 T。选取 $\omega_c''=8$ rad/s 时，由图 6-16 可以测得 $L'(\omega_c'')=-8.16$ dB；再由 $10\lg a=-L'(\omega_c'')$，解得 $a=6.55$。令 $T=\dfrac{1}{\omega_c''\sqrt{a}}$，求得 $T=0.049$，于是串联超前校正网络的对数幅频特性曲线 $L_c(\omega)$ 如图 6-16 所示，其传递函数为

$$aG_c(s)=\dfrac{1+aTs}{1+Ts}=\dfrac{1+0.32s}{1+0.049s}$$

将放大器增益提高 a 倍，校正后系统的对数幅频特性曲线 $L''(\omega)$ 如图 6-16 所示，其

开环传递函数为

$$aG_c(s)G_0(s) = \frac{5(0.32s+1)}{s(0.05s+1)(0.2s+1)(0.049s+1)}$$

下面验算性能指标。

$$\begin{aligned}\gamma'' &= 180° + \angle[aG_c(j\omega_c'')G_0(j\omega_c'')] \\ &= 90° + [\arctan(0.32\omega_c'') - \arctan(0.05\omega_c'') - \arctan(0.2\omega_c'') \\ &\quad - \arctan(0.049\omega_c'')]_{\omega_c''=8} \\ &= 57.46° > 54.72°\end{aligned}$$

综上,各项性能指标均满足要求。

(11) 依题意,绘制出待校正系统的对数幅频特性曲线,如图 6-17 中 $L'(\omega)$ 所示。由图 6-17 得待校正系统的截止频率 $\omega_c' = 6.93$ rad/s,算出待校正系统的相位裕度为

$$\gamma' = [(180° - 90° - \arctan 0.5\omega_c' - \arctan 0.25\omega_c' - \arctan 0.1\omega_c')]_{\omega_c'=6.93} = -23.83°$$

即表明待校正系统不稳定。

将 σ_p 及 t_s 转换为相应的频域指标。由

$$\sigma_p = 100[0.16 + 0.4(M_r - 1)] \times 100\% < 30\%$$

$$t_s = \frac{K_0 \pi}{\omega_c} < 6, \quad K_0 = 2 + 1.5(M_r - 1) + 2.5(M_r - 1)^2$$

可求得 $M_r < 1.35, \omega_c > 1.48$ rad/s。再由 $M_r = \frac{1}{\sin\gamma}$,解得 $\gamma > 47.79°$。由于 $\gamma' < 0$ 和 $\omega_c < \omega_c'$,故考虑采用滞后校正。由要求的 γ'' 选择 ω_c''。选取 $\varphi(\omega_c'') = -6°$,要求 $\gamma > 47.79°$,选取 $\gamma'' = 48°$,于是 $\gamma'(\omega_c'') = \gamma'' - \varphi(\omega_c'') = 54°$。

由

$$\gamma'' = 90° - \arctan(0.05\omega_c'') - \arctan(0.25\omega_c'') - \arctan(0.1\omega_c'')$$

解得已校正系统的截止频率 $\omega_c'' = 1.59$ rad/s。

确定滞后网络参数 b 和 T。当 $\omega_c'' = 1.59$ rad/s 时,由图 6-17 可以测得 $L'(\omega_c'') = 17.56$ dB;再由 $20\lg b = -L'(\omega_c'')$,解得 $b = 0.1325$。令 $\frac{1}{bT} = 0.1\omega_c''$,求得

$$T = 47.47$$

于是串联滞后校正网络的对数幅频特性曲线 $L_c(\omega)$ 如图 6-17 所示,其传递函数为

$$G_c(s) = \frac{1 + bTs}{1 + Ts} = \frac{1 + 6.29s}{1 + 47.47s}$$

校正后系统的开环对数幅频特性曲线 $L''(\omega)$ 如图 6-17 所示,其传递函数为

$$G_c(s)G_0(s) = \frac{12(6.29s+1)}{s(0.05s+1)(0.25s+1)(0.1s+1)(47.47s+1)}$$

下面验算性能指标。

$$\begin{aligned}\gamma'' &= \angle[G_c(j\omega_c'')G_0(j\omega_c'')] \\ &= [90° + \arctan(6.29\omega_c'') - \arctan(0.05\omega_c'') - \arctan(0.25\omega_c'') - \arctan(0.1\omega_c'') \\ &\quad - \arctan(47.47\omega_c'')]_{\omega_c''=1.59} \\ &= 49.79° > 47.79°\end{aligned}$$

综上,各项性能指标均满足要求。

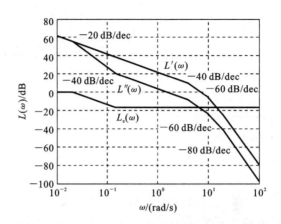

图 6-17 系统校正前后开环对数幅频渐近特性

(12) 未校正系统的根轨迹如图 6-18 所示,此时主导极点为 $-1.26\pm j1.26$,对应的根轨迹增益 $K^*=21.2$,开环增益 $K=K^*/9=2.36$,则

$$\frac{K_v}{K}=\frac{30}{2.36}=12.7$$

取 $z=-0.1$, $p=-\dfrac{0.1}{12.7}=-0.008$,校正环节的传递函数为

$$G_c(s)=\frac{s+0.1}{s+0.008}$$

$$G_c(s)G(s)=\frac{30(10s+1)}{s(127s+1)(0.25s+1)(0.2s+1)}$$

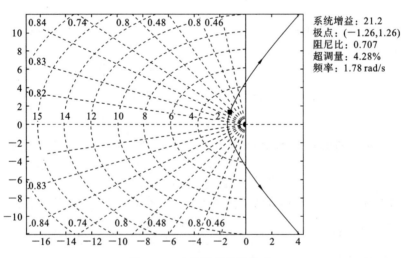

图 6-18 未校正系统根轨迹

6-4 已知某系统的开环传递函数为

$$G_0(s)=\frac{1.08}{s(0.5s+1)(s+1)}$$

在不改变系统截止频率 ω_c 的前提下,选取参数 K_c 和 τ 使系统在加入串联校正环节

$$G_c(s) = \frac{K_c(\tau s+1)}{s+1}$$ 后,系统的相位裕度 γ 提高到 $60°$。

解 对于给定校正环节 $G_c(s) = \frac{K_c(\tau s+1)}{s+1}$,依题意知

$$\varphi_c(\omega_c) = \arctan(\tau\omega_c) - \arctan\omega_c = 30°$$

其中 ω_c 不变。根据

$$\arctan(\tau\omega_c) - \arctan\omega_c = \arctan\left(\frac{\tau\omega_c - \omega_c}{1+\tau\omega_c^2}\right)$$

得

$$\frac{(\tau-1)\omega_c}{1+\tau\omega_c^2} = \tan 30° = \frac{1}{\sqrt{3}} \Rightarrow \tau = 3.18$$

由于 $A_c(\omega_c) = 1$,故有 $\frac{K_c\sqrt{1+\tau^2\omega_c^2}}{\sqrt{1+\omega_c^2}} = 1 \Rightarrow K_c = 0.47$。

综上所述,可得校正环节为 $G_c(s) = \frac{0.47(3.18s+1)}{s+1}$。

6-5 已知某最小相位系统开环对数幅频渐近特性曲线如图 6-19 所示,欲将稳态速度误差降为原来的 1/10,试设计串联校正装置,并绘制校正后系统对数幅频渐近特性曲线。

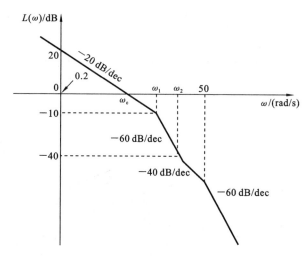

图 6-19 开环对数幅频渐近特性曲线

解 此题需分两步求解。

(1) 由图 6-19 可知,系统的开环传递函数应为

$$G_0(s) = \frac{K(s/\omega_2+1)}{s(s/\omega_1+1)^2(1/50+1)}$$

再由系统的开环对数幅频渐近特性曲线的几何特性,可得到以下等式:

$$20\lg\frac{K}{0.2} = 20 \Rightarrow K = 2$$

$$20\lg\frac{\omega_c}{0.2} = 20 \Rightarrow \omega_c = 2$$

$$20\lg\frac{\omega_1}{\omega_c}=10 \Rightarrow \omega_1=6.32$$

$$60\lg\frac{\omega_2}{\omega_1}=30 \Rightarrow \omega_2=20$$

故系统的开环传递函数为

$$G_0(s)=\frac{2\left(\frac{1}{20}s+1\right)}{s\left(\frac{1}{6.32}s+1\right)^2\left(\frac{1}{50}s+1\right)}$$

(2) 由图 6-19 可知,开环系统的截止频率为 $\omega_c=2$ rad/s。开环系统的相位裕度为

$$\gamma = \angle[180°+G(\omega_c)]$$
$$=\left[90°+\arctan\frac{\omega_c}{20}-2\arctan\frac{\omega_c}{6.32}-\arctan\frac{\omega_c}{50}\right]_{\omega_c=2}=58.3°$$

由题意知,若稳态误差降为原来的 1/10,并保持系统动态性能,故串联校正网络可选用滞后超前校正网络,设其传递函数为

$$G_c(s)=\frac{10(s/\omega_{c1}+1)(s/\omega_{c2}+1)}{(s/\omega_{c3}+1)(s/\omega_{c4}+1)} \quad (\omega_{c1}>\omega_{c3},\ \omega_{c2}<\omega_{c4})$$

为了将系统的稳态速度误差降为原来的 1/10,可将校正前系统的开环对数幅频渐近特性曲线的低频段向上平移 20 dB,如图 6-20 所示;同时选取 $\omega_{c1}=0.2$ rad/s,过 ω_{c1} 作斜率为 -40 dB/dec 的直线,交低频段于 $\omega_{c3}=0.02$ rad/s 处。

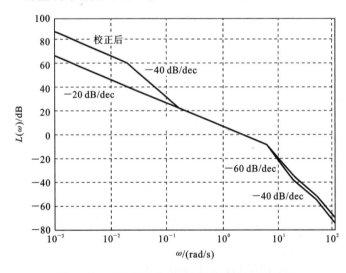

图 6-20 系统校正前后开环对数幅频渐近特性

为了保持系统动态性能,可保持校正前系统的开环对数幅频渐近特性曲线的中频段,同时选取 $\omega_{c2}=6.32$ rad/s,则校正后系统的传递函数为

$$G(s)=G_0(s)G_c(s)=\frac{20\left(\frac{1}{0.2}s+1\right)\left(\frac{1}{20}s+1\right)}{s\left(\frac{1}{0.02}s+1\right)\left(\frac{1}{6.32}s+1\right)\left(\frac{1}{\omega_{c4}}s+1\right)\left(\frac{1}{50}s+1\right)}$$

校正后系统的截止频率为 $\omega_c'=2$ rad/s。校正后系统的相位裕度为

$$\gamma' = \angle[180° + G_c(\omega'_c)G_0(\omega'_c)]$$
$$= \left[90° + \arctan\frac{\omega'_c}{0.2} + \arctan\frac{\omega'_c}{20} - \arctan\frac{\omega'_c}{0.02} - \arctan\frac{\omega'_c}{6.32}\right.$$
$$\left. - \arctan\frac{\omega'_c}{\omega_{c4}} - \arctan\frac{\omega'_c}{50}\right]_{\omega'_c=2}$$

令 $\gamma' = \gamma = 58.3°$,解得 $\omega_{c4} = 9.07$ rad/s。

滞后超前校正网络的开环传递函数为

$$G_c(s) = \frac{10\left(\frac{1}{0.2}s+1\right)\left(\frac{1}{6.32}s+1\right)}{\left(\frac{1}{0.02}s+1\right)\left(\frac{1}{9.07}s+1\right)}$$

校正后系统的开环传递函数为

$$G(s) = G_0(s)G_c(s) = \frac{20\left(\frac{1}{0.2}s+1\right)\left(\frac{1}{20}s+1\right)}{s\left(\frac{1}{0.02}s+1\right)\left(\frac{1}{6.32}s+1\right)\left(\frac{1}{9.07}s+1\right)\left(\frac{1}{50}s+1\right)}$$

6-6 已知一单位反馈最小相位控制系统,其固定不变部分传递函数 $G_0(s)$ 和串联校正装置 $G_c(s)$ 分别如图 6-21(a)和(b)所示。

(1) 写出校正前后各系统的开环传递函数;
(2) 分析各 $G_c(s)$ 对系统的作用,并比较其优缺点。

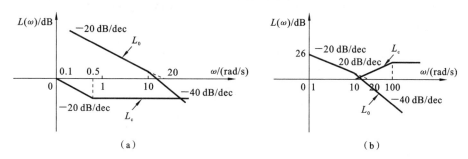

图 6-21 串联校正系统的对数幅频渐近特性

解 (1) 由图 6-21 可知,各系统的固定不变部分、校正网络和校正后的开环传递函数如下。

图 6-21(a): $\quad G_0(s) = \dfrac{20}{s(0.1s+1)}, \quad G_c(s) = \dfrac{2s+1}{10s+1}$

$$G(s) = G_0(s)G_c(s) = \frac{20(2s+1)}{s(0.1s+1)(10s+1)}$$

图 6-21(b): $\quad G_0(s) = \dfrac{20}{s(0.1s+1)}, \quad G_c(s) = \dfrac{0.1s+1}{0.01s+1}$

$$G(s) = G_0(s)G_c(s) = \frac{20}{s(0.01s+1)}$$

(2) 对于图 6-21(a),采用滞后校正。利用高频衰减特性来减小 ω_c,提高 γ,从而减少 σ_p,还可以抑制高频噪声,但不利于系统的快速性。

对于图 6-21(b),采用超前校正。利用相角超前特性来提高 ω_c 与 γ,从而减少 σ_p,还可以提高系统的快速性,改善系统的动态性能,但抗高频干扰能力较弱。

6-7 单位负反馈系统传递函数为

$$G(s)=\frac{1000K}{s(s+10)(s+100)}$$

为了使系统获得大于 30°的相位裕度,采用 $G_c(s)=\dfrac{0.05s+1}{0.005s+1}$ 的校正装置进行串联校正,试用伯德图证明校正后系统能满足要求。

解 校正后系统开环传递函数为

$$G_c(s)G(s)=\frac{100(0.05s+1)}{s(0.1s+1)(0.01s+1)(0.005s+1)}$$

取 $K=K_v=100, 20\lg K=40$ (dB),则有:

低频段 K/s,斜率为 -20 dB/dec,其延长线交 ω 轴于 100;

交接频率 $\omega_1=\dfrac{1}{0.1}=10$ (rad/s),斜率变化 -20 dB/dec;

交接频率 $\omega_2=\dfrac{1}{0.05}=20$ (rad/s),斜率变化 20 dB/dec;

交接频率 $\omega_3=100$ (rad/s),斜率变化 -20 dB/dec;

交接频率 $\omega_4=200$ (rad/s),斜率变化 -20 dB/dec。

画出其对数幅频渐近特性曲线,如图 6-22 所示。由图可得已校正系统的截止频率为 $\omega_c=50$ rad/s。

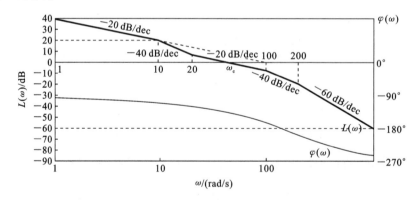

图 6-22 校正后系统开环伯德图

相频特性

$$\varphi(\omega)=\arctan(0.05\omega)-90°-\arctan(0.1\omega)-\arctan(0.01\omega)-\arctan(0.005\omega)$$

其曲线如图 6-22 所示。

相位裕度 $\gamma=180°+\varphi(\omega_c)=38.9°>30°$,故系统满足要求。

6-8 设系统结构图如图 6-23 所示,已知当 $r(t)=2.9 \cdot 1(t)$ 时,系统的稳态输出为 0.5。

(1) 确定结构参数 a,并计算系统的时域性能指标超调量 σ_p 和调节时间 $t_s(\Delta=5\%)$;

(2) 当 $r(t)=5\sin(\omega t)$ 时,求使系统稳态输出信号振幅最大时,输出信号的角频率 ω_r

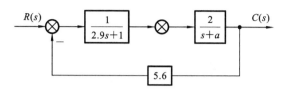

图 6-23 系统结构图

和最大的输出振幅 A_m。

解 (1) 闭环系统传递函数为

$$G(s)=\frac{12}{(2.9s+1)(s+a)}=\frac{12}{2.9s^2+(1+2.9a)s+a}$$

而 $H(s)=5.6$，则

$$\Phi(s)=\frac{G(s)}{1+G(s)H(s)}=\frac{12}{2.9s^2+(1+2.9a)s+(a+12\times5.6)}$$

因 $R(s)=\dfrac{2.9}{s}$，故系统稳态输出为

$$c_{ss}(\infty)=\lim_{s\to 0}C(s)=\lim_{s\to 0}s\Phi(s)R(s)=\lim_{s\to 0}s\cdot\frac{12}{2.9s^2+(1+2.9a)s+(a+67.2)}\cdot\frac{2.9}{s}=0.5$$

求得 $\dfrac{69.6}{a+67.2}=1$，$a=2.4$。

将 $a=2.4$ 代入闭环传递函数，整理后得

$$\Phi(s)=\frac{4.138}{s^2+2.745s+24}$$

故闭环特征方程为

$$s^2+2.745s+24=s^2+2\zeta\omega_n s+\omega_n^2=0$$

从而

$$\omega_n=\sqrt{24}=4.90,\quad \zeta=\frac{2.745}{2\omega_n}=0.280$$

根据求出的 ζ 与 ω_n，可以算得

$$\sigma_p=e^{-\pi\zeta/\sqrt{1-\zeta^2}}\times100\%=40\%,\quad t_s=\frac{3.5}{\zeta\omega_n}=2.55\ (\Delta=5\%)$$

(2) 将闭环传递函数改写为

$$\Phi(s)=\frac{\Phi(0)}{(s/\omega_n)^2+2\zeta(s/\omega_n)+1}$$

其中 $\Phi(0)=4.138/\omega_n^2=0.172$。

闭环频率特性 $\Phi(j\omega)=\Phi(\omega)\angle\Phi(j\omega)$，其中

$$\Phi(\omega)=|\Phi(j\omega)|=\frac{\Phi(0)}{\sqrt{\left(1-\dfrac{\omega^2}{\omega_n^2}\right)^2+4\zeta^2\dfrac{\omega^2}{\omega_n^2}}}$$

令

$$\frac{d\Phi(\omega)}{d\omega}=\frac{-\Phi(0)\left[-\dfrac{2\omega}{\omega_n^2}\left(1-\dfrac{\omega^2}{\omega_n^2}\right)+4\zeta^2\dfrac{\omega}{\omega_n^2}\right]}{\left[\left(1-\dfrac{\omega^2}{\omega_n^2}\right)^2+4\zeta^2\dfrac{\omega^2}{\omega_n^2}\right]^{3/2}}=0$$

求得 $\omega_r = \omega_n\sqrt{1-2\zeta^2} = 4.50$。

将 ω_r 代入 $\Phi(\omega)$，可得

$$\Phi_m(\omega_r) = \frac{\Phi(0)}{2\zeta\sqrt{1-\zeta^2}} = 0.32$$

因 $r(t) = A_r\sin\omega t, A_r = 5$，故稳态输出最大振幅为 $A_m = A_r\Phi_m(\omega_r) = 1.60$。

6-9 设单位反馈系统的开环传递函数为

$$G_0(s) = \frac{200}{s(s+5)(0.0625s+1)}。$$

若要求已校正系统的相位裕度为 $50°$，幅值裕度大于 15 dB，试设计串联滞后校正装置。

解 易算得待校正系统的 $\omega_c' = 14.14$ rad/s，则待校正系统的相位裕度为

$$\gamma' = 180° - 90° - \arctan(0.2\omega_c') - \arctan(0.0625\omega_c') = -21.99°$$

(1) 由要求的 γ'' 选择 ω_c''。

选取 $\varphi(\omega_c'') = -6°$，而 $\gamma'' = 50°$，于是 $\gamma'(\omega_c'') = \gamma'' - \varphi(\omega_c'') = 56°$。由 $\gamma' = 90° - \arctan(0.2\omega_c'') - \arctan(0.0625\omega_c'')$，解得 $\omega_c'' = 2.38$ rad/s。

(2) 确定滞后网络参数 b 和 T。

当 $\omega_c'' = 2.38$ rad/s 时，由图 6-24 可以测得 $L'(\omega_c'') = 24.51$ dB；再由 $20\lg b = -L'(\omega_c'')$，解得 $b = 0.06$。令 $\frac{1}{bT} = 0.1\omega_c''$，求得 $T = 70.03$ s。于是，串联滞后校正网络对数幅频渐近特性曲线如图 6-40 中 $L(\omega)$ 所示，其传递函数为

$$G_c(s) = \frac{1+bTs}{1+Ts} = \frac{1+4.20s}{1+70.03s}$$

已校正系统的对数幅频渐近特性曲线如图 6-24 中 $L''(\omega)$ 所示，其传递函数为

$$G(s) = \frac{40(1+4.20s)}{s(0.2s+1)(0.0625s+1)(1+70.03s)}$$

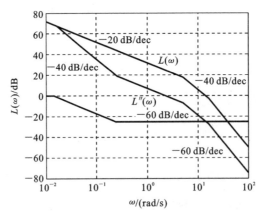

图 6-24 滞后校正开环对数幅频渐近特性

(3) 验算性能指标。

$$\gamma'' = 90° + \arctan(4.2\omega_c'') - \arctan(0.2\omega_c'') - \arctan(0.0625\omega_c'') - \arctan(70.03\omega_c'') = 50.7°$$

再由 $\angle G(j\omega_x'') = -180°$，即

$$-90°+\arctan(4.2\omega''_x)-\arctan(0.2\omega''_x)-\arctan(0.0625\omega''_x)-\arctan(70.03\omega''_x)=-180°$$

用试探法可求得已校正系统的穿越频率 $\omega''_x=8.68$ rad/s,故增益裕度为

$$h''=-20\lg|G(j\omega''_x)|=18.3 \text{ dB}>15 \text{ dB}$$

6-10 设单位反馈系统的开环传递函数为 $G_0(s)=\dfrac{4}{s(s+0.5)}$,若采用滞后-超前校正装置 $G_c(s)=\dfrac{(s+0.1)(s+0.5)}{(s+0.01)(s+5)}$ 对系统进行串联校正,并计算系统校正前后的相位裕度。

解 绘制出待校正系统、滞后-超前校正装置和已校正系统的对数幅频渐近特性曲线,如图 6-25 中 $L'(\omega)$、$L_c(\omega)$ 和 $L''(\omega)$ 所示。

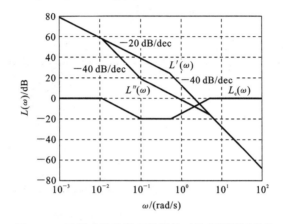

图 6-25 开环系统及校正装置的对数幅频渐近特性

由图 6-25 中 $L'(\omega)$ 与 ω 轴的交点,得待校正系统的截止频率 $\omega'_c=2$ rad/s,算出待校正系统的相位裕度为

$$\gamma'=[180°-90°-\arctan 2\omega'_c]_{\omega_c=2}=14.04°$$

由图 6-25 中 $L''(\omega)$ 与 ω 轴交点,得已校正系统的截止频率 $\omega''_c=0.8$ rad/s,算出已校正系统的相位裕度为

$$\gamma'=180°-90°+\arctan(10\omega''_c)-\arctan(100\omega''_c)-\arctan(0.2\omega''_c)=74.5°$$

6-11 图 6-26 为两种推荐稳定系统的串联校正网络特性,它们均由最小相位环节组成。若控制系统为单位反馈系统,其开环传递函数为

$$G_0(s)=\dfrac{40000}{s^2(s+100)}$$

试问两种校正网络特性中,哪一种可使已校正系统的稳定性最好?

解 本题主要考查根据最小相位对数幅值渐近特性求取校正装置的传递函数,并计算各种校正装置对系统稳定性的影响,以及对噪声的削弱作用。

由图 6-27 可知,各系统的校正网络和校正后的传递函数如下。

对于图 6-26(a)所示的方案,有

$$G_c(s)=\dfrac{s+1}{10s+1}$$

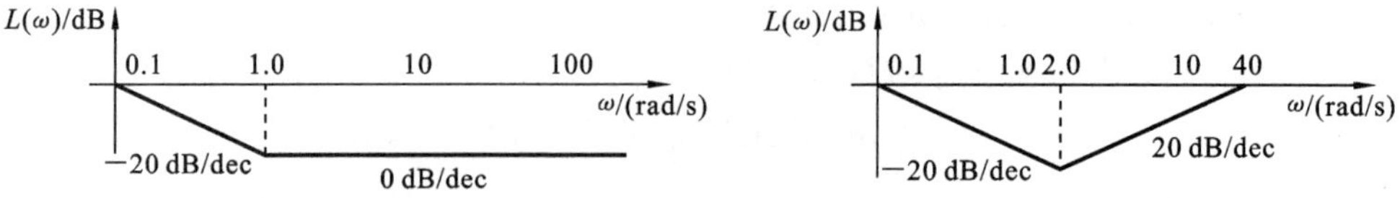

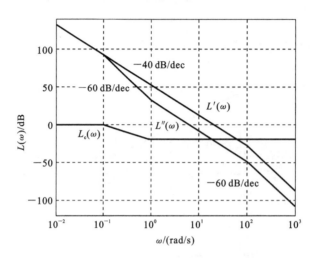

(a) 滞后校正　　　　　　　　　　（b) 滞后-超前校正

图 6-26　推荐的校正网络对数幅频渐近特性

图 6-27　采用图 6-26(a)方案时的开环对数幅频渐近特性

$$G(s)=G_0(s)G_c(s)=\frac{400(s+1)}{s^2(0.01s+1)(10s+1)}$$

绘制出待校正系统、校正网络和已校正系统的对数幅频 $G(s)$ 渐近特性曲线，如图 6-27 中 $L'(\omega)$、$L_c(\omega)$ 和 $L''(\omega)$ 所示。由图 6-27 得已校正系统的截止频率 $\omega_c''=6.32 \text{ rad/s}$，算出已校正系统的相位裕度为

$$\gamma_a''=180°-180°+\arctan\omega_c''-\arctan(10\omega_c'')-\arctan(0.01\omega_c'')=-11.70°$$

这表明已校正系统不稳定。

对于图 6-26(b) 所示的方案，有

$$G_c(s)=\frac{(0.5s+1)^2}{(10s+1)(0.025s+1)}$$

$$G(s)=G_0(s)G_c(s)=\frac{400(0.5s+1)^2}{s^2(0.01s+1)(10s+1)(0.025s+1)}$$

绘制出待校正系统、校正网络和已校正系统的对数幅频渐近特性曲线，如图 6-28 中 $L'(\omega)$、$L_c(\omega)$ 和 $L''(\omega)$ 所示。由图 6-28 得已校正系统的截止频率 $\omega_c''=10 \text{ rad/s}$，算出已校正系统的相位裕度为

$$\gamma_c''=180°-180°+2\arctan(0.5\omega_c'')-\arctan(10\omega_c'')-\arctan(0.01\omega_c'')-\arctan(0.025\omega_c'')$$
$$=48.21°$$

可见，图 6-28 所示的校正网络与图 6-27 所示的校正网络相比，可使系统的相位裕度大，稳定性更好。

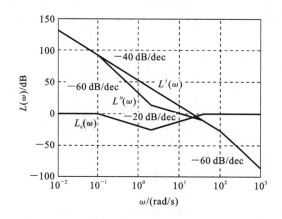

图 6-28 采用图 6-26(b)方案时的开环对数幅频渐近特性

6-12 已知某单位负反馈系统开环传递函数 $G(s)=\dfrac{440}{s(0.025s+1)}$，欲加反馈校正 $\dfrac{K_t Ts}{T+1/s}$ 于反馈通路上，使系统相位裕度 $\gamma=50°$，求 K_t 和 T 的值。

解 由 $G(s)=\dfrac{440}{s(0.025s+1)}$，可画出其对数幅频渐近曲线如图 6-29 所示。加反馈后等效的开环传递函数为

$$G_1(s)=\dfrac{G(s)}{1+G(s)H(s)}$$

其中 $\qquad H(s)=\dfrac{K_t Ts^2}{Ts+1},\quad G_1(j\omega)=\dfrac{G(j\omega)}{1+G(j\omega)H(j\omega)}$

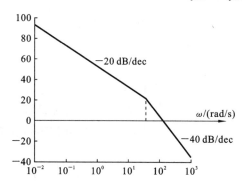

图 6-29 对数幅频渐近曲线

若满足 $|G(j\omega)H(j\omega)|\gg 1$，则

$$G_1(j\omega)=\dfrac{1}{H(j\omega)}$$

根据 $\gamma=50°$，选择希望的截止频率 $\omega_c=20\text{ rad/s}$，设

$$\dfrac{1}{H(s)}=\dfrac{334(0.06s+1)}{s^2}=\dfrac{Ts+1}{K_t Ts^2}$$

解得 $K_t=0.05, T=0.06$。

第7章

线性离散系统的分析与校正

一、知识要点

（一）线性离散控制系统的数学模型

线性离散控制系统的数学模型可以用差分方程、脉冲传递函数和离散状态空间表达式来描述。离散系统的每一种数学模型相对于连续系统均有类似的方法与之对应，例如离散系统的时间脉冲序列对应于连续系统的时间脉冲响应，差分方程对应于微分方程，脉冲传递函数对应于传递函数，离散状态空间表达式对应于连续状态空间表达式等。

1. 差分方程

对于一般的线性定常离散系统，k 时刻的输出 $c(k)$ 不但与 k 时刻的输入 $r(k)$ 有关，而且与 k 时刻以前的输入 $r(k-1)$，$r(k-2)$，…有关，同时还可能与 k 时刻以前的输出 $c(k-1)$，$c(k-2)$，…有关。这种关系一般可用下列 n 阶后向差分方程来描述：

$$c(k)+a_1c(k-1)+\cdots+a_nc(k-n)=b_0r(k)+b_1r(k-1)+\cdots+b_mr(k-m)$$

即

$$c(k)=-\sum_{i=1}^{n}a_ic(k-i)+\sum_{j=0}^{m}b_jr(k-j)$$

式中：$a_i(i=1,2,\cdots,n)$ 和 $b_j(j=0,1,\cdots,m)$ 为常系数，$m\leqslant n$。上式称为 n 阶线性常系数差分方程，它在物理意义上代表一个线性定常离散系统。

2. 线性常系数差分方程的解

线性常系数差分方程的求解方法有经典法、迭代法和 z 变换法。与微分方程的经典解法类似，差分方程的经典解法也要求出齐次方程的通解和非齐次方程的一个特解,计算烦琐。下面仅介绍工程上常用的迭代法和 z 变换法。

(1) 迭代法(递推法)。

后向差分方程或前向差分方程都可以使用迭代法求解。若已知差分方程,并且给定输出序列的初值和输入序列,则可以利用递推关系,在计算机上一步一步地算出输出序列。

(2) z 变换法。

在连续系统中用拉氏变换法求解微分方程,使得复杂的微积分运算变成了简单的代数运算。同样,在离散系统中用 z 变换法求解差分方程,就是将差分方程变换成以 z 为变量的代数方程,再进行求解。

已知输出 $c(k)$ 的初始值和输入序列 $r(k)$,对差分方程两端取 z 变换,并利用 z 变换的实数位移定理,得到以 z 为变量的代数方程,计算出代数方程的解 $C(z)$,再对 $C(z)$ 取 z 反变换,求出输出序列 $c(k)$。其具体步骤如下:

① 根据 z 变换实数位移定理对差分方程逐项取 z 变换;
② 求差分方程解的 z 变换表达式 $C(z)$;
③ 通过 z 反变换求差分方程的时域解 $c(k)$。

使用 z 变换法求解时,应采用前向差分方程,利用超前定理将其转换成代数方程。若求解后向差分方程,应先将其转换成前向差分方程,再利用超前定理进行转换。否则,若直接利用滞后定理将后向差分方程转换为代数方程,计算得到的代数方程的解 $C(z)$ 的形式通常比较复杂,难以进行 z 逆变换。

(二) 线性离散控制系统稳定判据

1. 线性离散控制系统的充要条件

在线性定常连续系统中,系统稳定的充要条件取决于闭环极点是否均位于 s 平面左半部。与此类似,对于线性定常离散系统,也可以根据闭环极点在 z 平面的分布来判断系统是否稳定。

设典型离散系统的特征方程为 $D(z)=1+G(z)H(z)=0$,由 s 域到 z 域的映射关系知:左半 s 平面映射为 z 平面上的单位圆内的区域,对应稳定区域;右半 s 平面映射为 z 平面上的单位圆外的区域,对应不稳定区域;s 平面上的虚轴映射为 z 平面上的单位圆周,对应临界稳定情况。

因此,线性定常离散系统稳定的充要条件是:当且仅当离散系统特征方程的全部特征根均分布在 z 平面的单位圆内。

如果在 z 平面单位圆上存在特征根时,则系统是临界稳定的,而在工程上把此种情况归于不稳定之列。

2. 运用双线性变换的劳斯稳定判据

连续系统的劳斯判据是通过系统特征方程的系数关系来判别系统稳定性的,实质上是判断系统特征方程的根是否都在左半 s 平面。但是,在离散系统中需要判断系统特征方程的根是否都在 z 平面上的单位圆内。因此,不能直接应用连续系统中的劳斯判据,必须引入一种新的变换。设这种新的变换为 w 变换,它将 z 平面映射到 w 平面,使 z 平面上的单位圆内区域映射成左半 w 平面，z 平面的单位圆映射成 w 平面的虚轴，z 平面的单位圆外区域映射成右半 w 平面。通过 w 变换，将线性定常离散系统的特征方程由 z 平面转换到 w 平面。w 平面上离散系统稳定的充要条件是所有特征根位于左半 w 平面，符合劳斯稳定判据的应用条件，所以根据 s 域中的特征方程系数，可以直接应用劳斯表判断离散系统的稳定性。

3. 奈奎斯特稳定判据

奈奎斯特稳定判据是检验连续系统稳定性的有效方法，它利用系统开环频率特性来判断闭环系统的稳定性，该方法可直接应用于离散系统。需要注意的是，离散系统的不稳定域是 z 平面的单位圆外部。

设离散系统特征方程为 $1+kG(z)=0$，利用奈奎斯特稳定判据的具体方法如下：

(1) 确定开环脉冲传递函数 $kG(z)$ 的不稳定极点数 P；
(2) 以 $z=e^{j\omega T}$ 代入，在 $0 \leqslant \omega T \leqslant 2\pi$ 范围内，画开环频率特性 $kG(e^{j\omega T})$；
(3) 计算该曲线顺时针方向包围 $z=-1$ 的数目 N；
(4) 计算 $Q=P-N$，当且仅当 $Q=0$ 时，闭环系统稳定。

（三）线性离散控制系统的动态响应

连续系统的动态特性是通过系统在单位阶跃输入信号作用下的响应过程来衡量的，反映了控制系统的瞬态过程。其主要性能指标有上升时间 t_r、峰值时间 t_p、调节时间 t_s 和超调量 δ_p 等。离散系统的动态性能指标的定义与连续系统的相同，也是通过系统的阶跃响应来定义的。但是在分析离散系统的动态过程时，得到的只是各采样时刻的值，采样间隔内系统的状态不能表示出来。

当系统的输入为单位阶跃函数 $1(t)$ 时，应用 z 变换法分析系统动态性能的主要思路和步骤如下：

(1) 求出系统输出量的 z 变换函数 $C(z)$。

如果能求出离散系统的闭环脉冲传递函数中的 $\Phi(z)$，则系统输出量的 z 变换函数为

$$C(z)=R(z)\Phi(z)=\frac{z}{z-1}\Phi(z)$$

(2) 求出输出信号的脉冲序列 $c^*(t)$。

将 $C(z)$ 展开成幂级数，通过 z 逆变换求出输出信号的脉冲序列 $c^*(t)$，$c^*(t)$ 代表线性定常离散系统在单位阶跃输入作用下的响应过程。由于离散系统时域指标的定义与连续系统的相同，故根据单位阶跃响应曲线 $c^*(t)$ 可方便地分析离散系统的动态和稳态性能。

二、典型例题

7-1 求下列函数的 z 变换式：

(1) $e(t)=\sin(\omega t)$；

(2) $E(s)=\dfrac{1}{(s+a)(s+b)(s+c)}$；

(3) $f(t)=1-e^{-at}$；

(4) $f(t)=e^{-at}\cos(\omega t)$；

(5) $G(s)=\dfrac{1}{(s+a)(s+b)}$；

(6) $G(s)=\dfrac{e^{-1.5s}}{s+1}$（设采样周期 $T=0.5$ s）；

(7) $G(s)=\dfrac{s+3}{(s+1)(s+2)}$；

(8) $e(t)=1+e^{-2t}$；

(9) $e(t)=e^{-at}\sin(\omega t)$；

(10) $E(s)=\dfrac{1}{s(s+3)^2}$；

(11) $E(s)=\dfrac{1}{s(s+1)(s+2)}$

(12) $e(t)=a^n$；

(13) $e(t)=t^2 e^{-3t}$；

(14) $e(t)=\dfrac{1}{3!}t^3$；

(15) $E(s)=\dfrac{s+1}{s^2}$；

(16) $E(s)=\dfrac{1-e^{-s}}{s^2(s+1)}$。

解 本题的目的在于熟悉连续和离散函数形式的转换，需注意所定义的表达式的作用。

(1) 本题的关键是应用欧拉公式 $\sin(\omega t)=\dfrac{e^{j\omega t}-e^{-j\omega t}}{2j}$。

$$\begin{aligned}E^*(s)&=\sum_{n=0}^{\infty}(\sin n\omega T)e^{-nsT}=\sum_{n=0}^{\infty}\left(\dfrac{e^{j\omega nT}-e^{-j\omega nT}}{2j}\right)e^{-nsT}\\&=\dfrac{1}{2j}\sum_{n=0}^{\infty}(e^{j\omega nT}e^{-nsT}-e^{-j\omega nT}e^{-nsT})=\dfrac{1}{2j}\left(\dfrac{1}{1-e^{j\omega T}e^{-sT}}-\dfrac{1}{1-e^{-j\omega T}e^{-sT}}\right)\end{aligned}$$

$$E(z)=\dfrac{1}{2j}\left(\dfrac{1}{1-e^{j\omega T}z^{-1}}-\dfrac{1}{1-e^{-j\omega T}z^{-1}}\right)=\dfrac{z\sin(\omega T)}{z^2-2z\cos(\omega T)+1}$$

(2) 本题的关键是要先求出 $e(t)$。将 $E(s)$ 展成部分分式，有

$$E(s)=\dfrac{k_1}{s+a}+\dfrac{k_2}{s+b}+\dfrac{k_3}{s+c}$$

式中：

$$k_1=\dfrac{1}{(b-a)(c-a)},\quad k_2=\dfrac{1}{(a-b)(c-b)},\quad k_3=\dfrac{1}{(b-c)(a-c)}$$

于是 $e(t)=k_1 e^{-at}+k_2 e^{-bt}+k_3 e^{-ct}$。

经采样拉普拉斯变换，得

$$E^*(s)=\dfrac{k_1}{1-e^{-aT}e^{-sT}}+\dfrac{k_2}{1-e^{-bT}e^{-sT}}+\dfrac{k_3}{1-e^{-cT}e^{-sT}}$$

故有

$$E(z)=\dfrac{k_1}{1-e^{-aT}z^{-1}}+\dfrac{k_2}{1-e^{-bT}z^{-1}}+\dfrac{k_3}{1-e^{-cT}z^{-1}}$$

(3) $F(z)=Z[1-\mathrm{e}^{-at}]=\dfrac{z}{z-1}-\dfrac{z\mathrm{e}^{aT}}{z\mathrm{e}^{aT}-1}=\dfrac{(1-\mathrm{e}^{-aT})z}{(z-1)(z-\mathrm{e}^{-aT})}$

(4) 由 z 变换表及复位移定理得
$$F(z)=Z[\mathrm{e}^{-at}\cos\omega t]=\dfrac{z^2-z\mathrm{e}^{-aT}\cos(\omega T)}{z^2-2z\mathrm{e}^{-aT}\cos(\omega T)+\mathrm{e}^{-2aT}}$$

(5) $G(z)=Z\left[\dfrac{1}{(s+a)(s+b)}\right]=Z\left[\dfrac{1}{b-a}\left(\dfrac{1}{s+a}-\dfrac{1}{s+b}\right)\right]$
$=\dfrac{1}{b-a}\dfrac{(\mathrm{e}^{-aT}-\mathrm{e}^{-bT})z}{(z-\mathrm{e}^{-aT})(z-\mathrm{e}^{-bT})}$

(6) $g(t)=\mathscr{L}^{-1}\left[\dfrac{\mathrm{e}^{-1.5s}}{s+1}\right]=\mathrm{e}^{-(t-3T)}1(t-3T)$

$g^*(t)=\displaystyle\sum_{k=0}^{\infty}\mathrm{e}^{-(kT-3T)}1(kT-3T)\delta(t-kT)=\sum_{k_1=0}^{\infty}\mathrm{e}^{-k_1 T}\delta[t-(k_1+3)T]$

$G(z)=Z[g^*(t)]=z^{-3}\displaystyle\sum_{k_1=0}^{\infty}\mathrm{e}^{-k_1 T}z^{-k_1}=\dfrac{z^{-2}}{z-\mathrm{e}^{-0.5}}$

(7) $G(z)=Z\left[\dfrac{s+3}{(s+1)(s+2)}\right]=Z\left[\dfrac{2}{s+1}-\dfrac{1}{s+2}\right]=\dfrac{2z}{z-\mathrm{e}^{-T}}-\dfrac{z}{z-\mathrm{e}^{-2T}}$
$=\dfrac{z^2+2(\mathrm{e}^{-T}-2\mathrm{e}^{-2T})}{(z-\mathrm{e}^{-T})(z-\mathrm{e}^{-2T})}$

(8) $E(z)=Z[1+\mathrm{e}^{-2t}]=Z[1]+Z[\mathrm{e}^{-2t}]$,其中
$$Z[1(t)]=\sum_{n=0}^{\infty}z^{-n}=\dfrac{z}{z-1},\quad Z[\mathrm{e}^{-2t}]=\sum_{n=0}^{\infty}\mathrm{e}^{-2nT}z^{-n}=\dfrac{z}{z-\mathrm{e}^{-2T}}$$

则有
$$E(z)=\dfrac{z}{z-1}+\dfrac{z}{z-\mathrm{e}^{-2T}}=\dfrac{z(2z-1-\mathrm{e}^{-2T})}{z^2-(1+\mathrm{e}^{-2T})z+\mathrm{e}^{-2T}}$$

(9) 令 $e(t)=\sin(\omega t)$,则有

$E(z)=Z[\sin(\omega t)]=Z\left[\dfrac{\mathrm{e}^{\mathrm{j}\omega t}-\mathrm{e}^{-\mathrm{j}\omega t}}{2\mathrm{j}}\right]=\displaystyle\sum_{n=0}^{\infty}\dfrac{\mathrm{e}^{\mathrm{j}\omega nT}-\mathrm{e}^{-\mathrm{j}\omega nT}}{2\mathrm{j}}z^{-n}$
$=\dfrac{1}{2\mathrm{j}}\left(\dfrac{1}{1-\mathrm{e}^{\mathrm{j}\omega T}z^{-1}}-\dfrac{1}{1-\mathrm{e}^{-\mathrm{j}\omega T}z^{-1}}\right)=\dfrac{1}{2\mathrm{j}}\dfrac{(\mathrm{e}^{\mathrm{j}\omega T}-\mathrm{e}^{-\mathrm{j}\omega T})z^{-1}}{1-(\mathrm{e}^{\mathrm{j}\omega T}+\mathrm{e}^{-\mathrm{j}\omega T})z^{-1}+z^{-2}}$
$=\dfrac{z\sin\omega T}{z^2-2z\cos\omega T+1}$

根据复数位移定理可知
$$Z[\mathrm{e}^{-at}\sin(\omega t)]=E(z\mathrm{e}^{aT})=\dfrac{z\mathrm{e}^{aT}\sin(\omega T)}{z^2\mathrm{e}^{2aT}-2z\mathrm{e}^{aT}\cos(\omega T)+1}$$

(10) 将 $E(s)$ 展成部分分式
$$E(s)=\dfrac{1}{9}\cdot\dfrac{1}{s}-\dfrac{1}{9}\cdot\dfrac{1}{s+3}-\dfrac{1}{3}\cdot\dfrac{1}{(s+3)^2}$$

对上式逐项取拉普拉斯反变换,可得
$$e(t)=\dfrac{1}{9}-\dfrac{1}{9}\mathrm{e}^{-3t}-\dfrac{1}{3}t\mathrm{e}^{-3t}$$

则有
$$E(z)=Z\left[\dfrac{1}{9}\cdot1(t)\right]-Z\left[\dfrac{1}{9}\mathrm{e}^{-3t}\right]-Z\left[\dfrac{1}{3}t\mathrm{e}^{-3t}\right]$$

对上式各项 z 变换

$$Z\left[\frac{1}{9} \cdot 1(t)\right] = \frac{1}{9} Z[1(t)] = \frac{1}{9} \cdot \frac{z}{z-1}$$

$$Z\left[\frac{1}{9} e^{-3t}\right] = \frac{1}{9} \cdot \frac{ze^{3t}}{ze^{3t}-1}, \quad Z\left[\frac{1}{3} te^{-3t}\right] = \frac{1}{3} \cdot \frac{Tze^{3t}}{(ze^{3t}-1)^2}$$

可得

$$E(z) = \frac{1}{9} \cdot \frac{z}{z-1} - \frac{1}{9} \cdot \frac{ze^{3t}}{ze^{3t}-1} - \frac{1}{3} \cdot \frac{Tze^{3t}}{(ze^{3t}-1)^2}$$

(11) 将 $E(s)$ 展成部分分式

$$E(s) = \frac{1}{2s} - \frac{1}{s+1} + \frac{1}{2(s+2)}$$

对上式逐项取拉普拉斯反变换，可得

$$e(t) = \frac{1}{2} - e^{-t} + \frac{1}{2} e^{-2t}$$

则有

$$E(z) = Z\left[\frac{1}{2} \cdot 1(t)\right] - Z[e^{-t}] + Z\left[\frac{1}{2} e^{-2t}\right]$$

$$= \frac{1}{2}\left(\frac{z}{z-1} - \frac{2z}{z-e^{-T}} + \frac{z}{z-e^{-2T}}\right) = \frac{(1-2e^{-T}+e^{-2T})z^2}{2(z-1)(z-e^{-T})(z-e^{-2T})}$$

(12) 根据 Z 变换的定义，有

$$E(z) = \sum_{n=0}^{\infty} a^n z^{-n} = 1 + az^{-1} + a^2 z^{-2} + \cdots + a^n z^{-n} + \cdots = \frac{1}{1-az^{-1}} = \frac{z}{z-a}$$

(13) 令 $e(t) = t^2$，$E(z) = \mathscr{F}[t^2] = \dfrac{T^2 z(z+1)}{(z-1)^3}$。根据复位移定理，有

$$E(ze^{3T}) = \mathscr{F}[t^2 e^{-3t}] = \frac{T^2 ze^{3T}(ze^{3T}+1)}{(ze^{3T}-1)^3}$$

(14) 根据 z 变换定义及无穷级数求和，有

$$E(z) = \sum_{n=0}^{\infty} \frac{1}{6}(nT)^3 z^{-n} = \frac{T^3}{6} \sum_{n=0}^{\infty} n^3 z^{-n}$$

$$= \frac{T^3}{6}(z^{-1} + 8z^{-2} + 27z^{-3} + 64z^{-4} + 125z^{-5} + \cdots)$$

而

$$\frac{z(z^2+4z+1)}{(z-1)^4} = \frac{z^3+4z^2+z}{z^4-4z^3+6z^2-4z+1} = z^{-1} + 8z^{-2} + 27z^{-3} + 64z^{-4} + 125z^{-5} + \cdots$$

因此 $E(z) = \dfrac{T^3 z(z^2+4z+1)}{6(z-1)^4}$。

(15) 将原函数表达式分解为 $E(s) = \dfrac{1}{s} + \dfrac{1}{s^2}$，再对各个部分查可得

$$E(z) = \frac{z}{z-1} + \frac{Tz}{(z-1)^2} = \frac{z(z+T-1)}{(z-1)^2}$$

(16) 将原函数表达式变换为

$$E(s) = \left[1 - (e^{-sT})^{\frac{1}{T}}\right] \frac{1}{s^2(s+1)}$$

由定义 $z=e^{sT}$ 知,式中 $1-(e^{-sT})^{\frac{1}{T}}$ 即为 $1-z^{-\frac{1}{T}}$。式中 $\dfrac{1}{s^2(s+1)}=\dfrac{1}{s^2}-\dfrac{1}{s}+\dfrac{1}{s+1}$,再对各部分查表,可得 $\dfrac{Tz}{(z-1)^2}-\dfrac{(1-e^{-T})z}{(z-1)(z-e^{-T})}$。于是

$$E(z)=(1-z^{-\frac{1}{T}})\left[\dfrac{Tz}{(z-1)^2}-\dfrac{(1-e^{-T})z}{(z-1)(z-e^{-T})}\right]$$

7-2 试用部分分式法、幂级数法或反变换公式法,求下列函数的 z 反变换。

(1) $F(z)=\dfrac{z}{(z-1)(z-2)}$;

(2) $F(z)=\dfrac{2z^2}{(z-0.8)(z-0.1)}$;

(3) $F(z)=\dfrac{z^3-3z^2+3z}{(z-2)(z-1)^2}$;

(4) $E(z)=\dfrac{-3+z^{-1}}{1-2z^{-1}+z^{-2}}$;

(5) $E(z)=\dfrac{2z(z^2-1)}{(z^2+1)^2}$;

(6) $E(z)=\dfrac{2z^2}{(z+1)^2(z+2)}$;

(7) $E(z)=\dfrac{z}{(z-e^{-aT})(z-e^{-bT})}$;

(8) $E(z)=\dfrac{z}{(z-1)^2(z-2)}$;

(9) $E(z)=\dfrac{(1-e^{-aT})z}{(z-1)(z-e^{-aT})}$。

解 (1) 部分分式法:

$$F(z)=\dfrac{z}{(z-1)(z-2)}=\dfrac{z}{z-2}-\dfrac{z}{z-1}$$

$$Z^{-1}[F(z)]=Z^{-1}\left[\dfrac{z}{z-2}\right]-Z^{-1}\left[\dfrac{z}{z-1}\right]$$

$$f(k)=2^k-1$$

$$f^*(t)=\sum_{k=0}^{\infty}f(k)\delta(t-kT)$$

幂级数法:

$$F(z)=\dfrac{z}{(z-1)(z-2)}=\dfrac{z}{z^2-3z+2}=z^{-1}+3z^{-2}+7z^{-3}+15z^{-4}+\cdots$$

由此得
$$f(0)=0,\ f(1)=1,\ f(2)=3,\ f(4)=7,\cdots$$
$$f(k)=2^k-1$$

反变换公式法:

$$F(z)z^{k-1}=\dfrac{z^k}{(z-1)(z-2)}$$

上式有两个极点 $z_1=1$ 和 $z_2=2$,则

$$f(k)=\lim_{z\to 2}(z-2)F(z)z^{k-1}+\lim_{z\to 1}(z-1)F(z)z^{k-1}=2^k-1$$

(2) 部分分式法:

$$F(z)=\dfrac{2z^2}{(z-0.8)(z-0.1)}=\dfrac{16}{7}\dfrac{z}{z-0.8}-\dfrac{2}{7}\dfrac{z}{z-0.1}$$

$$Z^{-1}[F(z)]=\dfrac{16}{7}Z^{-1}\left[\dfrac{z}{z-0.8}\right]-\dfrac{2}{7}Z^{-1}\left[\dfrac{z}{z-0.1}\right]$$

$$f(k)=\dfrac{16}{7}(0.8)^k-\dfrac{2}{7}(0.1)^k$$

$$f^*(t) = \sum_{k=0}^{\infty} f(k)\delta(t-kT)$$

幂级数法：
$$F(z) = \frac{2z^2}{(z-0.8)(z-0.1)} = \frac{2z^2}{z^2 - 0.9z + 0.08}$$
$$= 2 + 1.8z^{-1} + 1.46z^{-2} + 1.17z^{-3} + \cdots$$
$$f(0) = 2, f(1) = 1.8, f(2) = 1.46, f(3) = 1.17, \cdots$$
$$f^*(t) = 2 + 1.8\delta(t-T) + 1.46\delta(t-2T) + 1.17\delta(t-3T) + \cdots$$

反变换公式法：
$$F(z)z^{k-1} = \frac{2z^{k+1}}{(z-0.8)(z-0.1)}$$

两个极点分别为 $z_1 = 0.8$ 和 $z_1 = 0.1$，则
$$f(k) = \lim_{z \to 0.8}(z-0.8)F(z)z^{k-1} + \lim_{z \to 0.1}(z-0.1)F(z)z^{k-1}$$
$$= \frac{16}{7}(0.8)^k - \frac{2}{7}(0.1)^k$$

（3）部分分式法：
$$F(z) = \frac{z^3 - 3z^2 + 3z}{(z-2)(z-1)^2} = \frac{z}{z-2} - \frac{z}{(z-1)^2}$$
$$Z^{-1}[F(z)] = Z^{-1}\left[\frac{z}{z-2}\right] - Z^{-1}\left[\frac{z}{(z-1)^2}\right]$$
$$f(k) = 2^k - k$$
$$f^*(t) = \sum_{k=0}^{\infty} f(k)\delta(t-kT)$$

幂级数法：
$$F(z) = \frac{z^3 - 3z^2 + 3z}{(z-2)(z-1)^2} = 1 + z^{-1} + 2z^{-2} + 5z^{-3} + 12z^{-4} + \cdots$$
$$f(0) = 1, \quad f(1) = 1, \quad f(2) = 2, \quad f(3) = 5, \quad f(4) = 12, \cdots$$
$$f^*(t) = 1 + \delta(t-T) + 2\delta(t-2T) + 5\delta(t-3T) + 12\delta(t-4T) + \cdots$$

反变换公式法：
$$F(z)z^{k-1} = \frac{(z^3 - 3z^2 + 3)z^k}{(z-2)(z-1)^2}$$

极点为 2 和 1，其中 $z=1$ 为 2 级极点，则
$$f(k) = \lim_{z \to 2}(z-2)F(z)z^{k-1} + \lim_{z \to 1}\frac{\mathrm{d}}{\mathrm{d}z}(z-1)^2 F(z)z^{k-1} = 2^k - k$$

（4）部分分式法：
$$\frac{E(z)}{z} = \frac{-3z+1}{(z-1)^2} = -\frac{2}{(z-1)^2} - \frac{3}{z-1}$$
$$E(z) = -\frac{2z}{(z-1)^2} - \frac{3z}{z-1}$$

查表得
$$e(t) = -\frac{2t}{T} - 3, \quad e(nT) = -2n - 3$$

$$e^*(t) = \sum_{n=0}^{\infty} e(nT)\delta(t-nT) = \sum_{n=0}^{\infty}(-2n-3)\delta(t-nT)$$

幂级数法：

$$E(z) = \frac{-3z^2+z}{z^2-2z+1} = -3 - 5z^{-1} - 7z^{-2} - 9z^{-3} - \cdots$$

$$e^*(t) = -3\delta(t) - 5\delta(t-T) - 7\delta(t-2T) - 9\delta(t-3T) - \cdots$$

反演积分法：

$$E(z) = \frac{z(-3z+1)}{(z-1)^2}$$

脉冲传递函数有两个相同的极点，则有

$$e(nT) = \text{Res}\left[E(z)z^{n-1}\right]_{z\to 1} = \frac{1}{1!}\lim_{z\to 1}\frac{d}{dz}\left[\frac{(z-1)^2 z^{n-1} \cdot z(-3z+1)}{(z-1)^2}\right]$$

$$= \lim_{z\to 1}\left[-3(n+1)z^n + nz^{n-1}\right] = -2n-3$$

$$e^*(t) = \sum_{n=0}^{\infty}(-2n-3)\delta(t-nT)$$

（5）幂级数法：

$$E(z) = \frac{2z(z^2-1)}{(z^2+1)^2} = \frac{2z^3-2z}{z^4+2z^2+1} = \frac{2z^{-1}-2z^{-3}}{1+2z^{-2}+z^{-4}}$$

$$= 2z^{-1} - 6z^{-3} + 10z^{-5} - 14z^{-7} + \cdots$$

则采样函数为

$$e^*(t) = 2\delta(t-T) - 6\delta(t-3T) + 10\delta(t-5T) - 14\delta(t-7T) + \cdots$$

（6）反演积分法：

$$E(z)z^{n-1} = \frac{2z^{n+1}}{(z+1)^2(z+2)}$$

上式有 $z_1 = z_2 = -1, z_3 = -2$ 三个极点，则有

$$\text{Res}\left[\frac{2z^{n+1}}{(z+1)^2(z+2)}\right]_{z\to -1} = \lim_{z\to -1}\frac{d}{dz}\left[(z+1)^2 \frac{2z^{n+1}}{(z+1)^2(z+2)}\right]$$

$$= \lim_{z\to -1}\left[\frac{2(n+1)z^n(z+2) - 2z^{n+1}}{(z+2)^2}\right]$$

$$= (2n+4)(-1)^n$$

$$\text{Res}\left[\frac{2z^{n+1}}{(z+1)^2(z+2)}\right]_{z\to -2} = \lim_{z\to -2}\left[(z+2)\frac{2z^{n+1}}{(z+1)^2(z+2)}\right] = -(-1)^n 2^{n+2}$$

$$e(nT) = (-1)^n(2n+4-2^{n+2})$$

相应的采样函数为

$$e^*(t) = \sum_{n=0}^{\infty} e(nT)\delta(t-nT) = \sum_{n=0}^{\infty}\left[(-1)^n(2n+4-2^{n+2})\right]\delta(t-nT)$$

$$= 2\delta(t-T) - 8\delta(t-2T) + 22\delta(t-3T) + \cdots$$

幂级数法：

$$E(z) = \frac{2z^2}{(z+1)^2(z+2)} = \frac{2z^{-1}}{1+4z^{-1}+5z^{-2}+2z^{-3}} = 2z^{-1} - 8z^{-2} + 22z^{-2} + \cdots$$

故有
$$e^*(t) = 2\delta(t-T) - 8\delta(t-2T) + 22\delta(t-3T) + \cdots$$

(7) 因为
$$\frac{E(z)}{z} = \frac{1}{(z-\mathrm{e}^{-aT})(z-\mathrm{e}^{-bT})} = \frac{1}{\mathrm{e}^{-aT}-\mathrm{e}^{-bT}}\left(\frac{1}{z-\mathrm{e}^{-aT}} - \frac{1}{z-\mathrm{e}^{bT}}\right)$$

所以
$$E(z) = \frac{1}{\mathrm{e}^{-aT}-\mathrm{e}^{-bT}}\left(\frac{z}{z-\mathrm{e}^{-aT}} - \frac{z}{z-\mathrm{e}^{bT}}\right)$$

查 z 变换表,可知
$$e(nT) = \frac{1}{\mathrm{e}^{-aT}-\mathrm{e}^{-bT}}(\mathrm{e}^{-anT} - \mathrm{e}^{-bnT})$$

则有
$$e^*(t) = \sum_{n=0}^{\infty} \frac{\mathrm{e}^{-anT}-\mathrm{e}^{-bnT}}{\mathrm{e}^{-aT}-\mathrm{e}^{-bT}}\delta(t-nT)$$

反演积分法:
$$E(z)z^{n-1} = \frac{z^n}{(z-\mathrm{e}^{-aT})(z-\mathrm{e}^{-bT})}$$

上式有 $z_1 = \mathrm{e}^{-aT}, z_2 = \mathrm{e}^{-bT}$ 两个根,而

$$\mathrm{Res}\left[\frac{z^n}{(z-\mathrm{e}^{-aT})(z-\mathrm{e}^{-bT})}\right]_{z \to \mathrm{e}^{-aT}} = \lim_{z \to \mathrm{e}^{-aT}}\frac{z^n}{z-\mathrm{e}^{-bT}} = \frac{\mathrm{e}^{-anT}}{\mathrm{e}^{-aT}-\mathrm{e}^{-bT}}$$

$$\mathrm{Res}\left[\frac{z^n}{(z-\mathrm{e}^{-aT})(z-\mathrm{e}^{-bT})}\right]_{z \to \mathrm{e}^{-bT}} = \lim_{z \to \mathrm{e}^{-bT}}\frac{z^n}{z-\mathrm{e}^{-aT}} = \frac{\mathrm{e}^{-bnT}}{\mathrm{e}^{-bT}-\mathrm{e}^{-aT}}$$

$$e(nT) = \frac{\mathrm{e}^{-anT}}{\mathrm{e}^{-aT}-\mathrm{e}^{-bT}} + \frac{\mathrm{e}^{-bnT}}{\mathrm{e}^{-bT}-\mathrm{e}^{-aT}} = \frac{\mathrm{e}^{-anT}-\mathrm{e}^{-bnT}}{\mathrm{e}^{-aT}-\mathrm{e}^{-bT}}$$

则有
$$e^*(t) = \sum_{n=0}^{\infty} \frac{\mathrm{e}^{-anT}-\mathrm{e}^{-bnT}}{\mathrm{e}^{-aT}-\mathrm{e}^{-bT}}\delta(t-nT)$$

(8) 反演积分法:
$$E(z)z^{n-1} = \frac{z^n}{(z-1)^2(z-2)}$$

上式有 $z_1 = z_2 = 1, z_3 = 2$ 三个极点,则有

$$\mathrm{Res}\left[\frac{z^n}{(z-1)^2(z-2)}\right]_{z \to 1} = \lim_{z \to 1}\frac{\mathrm{d}}{\mathrm{d}z}\left[(z-1)^2 \frac{z^n}{(z-1)^2(z-2)}\right]$$

$$= \lim_{z \to 1}\left[\frac{nz(z-2)-z^n}{(z-2)^2}\right] = -n-1$$

$$\mathrm{Res}\left[\frac{z^n}{(z-1)^2(z-2)}\right]_{z \to 2} = \lim_{z \to 2}\left[(z-2)\frac{z^n}{(z-1)^2(z-2)}\right] = 2^n$$

$$e(nT) = 2^n - n - 1$$

相应的采样函数为
$$e^*(t) = \sum_{n=0}^{\infty}(2^n - n - 1)\delta(t-nT) = \delta(t-2T) + 4\delta(t-3T) + 11\delta(t-4T) + \cdots$$

幂级数法:
$$E(z) = \frac{z}{(z-1)^2(z-2)} = \frac{z^{-2}}{1-4z^{-1}+5z^{-2}-2z^{-3}}$$
$$= z^{-2} + 4z^{-3} + 11z^{-4} + 26z^{-5} + \cdots$$

故有 $e^*(t)=\delta(t-2T)+4\delta(t-3T)+11\delta(t-4T)+26\delta(t-5T)+\cdots$

(9) 因为 $$\frac{E(z)}{z}=\frac{(1-\mathrm{e}^{-aT})}{(z-1)(z-\mathrm{e}^{-aT})}=\frac{1}{z-1}-\frac{1}{z-\mathrm{e}^{-aT}}$$

所以 $$E(z)=\frac{z}{z-1}-\frac{z}{z-\mathrm{e}^{-aT}}$$

查 z 变换表,可知 $e(nT)=1-\mathrm{e}^{-anT}$,则有

$$e^*(t)=\sum_{n=0}^{\infty}(1-\mathrm{e}^{-anT})\delta(t-nT)$$

7-3 求下列 $E(z)$ 的脉冲序列 $e^*(t)$:

(1) $E(z)=\dfrac{z^2}{(z\mathrm{e}-1)^2}$; (2) $E(z)=\dfrac{10z(z+1)}{(z-1)(z^2+z+1)}$;

(3) $E(z)=\dfrac{z}{(z+1)(3z^2+1)}$; (4) $E(z)=\dfrac{z}{(z-1)(z+0.5)^2}$。

解 (1) 采用反演积分法,可得

$$e(nT)=\operatorname{Res}[E(z)z^{n-1}]_{z\to\mathrm{e}^{-1}}=\frac{1}{1!}\lim_{z\to\mathrm{e}^{-1}}\frac{\mathrm{d}}{\mathrm{d}z}\left[\frac{\mathrm{e}^{-2}(z-\mathrm{e}^{-1})^2 z^{n+1}}{(z-\mathrm{e}^{-1})^2}\right]=\mathrm{e}^{-2}(n+1)\mathrm{e}^{-n}$$

$$e^*(t)=\sum_{n=0}^{\infty}\mathrm{e}^{-2}[(n+1)\mathrm{e}^{-n}]\delta(t-nT)=\mathrm{e}^{-2}+2\mathrm{e}^{-3}z^{-1}+3\mathrm{e}^{-4}z^{-2}+4\mathrm{e}^{-5}z^{-3}+\cdots$$

幂级数法验证:

$$E(z)=\frac{z^2}{(z\mathrm{e}-1)^2}=\frac{\mathrm{e}^{-2}}{1-2\mathrm{e}^{-1}z^{-1}+\mathrm{e}^{-2}z^{-2}}=\mathrm{e}^{-2}+2\mathrm{e}^{-3}z^{-1}+3\mathrm{e}^{-4}z^{-2}+4\mathrm{e}^{-5}z^{-3}+\cdots$$

故有 $e^*(t)=\mathrm{e}^{-2}+2\mathrm{e}^{-3}z^{-1}+3\mathrm{e}^{-4}z^{-2}+4\mathrm{e}^{-5}z^{-3}+\cdots$

(2) 采用幂级数法:

$$E(z)=\frac{10z^2+10z}{z^3-1}=10(z^{-1}+z^{-2}+z^{-4}+z^{-5}+z^{-7}+\cdots)$$

则有

$$e^*(t)=10[\delta(t-T)+\delta(t-2T)+\delta(t-4T)+\delta(t-5T)+\delta(t-7T)+\cdots]$$

(3) 根据脉冲传递函数的形式,用幂级数法求解最为合适。不难求得

$$E(z)=\frac{z}{3z^3+3z^2+z+1}=\frac{1}{3}z^{-2}-\frac{1}{3}z^{-3}+\frac{2}{9}z^{-4}-\frac{2}{9}z^{-5}+\cdots$$

$$e^*(t)=\frac{1}{3}\delta(t-2T)-\frac{1}{3}\delta(t-3T)+\frac{2}{9}\delta(t-4T)-\frac{2}{9}\delta(t-5T)+\cdots$$

(4) 因在脉冲传递函数中可以很容易看出函数极点,故用反演积分法最方便。根据

$$e(nT)=\operatorname{Res}[E(z)z^{n-1}]_{z\to 1}+\operatorname{Res}[E(z)z^{n-1}]_{z\to -0.5}$$

$$=\lim_{z\to 1}\left[\frac{(z-1)z^{n-1}z}{(z-1)(z+0.5)^2}\right]+\frac{1}{1!}\lim_{z\to -0.5}\frac{\mathrm{d}}{\mathrm{d}z}\left[\frac{(z+0.5)^2 z^{n-1}z}{(z-1)(z+0.5)^2}\right]$$

$$=\frac{4}{9}+\left(-\frac{1}{2}\right)^n\left(\frac{4}{3}n-\frac{4}{9}\right)$$

求得

$$e^*(t)=\sum_{n=0}^{\infty}\left[\frac{4}{9}+\left(-\frac{1}{2}\right)^n\left(\frac{4}{3}n-\frac{4}{9}\right)\right]\delta(t-nT)$$

7-4 试确定下列函数的终值：

(1) $E(z) = \dfrac{Tz^{-1}}{(1-z^{-1})^2}$;

(2) $E(z) = \dfrac{z^2}{(z-0.8)(z-0.1)}$;

(3) $F(z) = \dfrac{z(z+0.5)}{(z-1)(z^2-0.5z+0.3125)}$;

(4) $F(z) = \dfrac{-10(z^2-0.25z)}{(z-0.24)(z-1)^2}$;

(5) $F(z) = \dfrac{z^2(z^2+z+1)}{(z^2-0.8z+1)(z^2-1.6z+1.28)}$。

解 本题旨在熟悉 z 变换的终值定理。

(1) 由终值定理可得 $e_{ss}(\infty) = \lim\limits_{z \to 1}(1-z^{-1})\dfrac{Tz^{-1}}{(1-z^{-1})^2} = \infty$。

(2) 由终值定理可得 $e_{ss}(\infty) = \lim\limits_{z \to 1}(1-z^{-1})\dfrac{z^2}{(z-0.8)(z-0.1)} = 0$。

(3) $f(0) = \lim\limits_{z \to \infty} F(z) = 0$，有

$$(z-1)F(z) = \dfrac{z(z+0.5)}{z^2-0.5z+0.3125}$$

故 $(z-1)F(z)$ 所有的极点在单位圆内，终值存在。

$$f(\infty) = \lim\limits_{z \to 1}(z-1)F(z) = 1.846$$

(4) $f(0) = \lim\limits_{z \to \infty} F(z) = 0$，则

$$(z-1)F(z) = \dfrac{-10(z^2-0.25z)}{(z-0.24)(z-1)}$$

故有一个极点在单位圆上，$f(\infty)$ 不存在。

(5) $f(0) = \lim\limits_{z \to \infty} F(z) = 1$，由于多项式 $D_2(z) = z^2 - 1.6z + 1.28$ 不满足 $|a_0| < a_2$，$F(z)$ 有单位圆外的极点，终值不存在，即 $f(\infty)$ 不存在。

7-5 求解下列差分方程：

(1) $x(k+2) - 3x(k+1) + 2x(k) = u(k), x(0) = x(1) = 0, u(0) = 1, u(k) = 0, k \geq 1$;

(2) $x(k+2) + 2x(k+1) + x(k) = u(k), x(0) = 0, x(1) = 0, u(k) = k$;

(3) $x(k+2) + 3x(k+1) + 2x(k) = \delta(k), x(0) = x(1) = 1, \delta(k) = \begin{cases} 1, & k=0 \\ 0, & k>0 \end{cases}$;

(4) $c(k) - 4c(k+1) + c(k+2) = 0, c(0) = 0, c(1) = 1$;

(5) $c^*(t+2T) - 6c^*(t+T) + 8c^*(t) = r^*(t), r(t) = 1(t), c^*(0) = 0, c^*(T) = 0$;

(6) $c^*(t+2T) + 2c^*(t+T) + c^*(t) = r^*(t), c(0) = c(T) = 0, r(nT) = n$ $(n=0,1,2,\cdots)$;

(7) $c(k+3) + 6c(k+2) + 11c(k+1) + 6c(k) = 0, c(0) = c(1) = 1, c(2) = 0$;

(8) $c(k+2) + 5c(k+1) + 6c(k) = \cos\dfrac{k\pi}{2}, c(0) = c(1) = 0$。

解 (1) 差分方程两端进行 z 变换，得

$$z^2[X(z) - x(0)z^0 - x(1)z^{-1}] - 3z^1[X(z) - x(0)z^0] + 2X(z) = U(z)$$

将 $x(0) = x(1) = 0, U(z) = 1$ 代入上式得 $(z^2 - 3z + 2)X(z) = 1$，所以

$$X(z) = \dfrac{1}{z-2} - \dfrac{1}{z-1}$$

$$x(k) = \begin{cases} 2^{k-1}-1, & k \geqslant 1 \\ 0, & k=0 \end{cases}$$

(2) 对差分方程进行 z 变换

$$Z[x(k+2)+2x(k+1)+x(k)] = Z[u(k)]$$

$$z^2 X(z) - z^2 x(0) - zx(1) + 2zX(z) - 2zx(0) + X(z) = \frac{z}{(z-1)^2}$$

代入初值,整理得

$$X(z) = \frac{z}{(z+1)^2 (z-1)^2}$$

$$x(k) = \lim_{z \to 1} \frac{d}{dz}(z-1)^2 X(z) z^{k-1} + \lim_{z \to -1} \frac{d}{dz}(z+1)^2 X(z) z^{k-1}$$

$$= \frac{k-1}{4} + (-1)^{k-1} \frac{k-1}{4} = \begin{cases} 0, & k \text{ 为偶数} \\ (k-1)/2, & k \text{ 为奇数} \end{cases}$$

(3) 对差分方程两边进行 z 变换,得

$$z^2[X(z) - x(1)z^{-1} - x(0)] + 3z[X(z) - x(0)] + 2X(z) = 1$$

代入初始条件,整理得

$$X(z) = 1 + \frac{3}{z+2} - \frac{2}{z+1}$$

对上式进行 z 反变换,得

$$x(k) = \begin{cases} 1, & k=0 \\ 3(-2)^{k-1} - 2(-1)^{k-1}, & k \geqslant 1 \end{cases}$$

(4) 由已知条件可知 $c(k+2) = 4c(k+1) - c(k)$,则递推可得

$$c(0) = 0, \quad c(1) = 1, \quad c(2) = 4c(1) - c(0) = 4$$

$$c(3) = 4c(2) - c(1) = 15, \quad c(4) = 4c(3) - c(2) = 56$$

(5) 因为

$$Z[c(k+2)] = z^2 C(z) - z^2 c(0) - zc(1) = z^2 C(z)$$

$$Z[6c(k+1)] = 6zC(z) - 6zc(0) = 6zC(z)$$

$$R(z) = \frac{z}{z-1}$$

故原方程可化为

$$z^2 C(z) - 6zC(z) + 8C(z) = \frac{z}{z-1}, \quad C(z) = \frac{z}{(z-2)(z-4)(z-1)}$$

用反演积分法,可得

$$c(nT) = \text{Res}\,[C(z)z^{n-1}]_{z \to 1} + \text{Res}\,[C(z)z^{n-1}]_{z \to 2} + \text{Res}\,[C(z)z^{n-1}]_{z \to 4}$$

$$= \frac{1}{3} - \frac{1}{2} \cdot 2^n + \frac{1}{6} \cdot 4^n$$

$$c^*(t) = \sum_{n=0}^{\infty} \left[\frac{1}{3} - \frac{1}{2} \cdot 2^n + \frac{1}{6} \cdot 4^n\right] \delta(t - nT)$$

(6) 因为

$$z^2 C(z) + 2zC(z) + C(z) = R(z) = \frac{z}{(z-1)^2}, \quad C(z) = \frac{z}{(z+1)^2 (z-1)^2}$$

用反演积分法，可得
$$c(nT) = \text{Res}\,[C(z)z^{n-1}]_{z\to 1} + \text{Res}\,[C(z)z^{n-1}]_{z\to -1}$$
$$= \frac{1}{1!}\lim_{z\to 1}\frac{d}{dz}\left[\frac{(z-1)^2 \cdot z \cdot z^{n-1}}{(z+1)^2(z-1)^2}\right] + \frac{1}{1!}\lim_{z\to -1}\frac{d}{dz}\left[\frac{(z+1)^2 \cdot z \cdot z^{n-1}}{(z+1)^2(z-1)^2}\right]$$
$$= \frac{n-1}{4} + (-1)^{n-1}\frac{n-1}{4}$$
$$c^*(t) = \sum_{n=0}^{\infty}\frac{n-1}{4}[1+(-1)^{n-1}]\delta(t-nT)$$

(7) 因为
$$z^3 C(z) + 6z^2 C(z) + 11zC(z) + 6C(z) - z^3 - 7z^2 - 17z = 0$$
则有
$$C(z) = \frac{z^3+7z^2+17z}{z^3+6z^2+11z+6}$$
用部分分式法，可得
$$\frac{C(z)}{z} = \frac{z^2+7z+17}{z^3+6z^2+11z+6} = \frac{11}{2(z+1)} - \frac{7}{z+2} + \frac{5}{2(z+3)}$$
$$C(z) = \frac{11z}{2(z+1)} - \frac{7z}{z+2} + \frac{5z}{2(z+3)}$$
对上式各部分查表，可得
$$c^*(t) = \sum_{n=0}^{\infty}\left[\frac{11}{2}(-1)^n - 7(-2)^n + \frac{5}{2}(-3)^n\right]\delta(t-nT)$$

(8) 由题意知
$$R(z) = Z\left[\cos\frac{\pi}{2}t\right] = \frac{z\left(z-\cos\frac{\pi}{2}T\right)}{z^2 - 2z\cos\frac{\pi}{2}T + 1} = \frac{z^2}{z^2+1} \quad (T=1)$$
于是
$$z^2 C(z) + 5zC(z) + 6C(z) = R(z) = \frac{z^2}{z^2+1}$$
则有
$$C(z) = \frac{z^2}{(z+2)(z+3)(z^2+1)} = -\frac{\frac{2}{5}z}{z+2} + \frac{\frac{3}{10}z}{z+3} + \frac{\frac{1}{10}(z^2-z)}{z^2+1}$$
$$= -\frac{\frac{2}{5}z}{z+2} + \frac{\frac{3}{10}z}{z+3} + \frac{1}{10}\left(\frac{z^2}{z^2+1} - \frac{z}{z^2+1}\right)$$
$$= -\frac{\frac{2}{5}z}{z+2} + \frac{\frac{3}{10}z}{z+3} + \frac{1}{10}\left(\frac{z\left(z-\cos\frac{\pi}{2}\right)}{z^2-2z\cos\frac{\pi}{2}+1} - \frac{z\sin\frac{\pi}{2}}{z^2-2z\cos\frac{\pi}{2}+1}\right)$$
对上式各部分查表，可得
$$c^*(t) = \sum_{n=0}^{\infty}\left[-\frac{2}{5}(-2)^n + \frac{3}{10}(-3)^n + \frac{1}{10}\left(\cos\frac{\pi}{2}n - \sin\frac{\pi}{2}n\right)\right]\delta(t-nT)$$

7-6 设开环离散系统如图 7-1 所示，试求开环脉冲传递函数 $G(z)$。

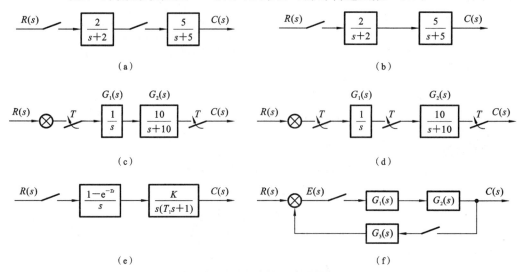

图 7-1　开环离散系统结构图

解 (a) $G(z) = G_1(z)G_2(z) = Z\left[\dfrac{2}{s+2}\right] \cdot Z\left[\dfrac{5}{s+5}\right] = \dfrac{2z}{z-e^{-2T}} \cdot \dfrac{5z}{z-e^{-5T}}$

$\qquad = \dfrac{10z^2}{(z-e^{-2T})(z-e^{-5T})}$

(b) $G(z) = G_1(z_1)G_2(z) = Z\left[\dfrac{10}{(s+2)(s+5)}\right] = Z\left[\dfrac{10}{3}\left(\dfrac{1}{s+2}-\dfrac{1}{s+5}\right)\right]$

$\qquad = \dfrac{10}{3}\left(\dfrac{z}{z-e^{-2T}}-\dfrac{z}{z-e^{-5T}}\right) = \dfrac{10z(e^{-2T}-e^{-5T})}{3(z-e^{-2T})(z-e^{-5T})}$

(c) $\dfrac{C(z)}{R(z)} = G_1(z)G_2(z) = \mathscr{L}\left[\dfrac{10}{s(s+10)}\right] = \dfrac{z(1-e^{-10T})}{(z-1)(z-e^{-10T})}$

(d) $\dfrac{C(z)}{R(z)} = G_1(z)G_2(z) = \dfrac{z}{z-1} \cdot \dfrac{10z}{z-e^{-10T}} = \dfrac{10z^2}{(z-1)(z-e^{-10T})}$

(e) $G(s) = \dfrac{K(1-e^{-Ts})}{s^2(T_1s+1)}$

$\quad G(z) = K(1-z^{-1})Z\left(\dfrac{1}{s^2(T_1s+1)}\right) = K(1-z^{-1})Z\left(\dfrac{1}{s^2}-\dfrac{T_1}{s}+\dfrac{T_1^2}{T_1s+1}\right)$

$\qquad = K(1-z^{-1})Z\left[\dfrac{Tz}{(z-1)^2}-\dfrac{T_1z}{z-1}+\dfrac{T_1z}{z-e^{-\frac{T}{T_1}}}\right]$

$\qquad = \dfrac{K\left[(T-T_1+T_1e^{-\frac{T}{T_1}})z+(T_1-T_1e^{-\frac{T}{T_1}}-Te^{-\frac{T}{T_1}})\right]}{(z-1)(z-e^{-\frac{T}{T_1}})}$

(f) $C(s) = E^*(s)G_1(s)G_2(s)$，　$E(s) = R(s) - C^*(s)G_3(s)$

取 z 变换，则

$\qquad C(z) = E(z)G_1(z)G_2(z)$，　$E(z) = R(z) - C(z)G_3(z)$

于是　　　　$C(z) = [R(z)-C(z)G_3(z)]G_1(z)G_2(z)$

因此，　　　$\Phi(z) = \dfrac{C(z)}{R(z)} = \dfrac{G_1(z)G_2(z)}{1+G_1(z)G_2(z)G_3(z)}$

7-7 试求如图 7-2 所示系统的输出 z 变换 $C(z)$。

解 (a) 由图 7-2(a)得
$$C(z)=G(z)D(z), \quad D(z)=R(z)-G(z)H(z)D(z)$$

消去 $D(z)$ 得 $C(z)=\dfrac{G(z)R(z)}{1+G(z)H(z)}$。

(b) 由图 7-2(b)得 $C(z)=R(z)(G(z)-G(z)H(z)C(z)$,于是
$$C(z)=\dfrac{G(z)R(z)}{1+G(z)H(z)}$$

(c) 由图 7-2(c)得
$$C(z)=G_2(z)D(z), \quad D(z)=G_1(z)R(z)-G_1(z)G_2(z)H(z)D(z)$$

消去 $D(z)$ 得 $C(z)=\dfrac{G_2(z)G_1(z)R(z)}{1+G_1(z)G_2(z)H(z)}$。

(d) 根据图 7-2(d)得
$$C(z)=G_1(z)G_2(z)D(z), \quad D(z)=R(z)-G_1(z)G_2(z)H(z)D(z)$$

消去 $D(z)$ 得 $C(z)=\dfrac{G_1(z)G_2(z)R(z)}{1+G_1(z)G_2(z)H(z)}$。

(e) 根据结构图 7-2(e)得
$$C(z)=G(z)[D_1(z)+D_2(z)]R(z)-G(z)D_1(z)C(z)$$

则
$$C(z)=\dfrac{G(z)[D_1(z)+D_2(z)]}{1+G(z)D_1(z)}R(z)$$

(f) 根据结构图 7-2(f)得 $E(z)=R(z)-C(z)G_3(z)$,
$$D(z)=E(z)G_1(z)G_2(z)-G_1(z)G_2(z)D(z), \quad D(z)=\dfrac{G_1(z)G_2(z)}{1+G_1(z)G_2(z)}E(z)$$

$$C(z)=E(z)G_1(z)-D(z)G_1(z)=\dfrac{G_1(z)}{1+G_1(z)G_2(z)}E(z)$$

$$=\dfrac{G_1(z)R(z)}{1+G_1(z)G_2(z)}-\dfrac{G_1(z)G_3(z)}{1+G_1(z)G_2(z)}C(z)$$

$$C(z)=\dfrac{G_1(z)}{1+G_1(z)G_2(z)+G_1(z)G_3(z)}R(z)$$

(g) 根据结构图 7-2(g),设 $G_p(s)=\dfrac{5}{s+1}$,则开环脉冲传递函数为

$$G(z)=(1-z^{-1})Z\left[\dfrac{1}{s}G_p(s)\right]=5\dfrac{z-1}{z}Z\left[\dfrac{1}{s}-\dfrac{1}{s+1}\right]$$

$$=5\dfrac{z-1}{z}\left(\dfrac{z}{z-1}-\dfrac{z}{z-e^{-T}}\right)=5\left(1-\dfrac{z-1}{z-e^{-T}}\right)=\dfrac{5(1-e^{-T})}{z-e^{-T}}$$

闭环脉冲传递函数为
$$\Phi(z)=\dfrac{G(z)}{1+G(z)}=\dfrac{5(1-e^{-T})}{z+5-6e^{-T}}$$

系统输出的 z 变换表达式为
$$C(z)=\Phi(z)R(z)=\dfrac{G(z)}{1+G(z)}R(z)=\dfrac{5(1-e^{-T})}{z+5-6e^{-T}}R(z)$$

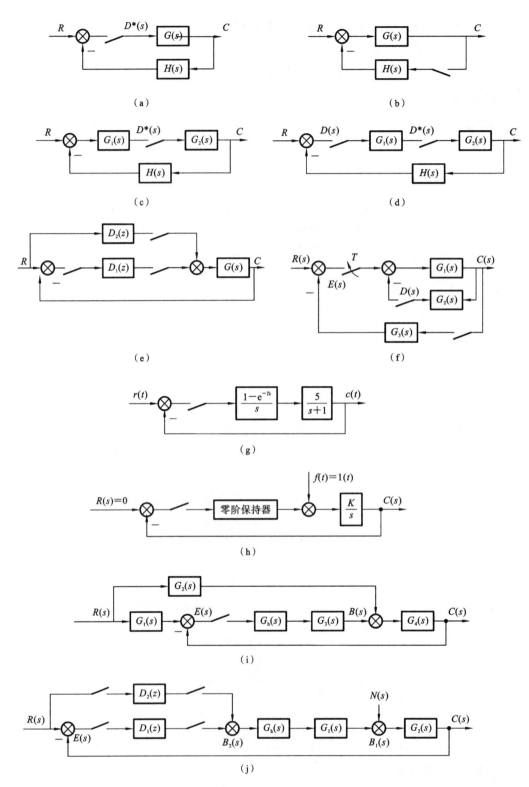

图 7-2 采样系统结构图

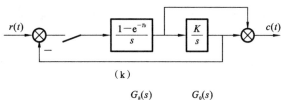

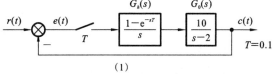

续图 7-2

(h) 根据结构图 7-2(h),得

$$C(s) = -C^*(s)\frac{1-e^{-Ts}}{s} \cdot \frac{K}{s} + \frac{1}{s} \cdot \frac{K}{s}$$

$$C(z) = -C(z)(1-z^{-1})KZ\left(\frac{1}{s^2}\right) + KZ\left(\frac{1}{s^2}\right), \quad Z\left(\frac{1}{s^2}\right) = \frac{Tz}{(z-1)^2}$$

则

$$C(z) = -C(z)K\frac{T}{z-1} + \frac{KTz}{(z-1)^2} \Rightarrow C(z) = \frac{KTz}{(z-1)(z-1+KT)}$$

(i) 根据结构图 7-2(i),得

$$C(s) = [R(s)G_2(s) + B(s)]G_4(s), \quad B(s) = E^*(s)G_h(s)G_3(s)$$

$$E(s) = G_1(s)R(s) - C(s), \quad E^*(s) = R(s)G_1^*(s) - C^*(s)$$

因而

$$C(s) = [R(s)G_2(s) + E^*(s)G_h(s)G_3(s)]G_4(s)$$

$$= \{R(s)G_2(s) + [R(s)G_1^*(s) - C^*(s)]G_h(s)G_3(s)\}G_4(s)$$

对上式进行采样拉普拉斯变换,可得

$$C^*(s) = R(s)G_2(s)G_4^*(s) + [R(s)G_1^*(s) - C^*(s)]G_h(s)G_3(s)G_4^*(s)$$

经 z 变换并整理,有

$$C(z) = \frac{R(z)G_2(z)G_4(z) + R(z)G_1(z)G_h(z)G_3(z)G_4(z)}{1 + G_h(z)G_3(z)G_4(z)}$$

(j) 根据结构图 7-2(j),$C(s) = [N(s) + B_1(s)]G_2(s)$

$$B_1(s) = B_2^*(s)G_h(s)G_1(s)$$

$$B_2(z) = R(z)D_2(z) + E(z)D_1(z)$$

$$E(z) = R(z) - C(z)$$

于是

$$C(s) = N(s)G_2(s) + B_2^*(s)G_h(s)G_1(s)G_2(s)$$

$$C^*(s) = N(s)G_2^*(s) + B_2^*(s)G_h(s)G_1(s)G_2^*(s)$$

z 变换后整理可得

$$C(z) = N(z)G_2(z) + B_2(z)G_h(z)G_1(z)G_2(z)$$

$$= N(z)G_2(z) + [R(z)D_2(z) + E(z)D_1(z)]G_h(z)G_1(z)G_2(z)$$

将 $E(z) = R(z) - C(z)$ 代入上式,整理后可得

$$C(z) = \frac{N(z)G_2(z) + [D_1(z) + D_2(z)]G_h(z)G_1(z)G_2(z)R(z)}{1 + D_1(z)G_h(z)G_1(z)G_2(z)}$$

(k) 设采样开关的输入为 $e(t)$，$G_h(s)=\dfrac{1-e^{-Ts}}{s}$，$G_p(s)=\dfrac{1}{Ts}$，根据系统结构图 7-2(k) 可得

$$E(s)=R(s)-G_h(s)G_p(s)E^*(s), \quad E^*(s)=R^*(s)-G_h(s)G_p^*(s)E^*(s)$$

根据 z 变换的定义，得

$$E(z)=R(z)-G_h(z)G_p(z)E(z) \quad \text{或} \quad E(z)=\dfrac{1}{1+G_h(z)G_p(z)}R(z)$$

系统输出 $C(s)$ 和 $C^*(s)$ 可以表示为

$$C(s)=G_p(s)G_h(s)E^*(s)+G_h(s)E^*(s)$$
$$C^*(s)=G_p(s)G_h^*(s)E^*(s)+G_h^*(s)E^*(s)$$

根据 z 变换的定义，得 $C(z)=G_p(z)G_h(z)E(z)+G_h(z)E(z)$。

(l) $G(s)=G_h(s)G_0(s)=\dfrac{10(1-e^{-sT})}{s(s-2)}$ 且 $T=0.1$，故开环脉冲的传递函数为

$$G(z)=10(1-z^{-1})\mathscr{L}\left[\dfrac{1}{s(s-2)}\right]=10(1-z^{-1})Z\left[-\dfrac{0.5}{s}+\dfrac{0.5}{s-2}\right]$$
$$=10(1-z^{-1})\left(-\dfrac{0.5z}{z-1}+\dfrac{0.5z}{z-e^{2T}}\right)=\dfrac{1.107}{z-1.2214}$$

显然，开环离散系统是不稳定的。

由于 $r(t)=1(t)$，$R(z)=\dfrac{z}{z-1}$，故

$$\Phi(z)=\dfrac{G(z)}{1+G(z)}=\dfrac{1.107}{z-0.1144}$$

显然，闭环极点 $z=0.1144$，系统稳定。闭环系统输出

$$C(z)=\Phi(z)R(z)=\dfrac{1.107z}{z^2-1.1144z+0.1144}$$

利用长除法得

$$C(z)=0+1.107z^{-1}+1.234z^{-2}+1.248z^{-3}+1.25z^{-4}+1.25z^{-5}+\cdots$$

7-8 设一个离散系统如图 7-3 所示，试分析闭环系统的稳定性。

解 (a) 开环 z 传递函数为

$$G(z)=(1-z^{-1})Z\left[\dfrac{1}{s(10s+1)}\right]=(1-z^{-1})Z\left[\dfrac{1}{s}-\dfrac{10}{10s+1}\right]$$
$$=(1-z^{-1})\left(\dfrac{z}{z-1}-\dfrac{z}{z-e^{-0.1T}}\right)=\dfrac{z-1}{z}\cdot\dfrac{(1-e^{-0.1T})z}{(z-1)(z-e^{-0.1T})}$$
$$=\dfrac{1-e^{-0.1T}}{z-e^{-0.1T}}$$

特征方程为 $1+G(z)=1+\dfrac{0.095}{z-0.905}=0$，即 $z-0.81=0$。

特征根为 $z=0.81$，在 z 平面的单位圆内，故闭环系统稳定。

(b) $G(z)=Z\left[\dfrac{2}{s+1}\right]\cdot Z\left[\dfrac{2}{s}\right]=\dfrac{2z}{z-e^{-1}}\cdot\dfrac{2z}{z-1}=\dfrac{4z^2}{z^2-1.368z+0.368}$

特征方程为 $1+G(z)=1+\dfrac{4z^2}{z^2-1.368z+0.368}=0$，整理得

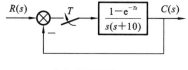

（a）采样周期$T=1$ s

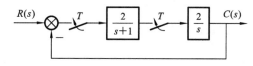

（b）采样周期$T=1$ s

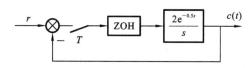

（c）采样周期$T=0.25$ s

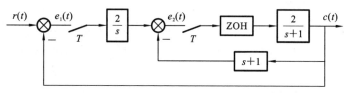

（d）采样周期$T=1$ s

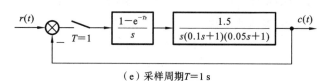

（e）采样周期$T=1$ s

图 7-3　离散系统结构图

$$5z^2-1.368z+0.368=0 \Rightarrow z_{1,2}=0.137\pm 0.234\mathrm{j}$$

即$|z_{1,2}|=0.271<1$，在z平面单位圆内，故闭环系统稳定。

（c）设$G_\mathrm{p}(s)=\dfrac{2\mathrm{e}^{-0.5s}}{s}=\dfrac{2\mathrm{e}^{-2Ts}}{s}$，则开环脉冲传递函数为

$$G(z)=(1-z^{-1})Z\left[\dfrac{1}{s}G_\mathrm{p}(s)\right]=(1-z^{-1})Z\left[\dfrac{2\mathrm{e}^{-2Ts}}{s^2}\right]$$

$$=2\dfrac{z-1}{z}\dfrac{Tz}{(z-1)^2}z^{-2}=\dfrac{0.5}{z^2(z-1)}$$

闭环脉冲传递函数为

$$\varPhi(z)=\dfrac{G(z)}{1+G(z)}=\dfrac{0.5}{z^2(z-1)+0.5}=\dfrac{0.5}{z^3-z^2+0.5}$$

闭环特征多项式为$D(z)=z^3-z^2+0.5$，有

$$a_0=0.5,\quad a_1=0,\quad a_2=-1,\quad a_3=1$$

朱里阵列如下所示：

行数	z^0	z^1	z^2	z^3
1	0.5	0	-1	1
2	1	-1	0	0.5
3	-0.75	1	-0.5	
4	-0.5	1	-0.75	

由朱里阵可知,$b_0=-0.75,b_1=1,b_2=-0.5$,由于 $D(1)=0.5>0$,$D(-1)=-1.5<0$,且 $|a_0|<a_3,|b_0|>|b_2|$,所以闭环系统稳定。

(d) 设 $G_1(s)=\dfrac{1}{s}$,$G_2(s)=\dfrac{2}{s+1}$,$G_h(s)=\dfrac{1-\mathrm{e}^{-Ts}}{s}$,$H(s)=s+1$,$e_1(t)$ 和 $e_2(t)$ 如图7-3(d)所示。

先求 $E_1(z)$ 的表达式,由

$$E_1(s)=R(s)-G_2(s)G_h(s)E_2^*(s), \quad E_1^*(s)=R^*(s)-G_2G_h^*(s)E_2^*(s)$$

得 $E_1(z)=R(z)-G_2G_h(z)E_2(z)$。

再求 $E_2(z)$ 的表达式,由

$$E_2(s)=G_1(s)E_1^*(s)-G_h(s)G_2(s)H(s)E_2^*(s)$$
$$E_2^*(s)=G_1^*(s)E_1^*(s)-G_hG_2H^*(s)E_2^*(s)$$

得

$$E_2(z)=\frac{G_1(z)}{1+G_hG_2H(z)}E_1(z)=\frac{G_1(z)}{1+G_1(z)G_hG_2(z)+G_hG_2H(z)}R(z)$$

最后,求输出 $C(z)$ 的表达式。由

$$C(s)=G_h(s)G_2(s)E_2^*(s)$$
$$C^*(s)=G_hG_2^*(s)E_2^*(s)$$

得

$$C(z)=G_hG_2(z)E_2(z)=\frac{G_hG_2(z)G_1(z)}{1+G_1(z)G_hG_2(z)+G_hG_2H(z)}R(z)$$

其中

$$G_1(z)=Z\left[\frac{1}{s}\right]=\frac{z}{z-1}$$

$$G_hG_2(z)=(1-z^{-1})Z\left[\frac{2}{s(s+1)}\right]=2(1-z^{-1})Z\left[\frac{1}{s}-\frac{1}{s+1}\right]$$

$$=2\frac{z-1}{z}\left(\frac{z}{z-1}-\frac{z}{z-\mathrm{e}^{-1}}\right)=\frac{2(1-\mathrm{e}^{-1})}{z-\mathrm{e}^{-1}}$$

$$G_hG_2H(z)=(1-z^{-1})Z\left[\frac{1}{s}\cdot\frac{2}{s+1}\cdot(s+1)\right]=2(1-z^{-1})Z\left[\frac{1}{s}\right]$$

$$=2\frac{z-1}{z}\cdot\frac{z}{z-1}=2$$

所以,闭环系统脉冲传递函数为

$$\Phi(z)=\frac{C(z)}{R(z)}=\frac{2(1-\mathrm{e}^{-1})z}{3z^2-(1+5\mathrm{e}^{-1})z+3\mathrm{e}^{-1}}$$

闭环特征多项式为
$$D(z)=3z^2-(1+5\mathrm{e}^{-1})z+3\mathrm{e}^{-1}$$
有 $a_0=3\mathrm{e}^{-1}$, $a_1=-1-5\mathrm{e}^{-1}$, $a_2=3$。

由于 $D(1)=2-2\mathrm{e}^{-1}>0$, $D(-1)=4+8\mathrm{e}^{-1}>0$, 且 $|a_0|<a_2$, 闭环系统稳定。

(e) 开环脉冲传递函数为
$$G_\mathrm{h}G_0(z)=Z\left[\frac{1-\mathrm{e}^{-Ts}}{s}\cdot\frac{1.5}{s(0.1s+1)(0.05s+1)}\right]$$
$$=(1-z^{-1})Z\left[\frac{1.5}{s^2(0.1s+1)(0.05s+1)}\right]$$
$$=1.5(1-z^{-1})Z\left[-\frac{0.15}{s}+\frac{0.2}{s+10}-\frac{0.05}{s+20}+\frac{1}{s^2}\right]$$
$$=1.5(1-z^{-1})\left[-\frac{0.15z}{z-1}+\frac{0.2z}{z-\mathrm{e}^{-10}}-\frac{0.05z}{z-\mathrm{e}^{-20}}+\frac{z}{(z-1)^2}\right]=\frac{1.275z+0.225}{z^2-z}$$

闭环脉冲传递函数为
$$\Phi(z)=\frac{G_\mathrm{h}G_0(z)}{1+G_\mathrm{h}G_0(z)}=\frac{1.275z+0.225}{z^2+0.275z+0.225}$$

闭环特征方程为 $D(z)=z^2+0.275z+0.225=0$, 求得特征根为
$$z_{1,2}=-0.1375\pm0.454\mathrm{j}$$

显然,系统的特征根全部在单位圆内,所以离散系统是稳定的。

7-9 离散控制系统如图 7-4 所示。

(1) 为使图 7-4(a)所示系统稳定,试求采样周期 T 的取值范围。

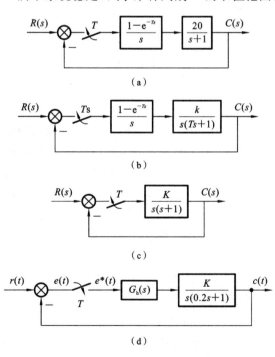

图 7-4 离散系统结构图

（e）

（f）

（g）

（h）

（i）

续图 7-4

(2) 对于图 7-4(b)所示系统，$T=0.5$ s，当采样周期为 $T_s=0.4$ s 时，求使系统稳定的 k 值范围；去掉零阶保持器，再求相应的 k 值范围。

(3) 分析图 7-4(c)所示系统参数 K-T 的稳定域（T 为采样周期）。

(4) 对于图 7-4(d)所示系统，采样周期 $T=1$ s，$G_h(s)$ 为零阶保持器。当 $K=5$ 时，分别在 z 域和 ω 域中分析系统的稳定性，确定使系统稳定的 K 值范围。

(5) 对于图 7-4(e)所示系统，采样周期 $T=1$ s，求闭环脉冲传递函数，并确定该系统稳定时 K 的取值范围。

(6) 对于图 7-4(f)所示系统，输入为单位阶跃信号，采样周期为 1 s，试确定 K 的范围，使输出序列为振荡收敛。

(7) 对于图 7-4(g)所示系统，采样周期 $T=0.1$ s，确定使系统稳定的 K 值范围。

(8) 对于图 7-4(h)所示系统，采样周期 T 及时间常数 T_0 均为大于零的实常数，且 $e^{-T/T_0}=0.2$。当 $D(z)=1$ 时，求使系统稳定的 K 值范围（$K>0$）。

(9) 对于图 7-4(i)所示系统，使用根轨迹法确定系统稳定的临界 k 值。

解 （1）系统的开环脉冲传递函数为

$$G_0(z) = Z\left[\frac{1-\mathrm{e}^{-T_s}}{s} \cdot \frac{20}{s+1}\right] = 20(1-z^{-1})Z\left[\frac{1}{s(s+1)}\right] = \frac{20(1-\mathrm{e}^{-T})}{z-\mathrm{e}^{-T}}$$

系统闭环特征方程为 $z+(20-21\mathrm{e}^{-T})=0$，闭环特征根为 $z=21\mathrm{e}^{-T}-20$。

要使系统稳定，则闭环特征根位于单位圆内，即 $-1<21\mathrm{e}^{-T}-20<1$，做 $0<T<0.1$。

(2) 当有零阶保持器时，前向通道的传递函数为

$$G_0(s) = \frac{1-\mathrm{e}^{-T_s s}}{s} \cdot \frac{k}{s(Ts+1)}$$

$$G_0(z) = k\left[\frac{T_s}{z-1} - \frac{T(1-\mathrm{e}^{-T_s/T})}{z-\mathrm{e}^{-T_s/T}}\right]$$

当 $T_s=0.4, T=0.5$ 时，$G_0(z) = \dfrac{0.125k(z+0.76)}{(z-1)(z-0.45)}$。

系统的闭环特征方程为 $1+G_0(z) = 1 + \dfrac{0.125k(z+0.76)}{(z-1)(z-0.45)} = 0$，即

$$z^2 + (0.125k-1.45)z + (0.45+0.095k) = 0$$

作 ω 变换并整理，得

$$0.22kw^2 + 2(0.55-0.095k)w + (2.9-0.03k) = 0$$

用劳斯判据可得 $0<k<5.79$。此时系统稳定。

去掉零阶保持器后，系统的开环传递函数为 $G_0(s) = \dfrac{k}{s(Ts+1)}$，所以

$$G_0(z) = Z[G_0(s)] = \mathscr{L}\left[\frac{k}{s(Ts+1)}\right] = k\,\frac{z(1-\mathrm{e}^{-T_s/T})}{(z-1)(z-\mathrm{e}^{-T_s/T})}$$

当 $T_s=0.4, T=0.5$ 时，$G_0(z) = \dfrac{0.55kz}{(z-1)(z-0.45)}$。

闭环特征方程为 $1+G_0(z) = 1 + \dfrac{0.55kz}{(z-1)(z-0.45)} = 0$，即特征多项式为

$$P(z) = z^2 + (0.55k-1.45)z + 0.45$$

应用朱里判据，该系统稳定时应满足：$P(1)=1+0.55k-1.45+0.45>0$，得 $k>0$；$(-1)^2 P(-1) = 1-0.55k+1.45+0.45>0$，得 $k<5.27$；$|0.45|<1$，此条件恒满足。因此，使系统稳定的 k 值范围为 $0<k<5.27$。

(3) 系统的开环脉冲传递函数为

$$G_0(z) = Z\left[\frac{K}{s(s+1)}\right] = \frac{Kz(1-\mathrm{e}^{-T})}{(z-1)(z-\mathrm{e}^{-T})}$$

闭环特征方程为 $1+G_0(z) = 1 + \dfrac{Kz(1-\mathrm{e}^{-T})}{(z-1)(z-\mathrm{e}^{-T})} = 0$，有

$$z^2 + [K(1-\mathrm{e}^{-T}) - (1+\mathrm{e}^{-T})]z + \mathrm{e}^{-T} = 0$$

稳定判别解法一：用劳斯判据求解。

利用图斯汀变换，令 $w = \dfrac{2}{T}\dfrac{z-1}{z+1}$，即 $z = \dfrac{1+\dfrac{T}{2}w}{1-\dfrac{T}{2}w}$，代入特征方程化简后得

$$\frac{T^2}{4}[2(1+\mathrm{e}^{-T}) - K(1-\mathrm{e}^{-T})]w^2 + T(1-\mathrm{e}^{-T})w + K(1-\mathrm{e}^{-T}) = 0$$

由劳斯判据可知,二阶系统稳定的充要条件为所有系数大于 0,可得该系统稳定的条件为
$$T>0, \quad 0<K<\frac{2(1+\mathrm{e}^{-T})}{1-\mathrm{e}^{-T}}$$

稳定判别解法二:用朱里判据求解。

由朱里判据,系统稳定的充要条件为特征多项式
$$P(z)=z^2+[K(1-\mathrm{e}^{-T})-(1+\mathrm{e}^{-T})]z+\mathrm{e}^{-T}$$

① 由 $P(1)>0$,即 $P(1)=1+[K(1-\mathrm{e}^{-T})-(1+\mathrm{e}^{-T})]1+\mathrm{e}^{-T}=K(1-\mathrm{e}^{-T})>0$,可求得 $K>0$。

② 由 $(-1)^2 P(-1)>0$,即
$$P(-1)=1-[K(1-\mathrm{e}^{-T})-(1+\mathrm{e}^{-T})]1+\mathrm{e}^{-T}$$
$$=2(1+\mathrm{e}^{-T})-K(1-\mathrm{e}^{-T})>0$$

可求得 $K<\frac{2(1+\mathrm{e}^{-T})}{1-\mathrm{e}^{-T}}$。

③ $|a_0|<a_n$,即 $\mathrm{e}^{-T}<1$。

综上,系统稳定的条件为 $T>0, 0<K<\frac{2(1+\mathrm{e}^{-T})}{1-\mathrm{e}^{-T}}$。由 K-T 的稳定区域(见图 7-5)可以看出,采样周期 T 增大,即采样频率减小,临界 K 减小,从而降低了系统的稳定性。

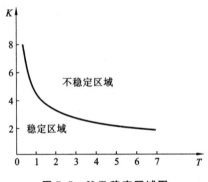

图 7-5 K-T 稳定区域图

(4) 首先求出闭环脉冲传递函数,再使用合适的稳定判据对闭环系统进行稳定性分析并确定 K 值的范围。

① 稳定性分析。

$$G_\mathrm{h}G_0(z)=Z[G_\mathrm{h}(s)G_0(s)]=Z\left[\frac{1-\mathrm{e}^{-Ts}}{s}\cdot\frac{5}{s(0.2s+1)}\right]=25(1-z^{-1})Z\left[\frac{1}{s^2(s+5)}\right]$$
$$=25(1-z^{-1})Z\left[\frac{0.2}{s^2}-\frac{0.04}{s}+\frac{0.04}{s+5}\right]$$
$$=25(1-z^{-1})Z\left[\frac{0.2z}{(z-1)^2}-\frac{0.04z}{z-1}+\frac{0.04z}{z-\mathrm{e}^{-5}}\right]$$
$$=\frac{(4+\mathrm{e}^{-5})z+(1-6\mathrm{e}^{-5})}{(z-1)(z-\mathrm{e}^{-5})}$$

闭环脉冲传递函数为
$$\Phi(z)=\frac{G_hG_0(z)}{1+G_hG_0(z)}=\frac{(4+\mathrm{e}^{-5})z+(1-6\mathrm{e}^{-5})}{z^2+3z+(1-5\mathrm{e}^{-5})}$$

z 域特征方程为 $D(z)=z^2+3z+1-5\mathrm{e}^{-5}=0$,求得特征值为
$$z_1=-2.633,\quad z_2=-0.367$$

因 $|z_1|>1$,故闭环系统不稳定。

将 $z=\dfrac{w+1}{w-1}$ 代入 $D(z)$,有 w 域特征方程为
$$D(w)=w^2+0.0136w-0.2149=0$$

求得特征值为 $w_1=-0.4704$, $w_2=0.4568$。

因 $w_2>0$,故在 w 域分析,闭环系统也不稳定。

② 确定使系统稳定的 K 值范围。
$$D(z)=z^2+\left[-(1+\mathrm{e}^{-5T})+K\left(\frac{4+\mathrm{e}^{-5T}}{5}\right)\right]z+\left(\mathrm{e}^{-5T}+K\frac{1-6\mathrm{e}^{-5T}}{5}\right)=0$$

将 $z=\dfrac{w+1}{w-1}$ 代入 $D(z)$,有
$$D(w)=0.9933Kw^2+(1.9865-0.3838K)w+(1.0135-0.6094K)=0$$

在 w 域中可以用劳斯表来确定 K 值范围,最后可得 $0<K<1.6631$。

(5) 设 $G_{p1}(s)=\dfrac{K}{s}$,$G_{p2}(s)=\dfrac{1}{s+1}$,则
$$G_1(z)=(1-z^{-1})Z\left[\frac{1}{s}G_{p1}(s)\right]=(1-z^{-1})Z\left[\frac{K}{s^2}\right]=K\frac{z-1}{z}\frac{Tz}{(z-1)^2}=\frac{K}{z-1}$$
$$G_2(z)=(1-z^{-1})Z\left[\frac{1}{s}G_{p2}(s)\right]=(1-z^{-1})Z\left[\frac{1}{s}-\frac{1}{s+1}\right]$$
$$=\frac{z-1}{z}\left(\frac{z}{z-1}-\frac{z}{z-\mathrm{e}^{-1}}\right)=\frac{1-\mathrm{e}^{-1}}{z-\mathrm{e}^{-1}}$$

闭环脉冲传递函数为
$$\Phi(z)=\frac{G_1(z)G_2(z)}{1+G_1(z)G_2(z)}=\frac{K(1-\mathrm{e}^{-1})}{(z-1)(z-\mathrm{e}^{-1})+K(1-\mathrm{e}^{-1})}$$
$$=\frac{K(1-\mathrm{e}^{-1})}{z^2-(1+\mathrm{e}^{-1})z+\mathrm{e}^{-1}+K(1-\mathrm{e}^{-1})}$$

闭环特征多项式为
$$D(z)=z^2-(1+\mathrm{e}^{-1})z+\mathrm{e}^{-1}+K(1-\mathrm{e}^{-1})$$

由 $D(1)=1-(1+\mathrm{e}^{-1})+\mathrm{e}^{-1}+K(1-\mathrm{e}^{-1})>0$,得 $K>0$。

由 $D(-1)=1+(1+\mathrm{e}^{-1})+\mathrm{e}^{-1}+K(1-\mathrm{e}^{-1})>0$,得
$$K<\frac{2(1+\mathrm{e}^{-1})}{1-\mathrm{e}^{-1}}\approx 4.328$$

又由 $|\mathrm{e}^{-1}+K(1-\mathrm{e}^{-1})|<1$ 得 $-2.164<K<1$。

综上所述,闭环系统稳定时 K 的取值范围是 $0<K<1$。

(6) $G(z)=\dfrac{z-1}{z}Z\left[\dfrac{K}{s^2(s+1)}\right]=\dfrac{0.37K(z+0.72)}{(z-1)(z-0.37)}$,其根轨迹如图 7-6(a)所示。

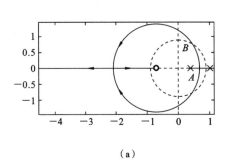
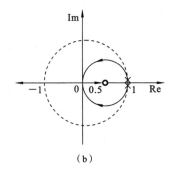

(a)　　　　　　　　　　　　(b)

图 7-6　根轨迹图

当根轨迹位于点 A 和 B 之间时,系统的阶跃响应是振荡收敛的。A 点坐标满足方程

$$\frac{1}{d-1}+\frac{1}{d-0.37}=\frac{1}{d+0.72}$$

解得 $d_1=0.65, d_2=-2.09$,所以 A 点的坐标为 $(0.65, \mathrm{j}0)$。该点所对应的 K 值为

$$K=\frac{|0.65-1||0.65-0.37|}{0.37\times|0.65+0.72|}=0.193$$

闭环系统的特征式为 $D(z)=z^2+(0.37K-1.37)z+0.37+0.27K$,由

$$D(1)=1+0.37K-1.37+0.37+0.27K>0$$
$$D(-1)=1+1.37-0.37K+0.37+0.27K>0$$
$$|0.37+0.27K|<1$$

得 $0<K<2.3$,所以使输出序列振荡收敛的 K 的取值范围为

$$0.193<K<2.3$$

(7) 求 $C(z)/R(z)$。令

$$G_1(s)=\frac{1-\mathrm{e}^{-Ts}}{s}\cdot\frac{0.5}{0.05s+1}, \quad H(s)=2$$

则

$$G_1(z)=\frac{0.4324}{z-0.1353}$$

$$G_1(z)H(z)=Z\left[\frac{1-\mathrm{e}^{-Ts}}{s(0.05s+1)}\right]=(1-z^{-1})Z\left[\frac{20}{s(s+20)}\right]$$

$$=\frac{z-1}{z}\cdot\frac{(1-\mathrm{e}^{-2})z}{(z-1)(z-\mathrm{e}^{-2})}=\frac{1-\mathrm{e}^{-2}}{z-\mathrm{e}^{-2}}=\frac{0.8647}{z-0.1353}$$

闭环脉冲传递函数为

$$\Phi(z)=\frac{C(z)}{R(z)}=\frac{KG_1(z)}{1+KG_1(z)H(z)}=\frac{0.4324K}{z+(0.8647K-0.1353)}$$

系统闭环特征方程为

$$D(z)=z+(0.8647K-0.1353)=0$$
$$z=0.1353-0.8647K=0.1353(1-6.391K)$$

根据稳定性定理,当 $|z|<1$ 时系统稳定,则有 $-1<K<1.313$。

(8) 因 $D(z)=1$,系统开环传递函数为

$$G(s)=\frac{(1-\mathrm{e}^{-Ts})K\mathrm{e}^{-\tau s}}{s(T_0s+1)}$$

开环脉冲传递函数为

$$G(z) = Kz^{-1}(1-z^{-1})Z\left[\frac{1/T_0}{s(s+1/T_0)}\right] = K\frac{z-1}{z^2} \cdot \frac{(1-e^{-T/T_0})z}{(z-1)(z-e^{-T/T_0})}$$

代入 $e^{-T/T_0} = 0.2$，得 $G(z) = \dfrac{0.8K}{z(z-0.2)}$。

闭环脉冲传递函数为

$$\Phi(z) = \frac{G(z)}{1+G(z)} = \frac{0.8K}{z^2 - 0.2z + 0.8K}$$

闭环特征方程为

$$z^2 - 0.2z + 0.8K = 0$$

令 $z = \dfrac{w+1}{w-1}$，代入上式，得 w 域闭环特征方程

$$0.8(1+K)w^2 + (2-1.6K)w + (1.2+0.8K) = 0$$

令 $1+K>0$, $2-1.6K>0$, $1.2+0.8K>0$

在 $K>0$ 的要求下，使系统稳定的 K 值范围为 $0<K<1.25$。

(9) 画根轨迹图。

① 开环脉冲传递函数有两个重极点：+1，+1，一个零点：0.5。

② 根轨迹的起点为 $z=1$，终点为 0.5，$-\infty$，分离点为 $z=1$。

③ 实轴上的根轨迹为 $(0.5, -\infty)$。

可以证明该传递函数的共轭段的根轨迹为一个圆。圆心在零点处（即 $z=0.5$ 处），半径为 0.5，且关于实轴对称，如图 7-6(b) 所示。由根轨迹可知，$z=-1$ 时，系统处于稳定边界，将 $z=-1$ 代入系统的特征方程 $(z-1)^2 + k(z-0.5) = 0$，得 $k=2.67$。

7-10 设有如图 7-7 所示的离散系统，试求系统的单位阶跃响应（设 $T=1$ s）。

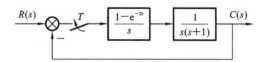

图 7-7 离散系统结构图

解 $G_0(z) = (1-z^{-1})Z\left[\dfrac{1}{s^2(s+1)}\right] = (1-z^{-1})\left[\dfrac{z}{(z-1)^2} - \dfrac{z}{z-1} + \dfrac{z}{z-e^{-1}}\right]$

$$= \frac{e^{-1}z + 1 - 2e^{-1}}{z^2 - (1+e^{-1})z + e^{-1}} = \frac{0.368z + 0.264}{z^2 - 1.368z + 0.368}$$

$R(z) = \mathscr{L}\left[\dfrac{1}{s}\right] = \dfrac{z}{z-1}$，闭环传递函数为 $G(z) = \dfrac{G_0(z)}{1+G_0(z)} = \dfrac{0.368z + 0.264}{z^2 - z + 0.632}$，则

$$C(z) = G(z)R(z) = \frac{0.368z + 0.264}{z^2 - z + 0.632} \cdot \frac{z}{z-1} = \frac{0.368z^2 + 0.264z}{z^3 - 2z^2 + 1.632z - 0.632}$$

用长除法可得

$$c^*(t) = 0.368\delta(t-T) + 1\delta(t-2T) + 1.4\delta(t-3T) + \cdots$$

7-11 试判断下列系统的稳定性：

(1) 已知闭环离散系统的特征方程为 $D(z) = (z+1)(z+0.5)(z+2) = 0$；

(2) 已知闭环离散系统的特征方程为 $D(z)=z^4+0.2z^3+z^2+0.36z+0.8=0$（要求采用朱里判据）；

(3) 已知误差采样的单位反馈离散系统，采样周期 $T=1$ s，开环传递函数
$$G(s)=\frac{22.57}{s^2(s+1)}$$

(4) 已知某系统特征方程为 $P(z)=z^4-1.368z^3+0.4z^2+0.08z+0.002=0$。

解 (1) 特征值为 $z_1=-1, z_2=-0.5, z_3=-2$，由于 $|z_3|>1$，故闭环离散系统不稳定。

(2) 由于 $n=4, 2n-3=5$，故朱里阵列有 5 行 5 列。根据给定的 $D(z)$ 知
$$a_0=0.8,\quad a_1=0.36,\quad a_2=1,\quad a_3=0.2,\quad a_4=1$$

计算朱里阵列中的元素 b_k 和 $c_k (k=0,1,2,3)$：

$$b_0=\begin{vmatrix}a_0 & a_4\\ a_4 & a_0\end{vmatrix}=-0.36,\quad b_1=\begin{vmatrix}a_0 & a_3\\ a_4 & a_1\end{vmatrix}=0.088$$

$$b_2=\begin{vmatrix}a_0 & a_2\\ a_4 & a_2\end{vmatrix}=-0.2,\quad b_3=\begin{vmatrix}a_0 & a_1\\ a_4 & a_3\end{vmatrix}=-0.2$$

$$c_0=\begin{vmatrix}b_0 & b_3\\ b_3 & b_0\end{vmatrix}=0.0896,\quad c_1=\begin{vmatrix}b_0 & b_2\\ b_3 & b_1\end{vmatrix}=-0.07168,\quad c_2=\begin{vmatrix}b_0 & b_1\\ b_3 & b_2\end{vmatrix}=0.0896$$

作出朱里阵列：

行数	z^0	z^1	z^2	z^3	z^4
1	0.8	0.36	1	0.2	1
2	1	0.2	1	0.36	0.8
3	-0.36	0.088	-0.2	-0.2	
4	-0.2	-0.2	0.088	-0.36	
5	0.0896	-0.07168	0.0896		

因为 $D(1)=3.36>0,\quad D(-1)=2.24>0$

$|a_0|=0.8,\quad a_4=1,\quad$ 满足 $|a_0|<a_4$

$|b_0|=0.36,\quad |b_3|=0.2,\quad$ 满足 $|b_0|>|b_3|$

$|c_0|=0.0896,\quad |c_2|=0.0896,\quad$ 不满足 $|c_0|>|c_2|$

故由朱里稳定判据知，该离散系统不稳定。

(3) 开环脉冲传递函数为
$$G(z)=Z\left[\frac{22.57}{s^2}-\frac{22.57}{s}+\frac{22.57}{s+1}\right]=22.57\left[\frac{z}{(z-1)^2}-\frac{z}{z-1}+\frac{z}{z-0.368}\right]$$
$$=\frac{22.57z(0.368z+0.264)}{(z-1)^2(z-0.368)}=\frac{8.306(z^2+0.717z)}{z^3-2.368z^2+1.736z-0.368}$$

闭环脉冲传递函数为
$$\Phi(z)=\frac{G(z)}{1+G(z)}=\frac{8.306(z^2+0.717z)}{z^3+5.938z^2+7.694z-0.368}$$

其特征方程为 $D(z)=z^3+5.938z^2+7.694z-0.368=0$，求出特征值为
$$z_1=-3.903,\quad z_2=-2.043,\quad z_3=0.046$$

由于 $|z_1|>1, |z_2|>1$，故闭环系统不稳定。

(4) 该系统 $n=4, 2n-3=5$，故朱里阵列的总行数为 5 行。由 $P(z)$ 可知
$$a_0=0.002, \quad a_1=0.08, \quad a_2=0.4, \quad a_3=-1.368, \quad a_4=1$$

计算朱里阵列中的元素 b_k 和 $c_k (k=0,1,2,\cdots)$：
$$b_k=\begin{vmatrix} a_0 & a_{n-k} \\ a_n & a_k \end{vmatrix}, \quad c_k=\begin{vmatrix} b_0 & b_{n-1-k} \\ b_n & b_k \end{vmatrix}$$

于是
$$b_0=\begin{vmatrix} a_0 & a_4 \\ a_4 & a_0 \end{vmatrix}=-0.999, \quad b_1=\begin{vmatrix} a_0 & a_3 \\ a_4 & a_1 \end{vmatrix}=1.368$$

$$b_2=\begin{vmatrix} a_0 & a_2 \\ a_4 & a_2 \end{vmatrix}=-0.399, \quad b_3=\begin{vmatrix} a_0 & a_1 \\ a_4 & a_3 \end{vmatrix}=-0.083$$

$$c_0=\begin{vmatrix} b_0 & b_3 \\ b_3 & b_0 \end{vmatrix}=0.991, \quad c_1=\begin{vmatrix} b_0 & b_2 \\ b_3 & b_1 \end{vmatrix}=-1.40, \quad c_2=\begin{vmatrix} b_0 & b_1 \\ b_3 & b_2 \end{vmatrix}=0.512$$

可得朱里阵列为

行数	z^0	z^1	z^2	z^3	z^4
1	0.002	0.08	0.4	-1.368	1
2	1	-1.368	0.4	0.08	0.002
3	-0.999	1.368	-0.399	-0.083	
4	-0.083	-0.399	1.368	-0.999	
5	0.991	-1.40	0.512		

可知系统满足如下朱里判据条件：
$$P(1)=P(z)|_{z=1}=1-1.368+0.4+0.08+0.002=0.114>0$$
$$(-1)^n P(-1)=(-1)^4 P(z)|_{z=-1}=1+1.368+0.4-0.08+0.002=2.690>0$$

满足如下 3 个约束条件：

① $|a_0|=0.002<a_4=1$；

② $|b_0|=0.999>|b_3|=0.083$；

③ $|c_0|=0.991>|c_2|=0.512$。

根据朱里判据知，系统稳定。

7-12 离散系统如图 7-8 所示。

(1) 离散系统结构图如图 7-8(a)所示，采样周期 $T=0.1\text{ s}$，求输入为 $r(t)=1(t)$ 和 $r(t)=t$ 下的稳态误差。

(2) 离散系统结构图如图 7-8(b)所示，采样周期 $T=0.1\text{ s}$，求 $r(t)$ 分别为 $1(t)$ 和 t 时系统的稳态误差。

(3) 离散系统结构图如图 7-8(c)所示，采样周期 $T=0.25\text{ s}$，当 $r(t)=2+t$ 时，欲使稳态误差小于 0.1，试求 K 值。

(4) 离散系统结构图如图 7-8(d)所示，采样周期 $T=0.2\text{ s}, K=10, r(t)=1+t+t^2/2$，试用终值定理法计算系统的稳态误差 $e_{ss}(\infty)$。

(5) 离散系统结构图如图 7-8(e)所示，其中 $T=0.1\text{ s}, K=1, r(t)=t$，试求静态误差

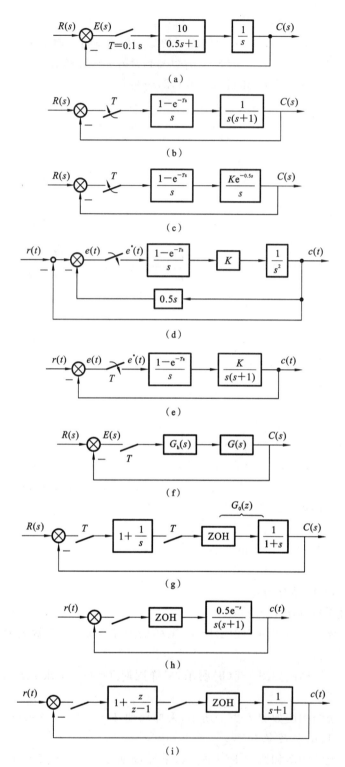

图 7-8 离散系统结构图

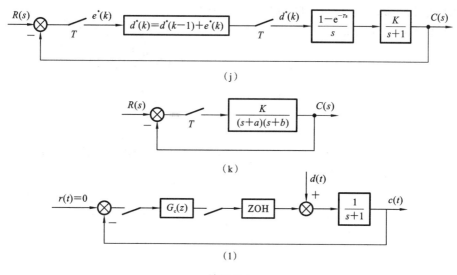

续图 7-8

系数 K_p,K_v,K_a,并求系统稳态误差 $e_{ss}(\infty)$。

(6) 离散系统结构图如图 7-8(f)所示,其中 $G(s)=\dfrac{ke^{-mTs}}{s+1},G_h(s)=\dfrac{1-e^{-Ts}}{s},k>0,m$ 为正整数,T 为采样周期。试求:当 $m=1$ 时,确定系统稳定的 k 值;输入信号为单位阶跃信号,求 $m=2$ 时系统稳态误差。

(7) 离散系统结构图如图 7-8(g)所示,$T=1$ s,试求闭环系统的脉冲传函数 $\dfrac{C(z)}{R(z)}$,并计算 $r(t)=2\cdot 1(t)$ 时的稳态误差。

(8) 离散系统结构图如图 7-8(h)所示,采样周期为 1 s,分别计算输入单位阶跃和单位斜坡信号时系统的稳态误差。

(9) 离散系统结构图如图 7-8(i)所示,试求当 $r(t)=1(t),r(t)=5t\cdot 1(t)$ 和 $r(t)=\dfrac{1}{2}t^2\cdot 1(t)$ 时系统的稳态误差,其中采样周期为 1 s。

(10) 离散系统结构图如图 7-8(j)所示,试确定增益 K 的取值范围,使系统在单位斜坡输入信号作用下的稳态误差 $|e_{ss}(\infty)|\leqslant\varepsilon$,并确定 K 与采样周期 T 及指定误差界 ε 之间的关系。

(11) 离散系统结构图如图 7-8(k)所示,其中 $T=1$ s,$a=\ln 2,b=\ln 4,K>0$,试求系统在单位阶跃信号作用下的稳态误差。

(12) 离散系统结构图如图 7-8(l)所示,误差定义为 $e=r-c$,干扰信号 $d(t)=1(t)$。当 $G_c(z)=1+\dfrac{0.1z}{z-1}$ 时,求稳态误差 $e_{ss}(\infty)$。

解 (1) $G(s)=\dfrac{10}{s(0.5s+1)}=\dfrac{10}{s}-\dfrac{5}{0.5s+1}=\dfrac{10}{s}-\dfrac{10}{s+2}$

$G(z)=\dfrac{10z}{z-1}-\dfrac{10z}{z-e^{-2\times 0.1}}=10z\dfrac{z-0.819-z+1}{(z-1)(z-0.819)}=\dfrac{1.81z}{(z-1)(z-0.819)}$

系统是 I 型系统,当 $r(t)=1(t)$ 时,$e_{ss}^*(\infty)=0$。

也可按下述方法求解：
$$\Phi_e(z)=\frac{1}{1+G(z)}=\frac{(z-1)(z-0.819)}{(z-1)(z-0.819)+1.81z}$$

$$e_{ss}^*(\infty)=\lim_{z\to 1}(z-1)\Phi_e(z)R(z)=\lim_{z\to 1}(z-1)\Phi_e(z)\frac{z}{z-1}=0$$

当 $r(t)=t$ 时,
$$K_v=\lim_{z\to 1}(z-1)G(z)=\frac{1.81}{1-0.819}=10, \quad e_{ss}^*(\infty)=\frac{T}{K_v}=\frac{0.1}{10}=0.01$$

或按下述方法求解 $e_{ss}^*(\infty)$：
$$e_{ss}^*(\infty)=\lim_{z\to 1}(z-1)\frac{(z-1)(z-0.819)}{(z-1)(z-0.819)+1.81z}\cdot\frac{Tz}{(z-1)^2}$$
$$=\frac{(1-0.819)\times 0.1}{1.81}=0.01$$

(2) 系统的开环传递函数为
$$G_0(z)=(1-z^{-1})Z\left[\frac{1}{s^2(s+1)}\right]=(1-z^{-1})\left[\frac{Tz}{(z-1)^2}-\frac{(1-e^{-T})z}{(z-1)(z-e^{-T})}\right]$$

将 $T=0.1$ 代入上式,得
$$G_0(z)=\frac{0.005(z+0.9)}{(z-1)(z-0.905)}$$

当 $r(t)=1(t)$ 时,
$$k_p=\lim_{z\to 1}G(z)=\lim_{z\to 1}\frac{0.005(z+0.9)}{(z-1)(z-0.905)}=\infty, \quad e_{ss}(\infty)=\frac{1}{1+k_p}=0$$

当 $r(t)=t$ 时,
$$k_v=\frac{1}{T}\lim_{z\to 1}(z-1)G(z)=\frac{1}{T}\lim_{z\to 1}(z-1)\frac{0.005(z+0.9)}{(z-1)(z-0.905)}$$
$$=\frac{1}{0.1}\times\frac{1.9\times 0.005}{0.0905}=1$$

$$e_{ss}(\infty)=\frac{1}{k_v}=1$$

(3) 开环脉冲传递函数为
$$G_0(z)=(1-z^{-1})Z\left[\frac{Ke^{-2Ts}}{s^2}\right]=\frac{z-1}{z}\cdot\frac{KTz}{(z-1)^2}z^{-2}=\frac{KTz^{-2}}{z-1}$$

闭环特征方程为
$$1+G_0(z)=0, \quad 即 \quad z^3-z^2+KT=0$$

欲使闭环稳定,则由朱里判据知
$$\begin{cases}KT+1-1>0,\\ 2-KT>0, \quad 解得 \quad 0<K<\frac{2}{T}=8\\ KT<1,\end{cases}$$

$$K_p=\lim_{z\to 1}G_0(z)=\infty$$

$$K_v=\frac{1}{T}\lim_{z\to 1}(z-1)G_0(z)=\frac{1}{0.25}\lim_{z\to 1}(0.25K\cdot 1^2)=K$$

稳态误差 $e_{ss}(\infty) = \dfrac{2}{1+K_p} + \dfrac{1}{K_v} = 0 + \dfrac{1}{K} < 0.1$，得 $K > 10$。

综合稳定性判据知，当 $K > 10$ 时，系统已不稳定，所以稳态误差小于 0.1 无法实现。

(4) 本题的关键是求出闭环系统的脉冲传递函数。系统简化结构如图 7-9 所示。

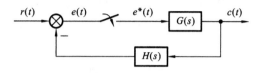

图 7-9 系统简化结构图

反馈回路传递函数为 $H(s) = 1 + 0.5s$。

前向通路传递函数为

$$G(s) = G_h(s) \cdot K \cdot \dfrac{1}{s^2} = \dfrac{K(1-e^{-Ts})}{s^3}$$

对 $G(s)H(s)$ 取 z 变换，有

$$G(z)H(z) = Z[G(s)H(s)] = (1-z^{-1})Z\left[\dfrac{5s+10}{s^3}\right] = 5(1-z^{-1})Z\left[\dfrac{1}{s^2} + \dfrac{2}{s^3}\right]$$

$$= 5(1-z^{-1})\left[\dfrac{0.2z}{(z-1)^2} + \dfrac{0.04z(z+1)}{(z-1)^3}\right] = \dfrac{1.2z - 0.8}{(z-1)^2}$$

闭环误差脉冲传递函数为

$$\Phi_e(z) = \dfrac{1}{1+G(z)H(z)} = \dfrac{z^2 - 2z + 1}{z^2 - 0.8z + 0.2}$$

闭环特征方程为 $D(z) = z^2 - 0.8z + 0.2 = 0$，求得特征根 $z_{1,2} = 0.4 \pm j0.2$。由于 $|z_{1,2}| < 1$，故系统稳定。

由

$$R(z) = Z\left[1 + t + \dfrac{t^2}{2}\right] = \dfrac{z}{z-1} + \dfrac{0.2z}{(z-1)^2} + \dfrac{0.02z(z+1)}{(z-1)^3}$$

求得系统稳态误差

$$e_{ss}(\infty) = \lim_{z \to 1}(1-z^{-1})\Phi_e(z)R(z) = 0.1$$

(5) 本题的关键是先判断系统的稳定性，再求得各个误差系数。

开环脉冲传递函数为

$$G_h(z)G_0(z) = Z\left[\dfrac{(1-e^{-sT})K}{s^2(s+1)}\right] = (1-z^{-1})Z\left[\dfrac{1}{s^2(s+1)}\right]$$

$$= (1-z^{-1})Z\left[\dfrac{1}{s^2} - \dfrac{1}{s} + \dfrac{1}{s+1}\right]$$

$$= (1-z^{-1})\left[\dfrac{0.1z}{(z-1)^2} - \dfrac{z}{z-1} + \dfrac{z}{z-0.905}\right] = \dfrac{0.005(z+0.9)}{(z-1)(z-0.905)}$$

闭环误差脉冲传递函数为

$$\Phi_e(z) = \dfrac{1}{1+G_h(z)G_0(z)} = \dfrac{(z-1)(z-0.905)}{z^2 - 1.9z + 0.905}$$

闭环特征方程为 $D(z) = z^2 - 1.9z + 0.905 = 0$，求得特征根 $z_{1,2} = 0.95 \pm j0.087$。由于 $|z_{1,2}| < 1$，故闭环系统稳定。

系统静态误差系数

$$K_p = \lim_{z \to 1}[1 + G_h(z)G_0(z)] = \infty$$
$$K_v = \lim_{z \to 1}(z-1)G_h(z)G_0(z) = 0.1$$
$$K_a = \lim_{z \to 1}(z-1)^2 G_h(z)G_0(z) = 0$$

根据开环脉冲传递函数的形式,可以判定该系统是 I 型系统,在单位斜坡输入的情况下,稳态误差为

$$e_{ss}(\infty) = \frac{T}{K_v} = 1$$

(6) 当 $m=1$ 时,开环 z 的传递函数为

$$G_0(z) = kz^{-1}(1-z^{-1})Z\left[\frac{1}{s(s+1)}\right] = kz^{-1}(1-z^{-1})\frac{(1-e^{-T})z}{(z-1)(z-e^{-T})} = \frac{k(1-e^{-T})}{z(z-e^{-T})}$$

系统的特征方程为

$$1 + G_0(z) = 1 + \frac{k(1-e^{-T})}{z(z-e^{-T})} = 0 \Rightarrow z^2 - e^{-T}z + k(1-e^{-T}) = 0$$

取 w 变换,即令 $z = \frac{w+1}{w-1}$,代入上式可得

$$[(1-e^{-T})(k+1)]w^2 + [2-2k(1-e^{-T})]w + [1+e^{-T}+k(1-e^{-T})] = 0$$

依据劳斯判据,二阶系统稳定的条件是所有项的系数都大于零。再由 $k>0, T>0$,可得 $0 < k < \frac{1}{1-e^{-T}}$。

当 $m=2$ 时,

$$G_0(z) = kz^{-2}(1-z^{-1})Z\left[\frac{1}{s(s+1)}\right] = \frac{k(1-e^{-T})}{z^2(z-e^{-T})}$$

$$e_{ss}(\infty) = \lim_{z \to 1}(z-1)E(z) = \lim_{z \to 1}(z-1)\frac{1}{1+G_0(z)} \cdot R(z)$$

$$= \lim_{z \to 1}(z-1)\frac{1}{1+G_0(z)}\frac{z}{z-1} = \frac{1}{1+G_0(1)}$$

$$= \frac{1}{1+k} \quad \left(\text{因 } G_0(1) = \frac{k(1-e^{-T})}{z^2(z-e^{-T})}\bigg|_{z=1} = k\right)$$

(7) $D(z) = Z\left[1 + \frac{1}{s}\right] = 1 + \frac{z}{z-1} = \frac{2z-1}{z-1}$

$$G_0(z) = Z\left[\frac{1-e^{-Ts}}{s} \cdot \frac{1}{s+1}\right] = (1-z^{-1})Z\left[\frac{1}{s(s+1)}\right]$$

$$= \frac{1-e^{-T}}{z-e^{-T}} = \frac{0.632}{z-0.368}$$

所以,开环脉冲传递函数为

$$G(z) = D(z)G_0(z) = \frac{1.264z - 0.632}{(z-1)(z-0.368)}$$

闭环脉冲传递函数为

$$\Phi(z) = \frac{G(z)}{1+G(z)} = \frac{1.264z - 0.632}{z^2 - 0.104z - 0.264}$$

由于闭环系统的二个极点 $p_{1,2}=0.052\pm j0.5164$ 都在单位圆内,所以闭环系统是稳定的。又因为开环 z 传递函数的分母多项式含有 $z-1$ 的因式,且系统为 I 型系统,因此在 $r(t)=2\cdot 1(t)$ 的作用下,无稳态误差,即 $e_{ss}(\infty)=0$。

(8) $\quad G(z)=\dfrac{z-1}{z}Z\left[\dfrac{0.5e^{-s}}{s^2(s+1)}\right]=0.5\times\dfrac{z-1}{z^2}Z\left[\dfrac{1}{s+1}+\dfrac{1}{s^2}-\dfrac{1}{s}\right]$

$\qquad\qquad =\dfrac{0.5(e^{-1}z-2e^{-1}+1)}{z(z-1)(z-e^{-1})}$

$\qquad\qquad =\dfrac{0.184z+0.132}{z(z-1)(z-0.368)}$

$\qquad D(z)=z^3-1.37z^2+0.552z+0.132$

易判断系统是稳定的。

位置误差系数
$$K_p=\lim_{z\to 1}G(z)=\infty$$

速度误差系数
$$K_v=\lim_{z\to 1}(z-1)G(z)=0.5$$

单位阶跃信号作用下的稳态误差为 $e_{ss}(\infty)=\dfrac{1}{1+K_p}=0$;

单位斜坡信号作用下的稳态误差为 $e_{ss}(\infty)=\dfrac{T}{K_v}=2$。

(9) $\quad G_1(z)=\dfrac{z-1}{z}Z\left[\dfrac{1}{s(s+1)}\right]=\dfrac{z-1}{z}\left(\dfrac{z}{z-1}-\dfrac{z}{z-e^{-1}}\right)=\dfrac{1-e^{-1}}{z-e^{-1}}$

$\qquad G(z)=\left(1+\dfrac{z}{z-1}\right)G_1(z)=\dfrac{(2z-1)(1-e^{-1})}{(z-1)(z-e^{-1})}$

$\qquad D(z)=z^2+(1-3e^{-1})z+2e^{-1}-1$

系统稳定,则

$\quad K_p=\lim\limits_{z\to 1}G(z)=\infty,\quad K_v=\lim\limits_{z\to 1}(z-1)G(z)=1,\quad K_a=\lim\limits_{z\to 1}(z-1)^2G(z)=0$

$r(t)=1(t)$ 作用下的稳态误差为 $e_{ss}(\infty)=\dfrac{1}{1+K_p}=0$;

$r(t)=5t\cdot 1(t)$ 作用下的稳态误差为 $e_{ss}(\infty)=\dfrac{5T}{K_v}=5$;

$r(t)=\dfrac{1}{2}t^2\cdot 1(t)$ 作用下的稳态误差为 $e_{ss}(\infty)=\dfrac{T^2}{K_a}=\infty$。

(10) 求闭环特征方程:令 $G_1(s)=\dfrac{K(1-e^{-Ts})}{s(s+1)}$,求得

$\qquad G_1(z)=K(1-z^{-1})Z\left[\dfrac{1}{s(s+1)}\right]=K(1-z^{-1})Z\left[\dfrac{1}{s}-\dfrac{1}{s+1}\right]$

$\qquad\qquad =K(1-z^{-1})\left(\dfrac{z}{z-1}-\dfrac{z}{z-e^{-T}}\right)=\dfrac{K(1-e^{-T})}{z-e^{-T}}$

因为 $d^*(k)=d^*(k-1)+e^*(k)$ 取 z 变换,得

$$(1-z^{-1})d(z)=e(z)$$

求出
$$D(z) = \frac{d(z)}{e(z)} = \frac{z}{z-1}$$

于是，开环脉冲传递函数为
$$G(z) = D(z)G_1(z) = \frac{Kz(1-e^{-T})}{(z-1)(z-e^{-T})} = \frac{Kz(1-e^{-T})}{z^2-(1+e^{-T})z+e^{-T}}$$

得闭环脉冲传递函数为
$$\Phi(z) = \frac{G(z)}{1+G(z)} = \frac{Kz(1-e^{-T})}{z^2+[K(1-e^{-T})-(1+e^{-T})]z+e^{-T}}$$

从而闭环特征方程为
$$z^2 + [K(1-e^{-T})-(1+e^{-T})]z + e^{-T} = 0$$

若令 $a = K(1-e^{-T})-(1+e^{-T})$，则有 $z^2+az+e^{-T}=0$。

求使系统稳定的 K 值：令 $z = \dfrac{w+1}{w-1}$，代入特征方程，整理后得
$$(1+a+e^{-T})w^2 + (2-2e^{-T})w + (1-a+e^{-T}) = 0$$

显然，使系统稳定的充分必要条件为
$$1+a+e^{-T}>0, \quad 2-2e^{-T}>0, \quad 1-a+e^{-T}>0$$

故应有 $-1-e^{-T}<a<1+e^{-T}$，代入 a 的表达式，整理得
$$0 < K < \frac{2(1+e^{-T})}{1-e^{-T}}$$

求满足误差界要求的 K 值：因静态速度误差系数
$$K_v = \lim_{z \to 1}(z-1)G(z) = \lim_{z \to 1}(z-1)\frac{Kz(1-e^{-T})}{(z-1)(z-e^{-T})} = K$$

稳态误差
$$e_{ss}(\infty) = \frac{T}{K_v} = \frac{T}{K} \leqslant \varepsilon \Rightarrow K \geqslant \frac{T}{\varepsilon}$$

综上所述，满足题意要求的增益范围为
$$\frac{T}{\varepsilon} \leqslant K < \frac{2(1+e^{-T})}{1-e^{-T}}$$

(11) 稳定性分析：开环传递函数为
$$G(s) = \frac{K}{(s+a)(s+b)} = \frac{K}{b-a}\left(\frac{1}{s+a} - \frac{1}{s+b}\right)$$

开环脉冲传递函数为
$$G(z) = \frac{K}{b-a}\left(\frac{z}{z-e^{-aT}} - \frac{z}{z-e^{-bT}}\right) = \frac{K}{b-a}\frac{z(e^{-aT}-e^{-bT})}{(z-e^{-aT})(z-e^{-bT})}$$

代入 $T=1, a=\ln 2, b=\ln 4$，有
$$b-a = \ln 4 - \ln 2 = \ln 2, \quad e^{-aT} = e^{-\ln 2} = \frac{1}{2}, \quad e^{-bT} = e^{-\ln 4} = \frac{1}{4}, \quad e^{-aT}-e^{-bT} = \frac{1}{4}$$

故得
$$G(z) = \frac{K}{4\ln 2} \cdot \frac{z}{\left(z-\dfrac{1}{2}\right)\left(z-\dfrac{1}{4}\right)}$$

闭环特征方程为

$$\left(z-\frac{1}{2}\right)\left(z-\frac{1}{4}\right)+\frac{K}{4\ln 2}z=0$$

整理得
$$z^2+\left(\frac{K}{4\ln 2}-\frac{3}{4}\right)z+\frac{1}{8}=0$$

令 $z=\frac{w+1}{w-1}$，代入上式，有

$$\left(\frac{K}{4\ln 2}+\frac{3}{8}\right)w^2+\frac{7}{4}w+\left(\frac{15}{8}-\frac{K}{4\ln 2}\right)=0$$

闭环系统稳定的充分必要条件为
$$\frac{K}{4\ln 2}+\frac{3}{8}>0,\quad \frac{15}{8}-\frac{K}{4\ln 2}>0$$

解得 $-\frac{3}{2}\ln 2<K<\frac{15}{2}\ln 2$，又 $K>0$，故 $0<K<\frac{15}{2}\ln 2$。

求稳态误差：因为 $r(t)=1(t)$，$R(z)=\frac{z}{z-1}$，故误差 z 变换式为

$$E(z)=\frac{1}{1+G(z)}R(z)=\frac{z\left(z-\frac{1}{2}\right)\left(z-\frac{1}{4}\right)}{\left[\left(z-\frac{1}{2}\right)\left(z-\frac{1}{4}\right)+\frac{K}{4\ln 2}z\right](z-1)}$$

由终值定理知，稳态误差为

$$e_{ss}(\infty)=\lim_{z\to 1}(z-1)E(z)=\lim_{z\to 1}\frac{z\left(z-\frac{1}{2}\right)\left(z-\frac{1}{4}\right)}{\left(z-\frac{1}{2}\right)\left(z-\frac{1}{4}\right)+\frac{K}{4\ln 2}z}=\frac{3}{3+\frac{2K}{\ln 2}}=\frac{3}{3+2.89K}$$

其中，K 的取值范围为 $0<K<\frac{15}{2}\ln 2$。

(12) 令 $G(s)=\frac{1}{s+1}$，$G_1(s)=\frac{1-e^{-Ts}}{s}$，则
$$C(z)=D(z)G(z)-C(z)G_c(z)G_1(z)G(z)$$

即
$$C(z)=\frac{D(z)G(z)}{1+G_c(z)G_1(z)G(z)}$$

当 $G_c(z)=1+\frac{0.1z}{z-1}$ 时，

$$E(z)=-C(z)=\frac{-0.632z}{(z-1)(z-0.368)+0.632(1.1z-1)}=\frac{-0.632z}{z^2-0.673z-0.264}$$

由于 $(z-1)E(z)$ 所有的极点均在单位圆内，所以 $e_{ss}(\infty)=0$。

参考文献

[1] 胡寿松. 自动控制原理题海与考研指导[M]. 3版. 北京:科学出版社,2019.

[2] 胡寿松. 自动控制原理习题解析[M]. 3版. 北京:科学出版社,2018.

[3] 李友善,梅晓榕,王彤. 自动控制原理480题[M]. 哈尔滨:哈尔滨工业大学出版社,2015.

[4] 李家星. 自动控制原理(第六版)同步辅导及习题全解[M]. 北京:中国水利水电出版社,2014.

[5] 孙优贤. 自动控制原理学习辅导[M]. 北京:化学工业出版社,2017.

[6] 梅晓榕. 自动控制原理考研大串讲[M]. 北京:科学出版社,2006.

[7] 王建辉. 自动控制原理习题详解[M]. 北京:清华大学出版社,2010.

[8] 程鹏,王艳东,邱红专,等. 自动控制原理(第二版)学习辅导与习题解答[M]. 北京:高等教育出版社,2011.

[9] 杨平,徐晓丽,康英伟. 自动控制原理——练习与测试篇[M]. 北京:中国电力出版社,2020.

[10] 张兰勇,李芃. 自动控制原理(第三版)习题解析[M]. 武汉:华中科学大学出版社,2021.